产业专利分析报告

（第51册）——虚拟现实与增强现实

张茂于 ◎ 主编

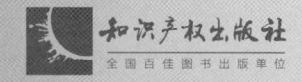

知识产权出版社
全国百佳图书出版单位

图书在版编目（CIP）数据

产业专利分析报告. 第51册，虚拟现实与增强现实/张茂于主编. —北京：知识产权出版社，2017.6

ISBN 978 – 7 – 5130 – 4910 – 8

Ⅰ.①产… Ⅱ.①张… Ⅲ.①虚拟现实—专利—研究报告—世界 Ⅳ.①G306.71②TP391.98

中国版本图书馆CIP数据核字（2017）第112042号

内容提要

本书是虚拟现实与增强现实行业的专利分析报告。报告从该行业的专利（国内、国外）申请、授权、申请人的已有专利状态、其他先进国家的专利状况、同领域领先企业的专利壁垒等方面入手，充分结合相关数据，展开分析，并得出分析结果。本书是了解该行业技术发展现状并预测未来走向，帮助企业做好专利预警的必备工具书。

责任编辑：卢海鹰　胡文彬　　　　　　责任校对：谷　洋
内文设计：王祝兰　胡文彬　　　　　　责任出版：刘译文

产业专利分析报告（第51册）
——虚拟现实与增强现实

张茂于　主　编

出版发行：知识产权出版社 有限责任公司	网　　址：http：//www.ipph.cn
社　　址：北京市海淀区西外太平庄55号	邮　　编：100081
责编电话：010 – 82000860 转 8031	责编邮箱：huwenbin@cnipr.com
发行电话：010 – 82000860 转 8101/8102	发行传真：010 – 82000893/82005070/82000270
印　　刷：保定市中画美凯印刷有限公司	经　　销：各大网上书店、新华书店及相关专业书店
开　　本：787mm×1092mm　1/16	印　　张：16.25
版　　次：2017年6月第1版	印　　次：2017年6月第1次印刷
字　　数：365千字	定　　价：68.00元
ISBN 978-7-5130-4910-8	

出版权专有　侵权必究

如有印装质量问题，本社负责调换。

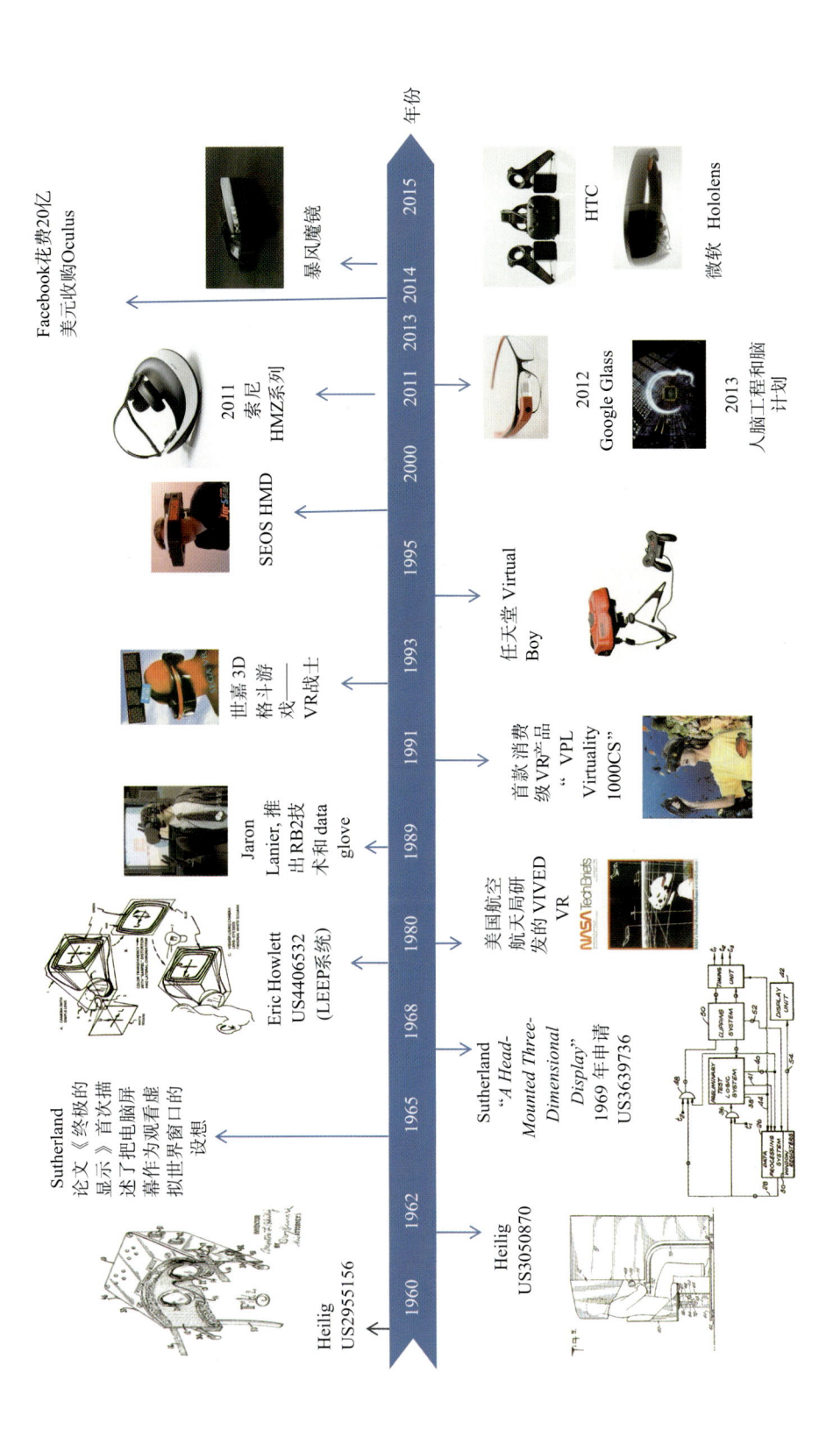

图1-1-3 按事件标定虚拟现实技术发展历程

(正文说明见第3页)

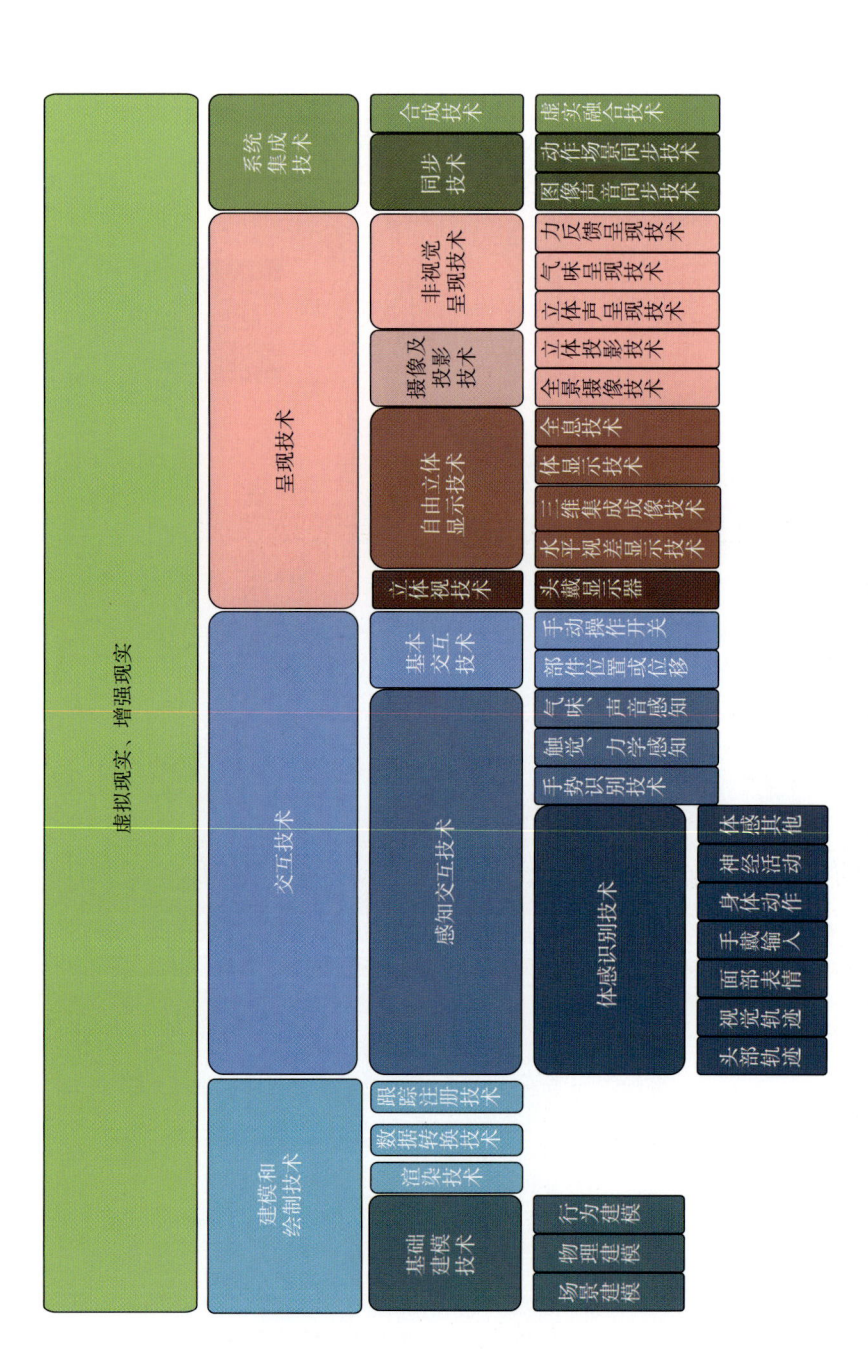

图1-3-1 虚拟现实、增强现实产业专利分析的技术分解图

（正文说明见第9页）

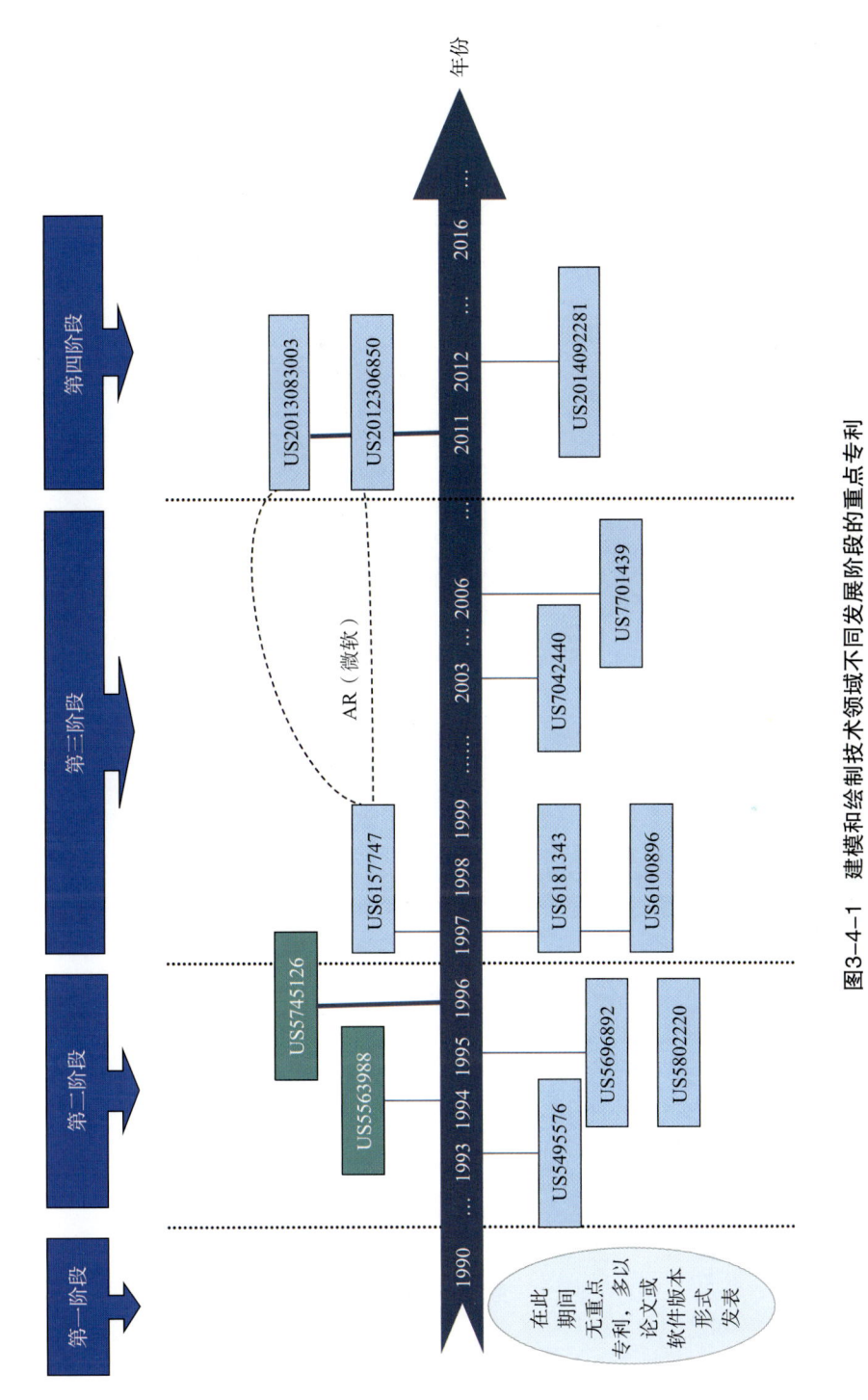

图3-4-1 建模和绘制技术领域不同发展阶段的重点专利

（正文说明见第41页）

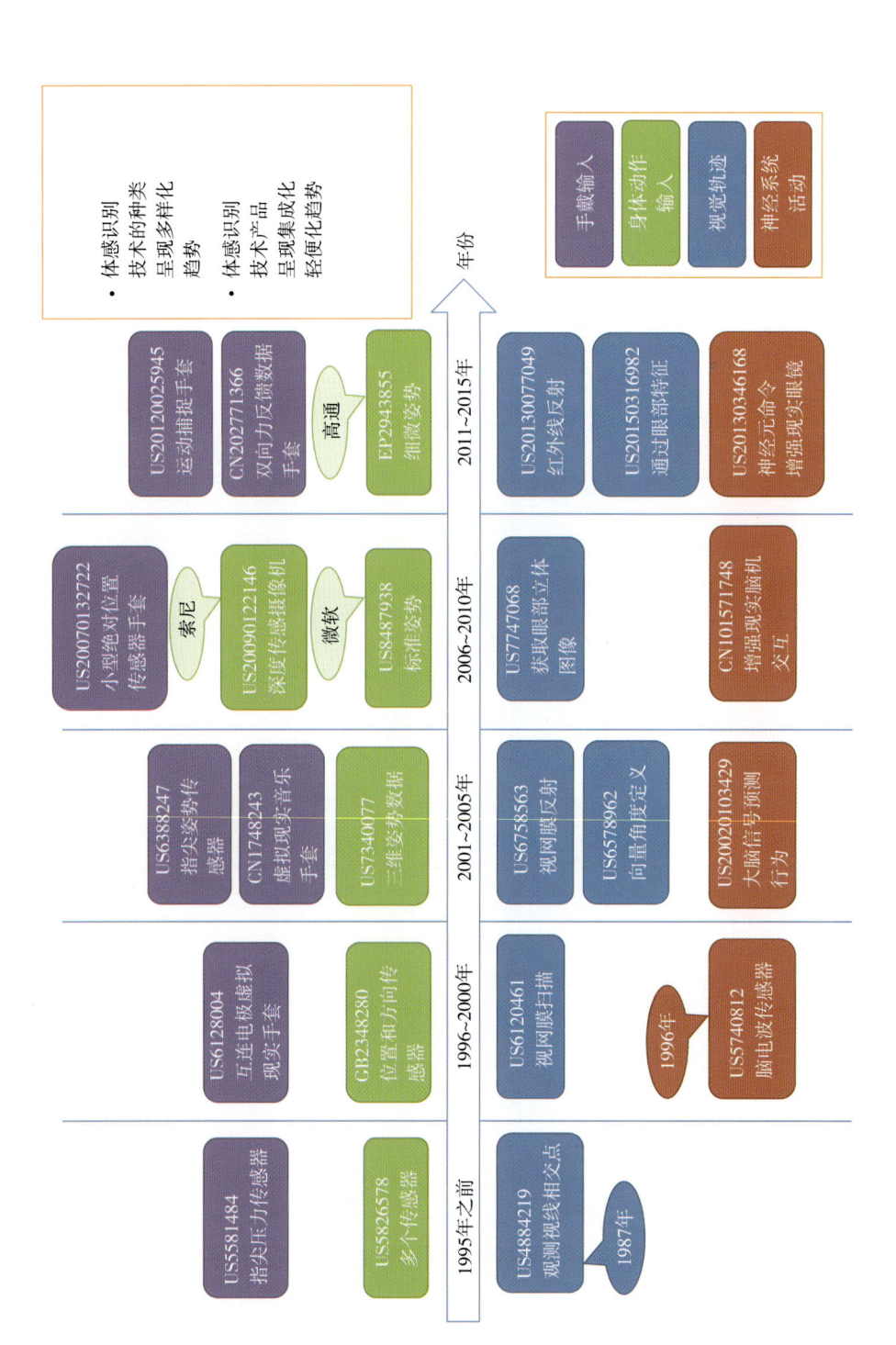

图4-3-1 交互技术的体感识别技术分支的技术路线图

- 体感识别技术的种类呈现多样化趋势
- 体感识别技术产品呈现集成化轻便化趋势

手套输入 / 身体动作输入 / 视觉轨迹 / 神经系统活动

年份

1995年之前：
- US5581484 指尖压力传感器
- US5826578 多个传感器
- US4884219 观测视线相交点（1987年）

1996~2000年：
- US6128004 互连电极虚拟现实手套
- GB2348280 位置和方向传感器
- US6120461 视网膜扫描
- US5740812 脑电波传感器（1996年）

2001~2005年：
- US6388247 指头姿势传感器
- CN1748243 虚拟现实音乐手套
- US7340077 三维姿势数据
- US6758563 视网膜反射
- US6578962 向量角度定义
- US20020103429 大脑信号预测行为

2006~2010年：
- US20070132722 小型绝对位置传感器手套（索尼）
- US20090122146 深度传感摄像机（微软）
- US8487938 标准姿势
- US7747068 获取眼部立体图像
- CN101571748 增强现实头脑交互

2011~2015年：
- US20120025945 运动捕捉手套
- CN202771366 双向力反馈数据手套（高通）
- EP2943855 细微姿势
- US20130077049 红外线反射
- US20150316982 通过眼部特征
- US20130346168 神经元命令增强现实眼镜

（正文说明见第60~62页）

4

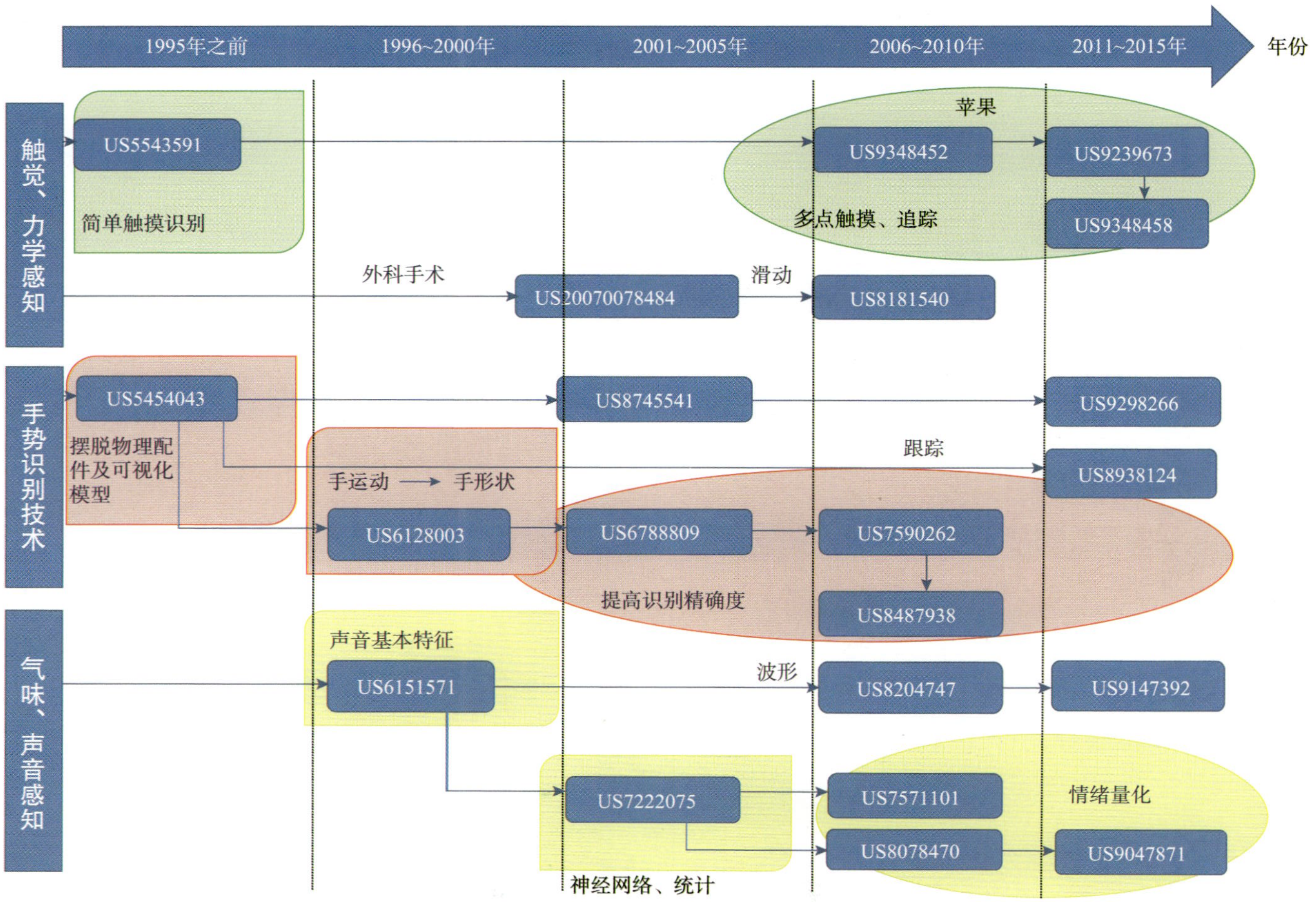

图4-3-2 交互技术的其他技术分支的技术路线图

（正文说明见第62~63页）

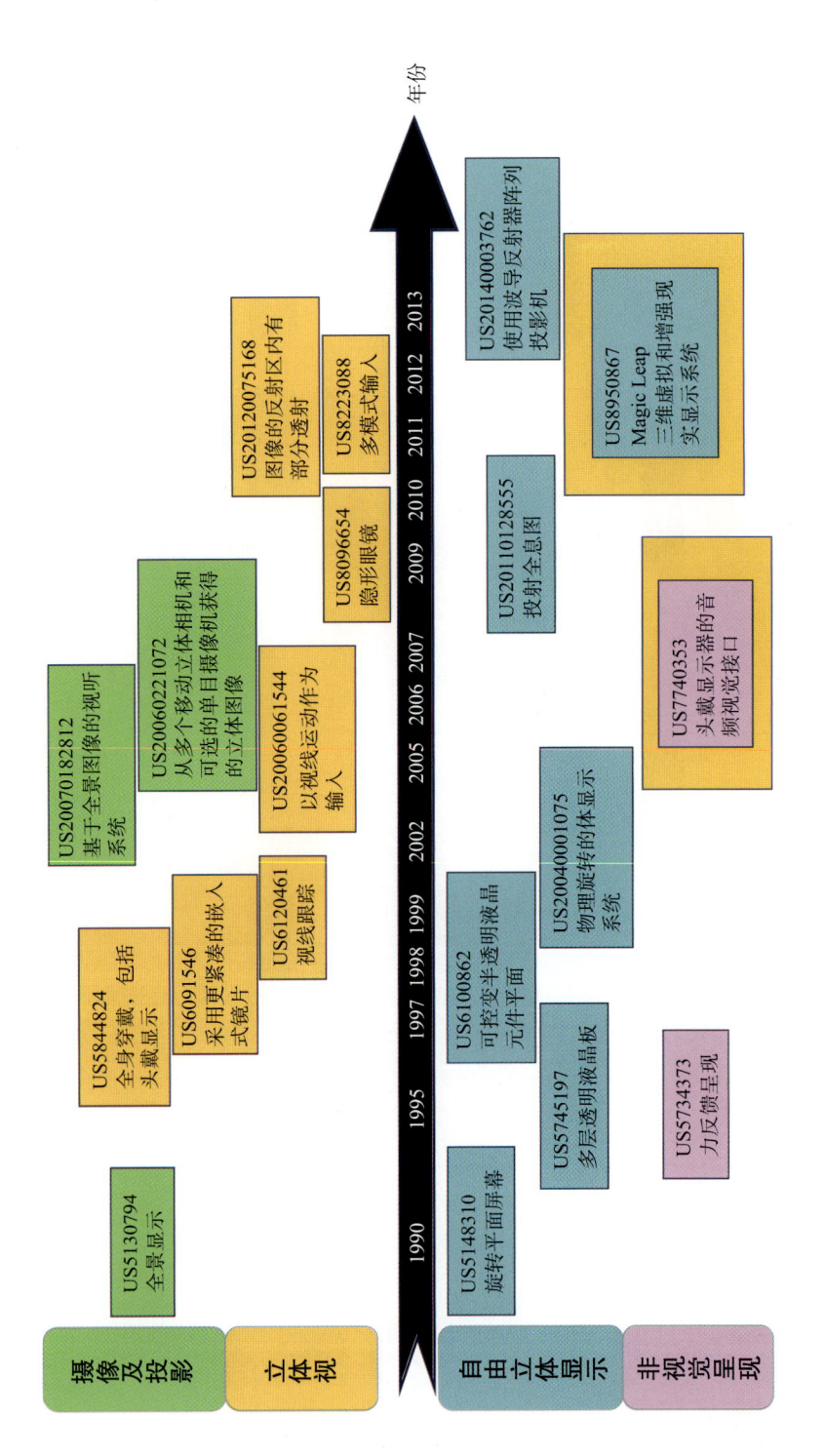

图5-1-5 呈现技术的发展路线图

（正文说明见第81页）

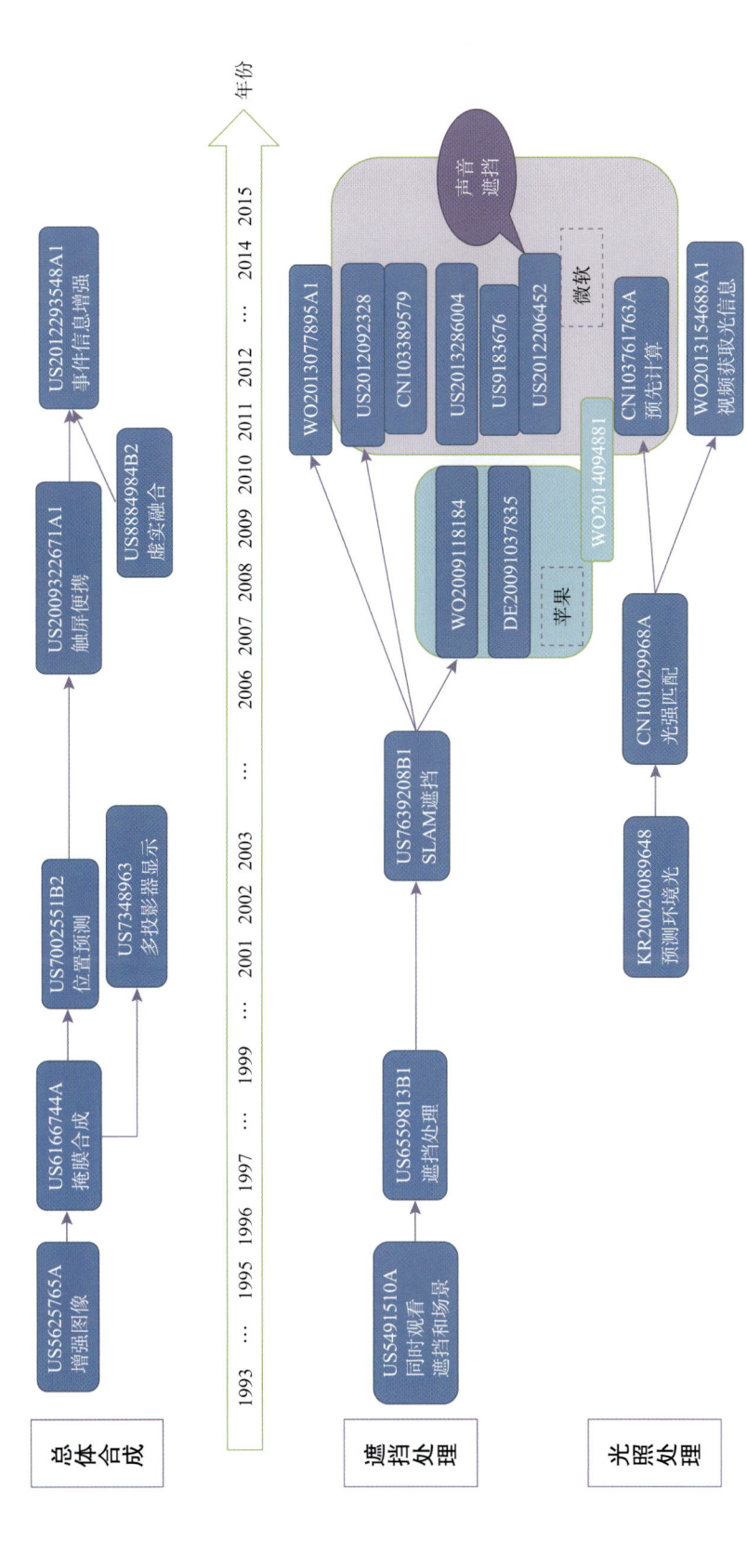

图6-4-1 虚实融合技术专利申请的技术路线图

（正文说明见第98~99页）

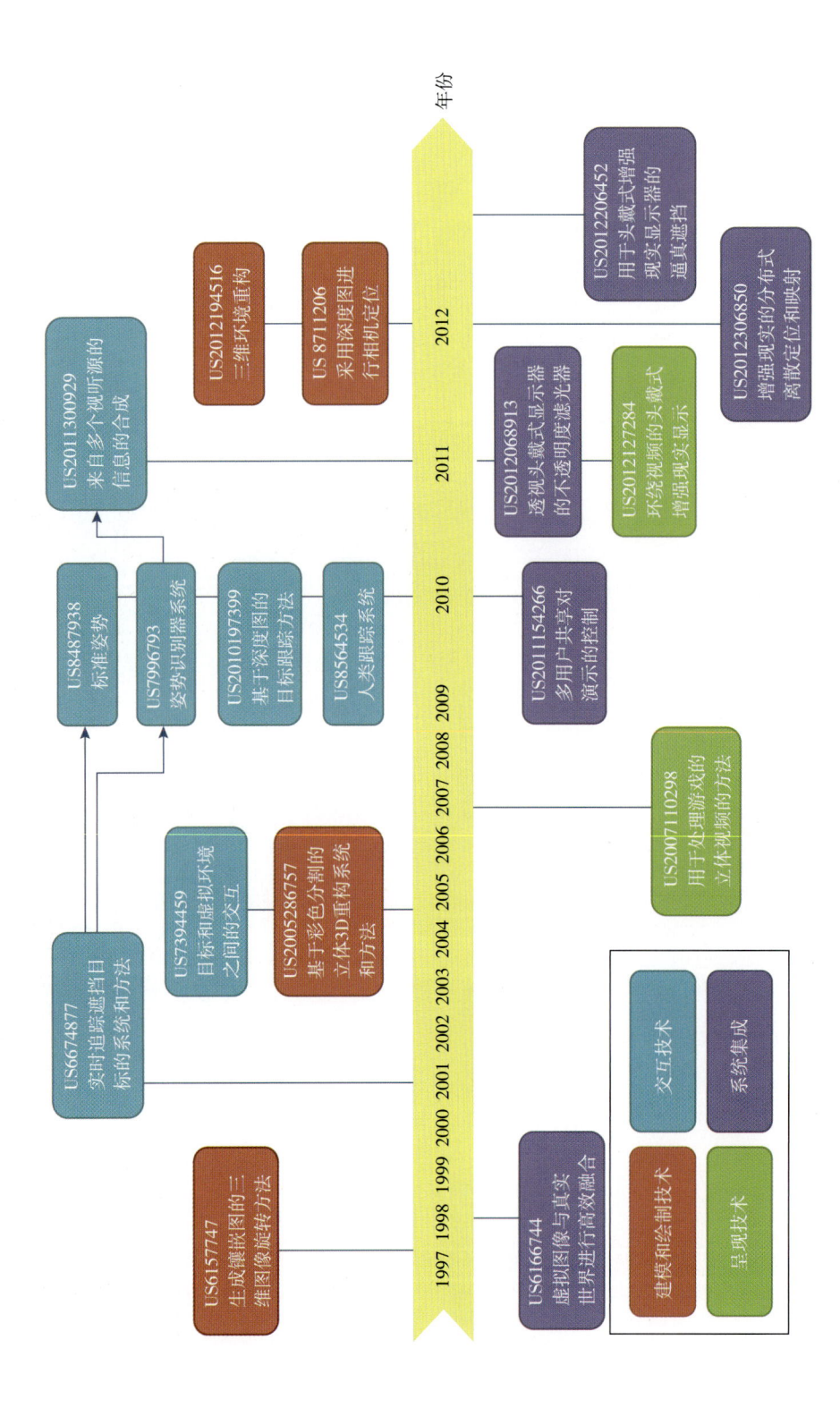

图7-3-1 微软虚拟现实、增强现实技术的技术路线图

（正文说明见第125~126页）

编委会

主　任：张茂于

副主任：郑慧芬　祁建伟

编　委：孟俊娥　肖光庭　李　超　宫宝珉

　　　　张伟波　汤志明　崔伯雄　王霄蕙

　　　　白光清　夏国红　张小凤　褚战星

前 言

"十二五"期间,专利分析普及推广项目每年选择若干行业开展专利分析研究,推广专利分析成果,普及专利分析方法。《产业专利分析报告》(第1~48册)系列丛书自出版以来,受到各行业广大读者的广泛欢迎,有力推动了各产业的技术创新和转型升级。

2016年作为"十三五"的开局之年,专利分析普及推广项目继续秉承"源于产业、依靠产业、推动产业"的工作原则,在综合考虑来自行业主管部门、行业协会、创新主体的众多需求后,最终选定了10个产业开展专利分析研究工作。这10个产业包括无人机、芯片先进制造工艺、虚拟现实与增强现实、肿瘤免疫疗法、现代煤化工、海水淡化、智能可穿戴设备、高端医疗影像设备、特种工程塑料以及自动驾驶,均属于我国科技创新和经济转型的核心产业。近一年来,约100名专利审查员参与项目研究,对10个产业进行深入分析,几经易稿,形成了10份内容实、质量高、特色多、紧扣行业需求的专利分析报告,共计近400万字、2000余幅图表。

2016年度的产业专利分析报告在加强方法创新的基础上,进一步深化了发明人合作关系、产品与专利、市场与专利、专利诉讼等多个方面的研究,并在课题研究中得到了充分的应用和验证。例如肿瘤免疫疗法课题组对施贵宝和默沙东的专利诉讼进行了深入研究,虚拟现实与增强现实课题组对产品和专利的关系进行了深入分析,无人机课题组尝试进行了开拓海外市场的专利分析。

2016年度专利分析普及推广项目的研究得到了社会各界的广泛关注和大力支持。来自社会各界的近百名行业和技术专家多次指导课题工作，为课题顺利开展作出了贡献。课题研究得到了工业和信息化部相关领导的重视，特别是工业和信息化部原材料司副司长潘爱华先生和科技司基础技术处副处长阮汝祥先生多次亲临指导。行业协会在课题开展过程中提供了极大的助力，尤其是中国石油和化学工业联合会副会长赵俊贵先生和联合会科技部副主任王秀江先生多次指导课题。《产业专利分析报告》（第49~58册）凝聚社会各界智慧，旨在服务产业发展。希望各地方政府、各相关行业、相关企业以及科研院所能够充分发掘专利分析报告的应用价值，为专利信息利用提供工作指引，为行业政策研究提供有益参考，为行业技术创新提供有效支撑。

由于报告中专利文献的数据采集范围和专利分析工具的限制，加之研究人员水平有限，报告的数据、结论和建议仅供社会各界借鉴研究。

《产业专利分析报告》丛书编委会
2017年5月

项目联系人

褚战星：62086064/18612188384/chuzhanxing@sipo.gov.cn

虚拟现实与增强现实行业专利分析课题研究团队

一、项目指导

国家知识产权局：张茂于　郑慧芬　毕　因　韩秀成

二、项目管理

国家知识产权局专利局：祁建伟　张小凤　褚战星

三、课题组

承 担 部 门：国家知识产权局专利局通信发明审查部

课 题 负 责 人：李　超

课 题 组 组 长：马桂丽

课 题 组 成 员：丛　珊　薛　钰　李　妍　李　菲　亓晓旭
　　　　　　　　戴惠英　胡　瑾　李　志　王　旸　苏玉磊

四、研究分工

数据检索：薛　钰　李　妍　李　菲　亓晓旭　王　旸　苏玉磊

数据清理：薛　钰　李　妍　李　菲　亓晓旭　戴惠英　胡　瑾
　　　　　　李　志　王　旸　苏玉磊

数据标引：薛　钰　李　妍　李　菲　亓晓旭　戴惠英　胡　瑾
　　　　　　李　志　王　旸　苏玉磊

图表制作：丛　珊　薛　钰　李　妍　李　菲　亓晓旭　戴惠英
　　　　　　胡　瑾　李　志　王　旸　苏玉磊

报告执笔：薛　钰　李　妍　李　菲　戴惠英　胡　瑾　李　志
　　　　　　王　旸

报告统稿：马桂丽　丛　珊

报告编辑：戴惠英

报告审校：李　超

五、报告撰稿

丛　珊：主要执笔第 1 章

李　志：主要执笔第 2 章第 2.1 节、第 9 章第 9.2 节

戴惠英：主要执笔第 2 章第 2.2 节、第 9 章第 9.3 节

薛　钰：主要执笔第 3 章第 3.1~3.2 节、第 3.4 节，参与执笔第 3.5 节

李　妍：主要执笔第 3 章第 3.3 节、第 3.5 节，参与执笔第 3.4 节

李　菲、亓晓旭：主要执笔第 4 章

王　旸：主要执笔第 5 章、第 8 章

苏玉磊：主要执笔第 6 章

胡　瑾：主要执笔第 7 章

马桂丽：主要执笔第 9 章第 9.1 节、第 10 章

六、指导专家

行业专家（按姓氏拼音排列）

姜　涵　虚拟现实技术与系统国家重点实验室（北京航空航天大学）

刘华益　中国电子技术标准化研究院

梅述家　腾讯科技（深圳）有限公司

曲晓杰　工业和信息化部电子信息司

宋　炜　全球移动游戏联盟（GMGC）

王　中　工业和信息化部电子信息司

技术专家（按姓氏拼音排列）

李　伟　深圳超多维光电子有限公司

毛天露　中国科学院计算技术研究所

聂　林　乐视控股（北京）有限公司

王兆其　中国科学院计算技术研究所

魏　伟　乐视控股（北京）有限公司

翁冬冬　北京理工大学光电学院

徐　昊　合一网络技术（北京）有限公司

周　忠　北京航空航天大学虚拟现实技术与系统国家重点实验室

专利分析专家

裘　钢　索意互动（北京）信息技术有限公司

朱　丹　国家知识产权局专利局通信发明审查部

七、合作单位（排列不分先后）

全球移动游戏联盟、腾讯科技（深圳）有限公司、合一网络技术（北京）有限公司、乐视控股（北京）有限公司、索意互动（北京）信息技术有限公司、北京极维客科技有限公司、中国科学院计算技术研究所、北京理工大学光电学院、北京航空航天大学（虚拟现实技术与系统国家重点实验室）、中国电子技术标准化研究院、深圳超多维光电子有限公司

目 录

第1章 研究概述 / 1
 1.1 虚拟现实、增强现实技术及产业概况 / 1
  1.1.1 技术概念 / 1
  1.1.2 产业概况 / 4
  1.1.3 市场概况和行业相关政策 / 6
 1.2 研究背景、内容和目的 / 8
 1.3 研究方法 / 9
 1.4 检索数据的获取及评价 / 9
  1.4.1 数据来源 / 9
  1.4.2 检索策略 / 10
  1.4.3 查全与查准策略 / 10
  1.4.4 检索结果 / 10

第2章 虚拟现实、增强现实总体专利分析 / 12
 2.1 全球专利申请分析 / 12
  2.1.1 整体趋势分析 / 12
  2.1.2 技术原创国家/地区分析 / 13
  2.1.3 目标国家/地区分析 / 15
  2.1.4 主要申请人分析 / 17
  2.1.5 小 结 / 18
 2.2 中国专利申请分析 / 19
  2.2.1 国内/国外申请趋势对比 / 20
  2.2.2 申请量地域分布 / 21
  2.2.3 申请人排名 / 23
  2.2.4 申请质量和海外布局 / 27
  2.2.5 小 结 / 29

第3章 建模和绘制技术专利分析 / 31
 3.1 建模和绘制技术的定义 / 31
 3.2 建模和绘制技术全球专利申请分析 / 32

3.2.1 全球专利申请趋势分析 / 32
3.2.2 全球专利申请区域国别分布 / 34
3.2.3 全球专利申请的申请人分析 / 36
3.3 建模和绘制技术中国专利申请分析 / 36
3.3.1 中国专利申请趋势分析 / 36
3.3.2 国内主要聚集区专利申请状况分析 / 38
3.3.3 各国或地区在中国的专利申请趋势分析 / 39
3.3.4 建模和测绘技术申请人分析 / 40
3.4 建模和绘制技术重点专利分析 / 41
3.4.1 建模和绘制技术的阶段性技术路线 / 41
3.4.2 建模和绘制技术的重点专利分析 / 42
3.5 小 结 / 50

第4章 交互技术专利分析 / 52

4.1 交互技术全球专利申请分析 / 53
4.1.1 全球申请量变化趋势分析 / 53
4.1.2 全球主要申请人分析 / 54
4.1.3 全球技术原创国/地区分析 / 54
4.1.4 全球目标市场国/地区分析 / 56
4.1.5 全球申请的各技术分支分布 / 56
4.2 交互技术中国专利申请分析 / 57
4.2.1 中国申请量变化趋势分析 / 57
4.2.2 中国申请人趋势分析 / 58
4.2.3 中国申请的各类布局分析 / 58
4.2.4 中国申请的国内申请人省区市分布 / 59
4.2.5 中国申请的各技术分支分布 / 60
4.3 交互技术的技术路线分析 / 60
4.4 交互技术重点专利分析 / 63
4.4.1 体感识别技术 / 63
4.4.2 手势识别 / 69
4.4.3 触觉力学感知 / 73
4.5 小 结 / 75

第5章 呈现技术专利分析 / 77

5.1 呈现技术全球专利申请分析 / 78
5.1.1 专利技术趋势分析 / 78
5.1.2 主要申请人分析 / 78
5.1.3 技术原创国或地区申请量分布分析 / 79
5.1.4 目标市场国或地区专利分布分析 / 80

5.1.5 技术主题分析 / 80
5.1.6 技术发展路线 / 81
5.2 呈现技术中国专利申请分析 / 81
5.2.1 专利申请量趋势分析 / 81
5.2.2 国外来华专利分析 / 82
5.2.3 国内专利分析 / 82
5.2.4 主要申请人分析 / 83
5.2.5 技术主题分析 / 84
5.3 呈现技术的重点专利分析 / 85
5.4 小　结 / 89

第6章 系统集成技术专利分析 / 91
6.1 系统集成技术的定义 / 91
6.1.1 虚实融合技术 / 91
6.1.2 同步技术 / 91
6.2 系统集成技术全球专利申请分析 / 92
6.2.1 全球专利申请趋势 / 92
6.2.2 全球申请的申请区域分析 / 92
6.2.3 全球主要申请人 / 94
6.3 系统集成技术中国专利申请分析 / 95
6.3.1 中国专利申请趋势 / 95
6.3.2 中国申请的申请人分析 / 96
6.3.3 申请人区域分析 / 97
6.4 系统集成技术的技术路线和重点专利分析 / 98
6.4.1 虚实融合技术的技术路线 / 98
6.4.2 同步技术的重点专利 / 103
6.4.3 虚实融合技术的重点专利分析 / 104
6.5 小　结 / 118

第7章 重点申请人——微软 / 120
7.1 发展历程 / 120
7.1.1 公司简介 / 120
7.1.2 发展历史及研发概况 / 120
7.2 专利布局情况 / 121
7.2.1 微软的虚拟现实、增强现实技术领域全球专利申请分析 / 121
7.2.2 微软的虚拟现实、增强现实技术领域中国专利申请分析 / 122
7.2.3 技术主题分析 / 123
7.3 微软的技术路线和重点专利分析 / 125
7.3.1 技术路线 / 125

7.3.2　重点专利分析 / 126
　　7.3.3　Hololens 产品及其相关专利 / 132
　7.4　小　　结 / 136

第 8 章　头戴显示器专利分析 / 137
　8.1　头戴显示器全球专利申请分析 / 137
　　8.1.1　专利技术趋势分析 / 137
　　8.1.2　主要申请人分析 / 138
　　8.1.3　技术原创国或地区申请量分布分析 / 138
　　8.1.4　技术生命周期分析 / 139
　　8.1.5　小　　结 / 141
　8.2　头戴显示器中国专利申请分析 / 141
　　8.2.1　专利技术趋势分析 / 141
　　8.2.2　主要申请人分析 / 142
　　8.2.3　小　　结 / 142
　8.3　头戴显示器重点功效分析 / 142
　8.4　虚拟现实晕动症 / 146
　8.5　头戴显示器重点专利分析 / 149
　8.6　小　　结 / 156

第 9 章　虚拟现实、增强现实产业并购和投资分析 / 158
　9.1　虚拟现实、增强现实产业并购和投资整体情况 / 158
　9.2　Oculus VR 并购及重点专利情况分析 / 159
　　9.2.1　Oculus VR 并购情况介绍 / 159
　　9.2.2　Oculus VR 重点专利分析 / 162
　　9.2.3　小　　结 / 170
　9.3　Magic Leap 并购及重点专利情况分析 / 171
　　9.3.1　Magic Leap 并购情况简介 / 171
　　9.3.2　Magic Leap 重点专利分析 / 172
　　9.3.3　小　　结 / 178

第 10 章　虚拟现实、增强现实产业专利分析主要结论和建议 / 180
　10.1　虚拟现实、增强现实产业专利分析主要结论与启示 / 180
　10.2　虚拟现实、增强现实产业和企业发展主要建议 / 184

附　　录 / 189
图 索 引 / 232
表 索 引 / 236

第1章 研究概述

1.1 虚拟现实、增强现实技术及产业概况

1.1.1 技术概念

自 20 世纪中叶以来，随着社会生产力和科学技术的不断发展，信息科技出现了一种令人瞩目的趋势，即由虚拟现实（Virtual Reality，VR）、增强现实（Augmented Reality，AR）到混合现实（Mix Reality，MR）的发展，三者在广义上统称为虚拟现实技术。虚拟现实技术是以计算机技术为核心，结合相关科学技术，生成与一定范围真实环境在视、听、触感等方面高度近似的数字化环境，用户借助必要的装备与数字化环境中的对象进行交互作用、相互影响，可以产生身临其境的感受和体验。无论是 1994 年 Paul Milgram 和 Fumio Kishino 提出的虚拟现实连续体❶（该文献以现实为坐标轴，横轴最左侧表示真实世界，最右侧表示虚拟世界，混合实境连接了真实世界和虚拟世界），还是大众对于虚拟现实技术的理解和体验，虚拟现实技术的核心还是在真实世界和虚拟世界之间架设一座桥梁，其中部分技术是将真实世界送入使用者的计算机即虚拟世界中，例如狭义的虚拟现实，另一部分技术则是把计算机系统，即虚拟世界，带进使用者的真实世界，例如增强现实，实现实物虚化或虚物实化，如图 1-1-1 所示。

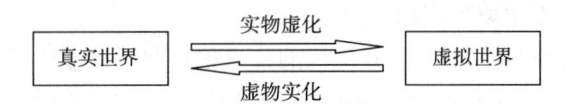

图 1-1-1 虚拟现实和增强现实的概念示意图

1.1.1.1 技术发展历程

对于虚拟现实技术的形成和发展来说，它与相关科学技术，特别是计算机科学技术的发展密切相关，如图 1-1-2 所示，基本上可分为三个阶段。

第一阶段为 20 世纪 50 年代至 70 年代，是虚拟现实技术的起始阶段。1960 年，美国的 Morton Heilig 提交了专利申请 US2955156A，公开了一种头戴式显示器，与现在的产品的区别是，该头戴式显示器使用的是缩小的 CRT 显示器，而不是连接智能手机或者计算机设备，并且没有产品上市。1962 年，Heilig 又开发了一个称作 Sensorama 的摩

---

❶ PAUL MILGRAM, FUMIO KISHINO. A Taxonomy of Mixed Reality Visula Display [J]. IEICE Transactions on Information Systems, 1994 (12): 1321-1329.

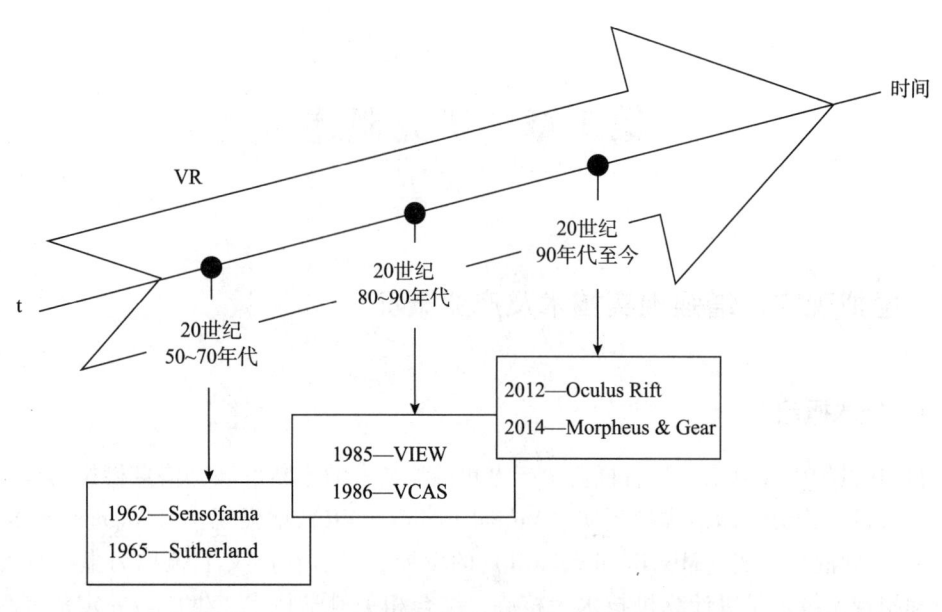

图 1-1-2　按发展阶段划分的虚拟现实技术发展历程

托车仿真器（US3050870A），集视频、音频、振动和气味于一体，是虚拟现实设备的最初雏形。用户在观看摩托车行驶的画面时，不仅能看到立体、彩色、变化的街道画面，还能听到立体声，感受到行车的颠簸、扑面而来的风，还能闻到芳香的气味。1965年，Ivan Sutherland 在论文《终极的显示》中首次描述了把计算机屏幕作为观看虚拟世界窗口，具有交互图形现实、力反馈设备以及声音提示的系统的基本思想。1968年，Sutherland 在论文 *A Head - Mounted Three - Dimensional Display* 中最先设计出了头盔式立体图形显示器及头部位置跟踪系统，并申请了专利（US3639736A），成为虚拟现实技术发展史上的一个重要里程碑。

第二阶段为20世纪80年代至90年代的技术积累期，是虚拟现实技术的探索阶段，开始形成虚拟现实技术基本概念，并由实验阶段进入实用阶段。其重要的标志是：1980年，Eric Howlett 发明了大视野额外视角系统（LEEP系统）（US4406532A）。这套系统可以将静态图片变成3D图片，Eric Howlett 也常常被认为是虚拟现实之父；1984年美国虚拟行星探测实验室的 Michael McGreevy 和 J. Humphries 博士共同开发了虚拟环境视觉显示器（VIVED），该显示器主要用于火星探测，随后于1985年又完成了 VIEW 系统，装备了数据手套和头部跟踪器，提供了手势、语言等交互手段，成为后来开发虚拟现实的体系结构。其他如 Jaron Lanier 创立了 VPL 公司，开发了用于生成虚拟现实的 RB2（Reality Built for Two）软件和 DataGlove 数据手套，为虚拟现实提供了开发工具。另外，1986年，美国空军 Armstrong 医疗研究室开发了著名的 VCAS 系统——战斗机飞行仿真器；至此，虚拟现实在军事航天、医学等高端领域进入应用阶段。

第三阶段为20世纪90年代至今，虚拟现实技术进入全面发展阶段。计算机硬件技术与计算机软件系统不断发展，人机交互技术不断创新，人们对虚拟现实技术广阔的应用前景兴趣倍增，很多大学、研究机构以及公司等都开始转向于有关虚拟现实技术和系统的研究开发，其应用也开始由高端领域趋于平民化。从任天堂的"Virtual Boy"到谷歌的"拓展现实"眼镜，再到"Oculus Rift"、索尼的"Project Morpheus"、三星的"Gear"，虚拟显示技术进入普及化的阶段。2014年，Facebook花费20亿美元收购Oculus，VR商业化进程在全球范围内得到加速（参见图1-1-3，见文前彩色插图第1页）。

1.1.1.2 技术发展现状

（1）国外研究现状

美国作为虚拟现实技术的发源地，其研究水平基本上代表了国际虚拟现实发展的水平。目前美国在该领域的基础研究主要集中在感知、用户界面、后台软件和硬件四个方面。美国国家航空航天局（NASA）的Ames实验室研究主要集中在以下方面：将数据手套工程化，使其成为可用性较高的产品；在约翰逊空间中心完成空间站操纵的实时仿真；大量运用了面向座舱的飞行模拟技术；对哈勃太空望远镜的仿真；致力于"虚拟行星探索"的试验计划。现在NASA已经建立了航空、卫星维护虚拟现实训练系统，空间站虚拟现实训练系统，并且已经建立了可供全国使用的虚拟现实教育系统。北卡罗来纳大学的计算机系是进行虚拟现实研究最早的机构，他们主要研究分子建模、航空驾驶、外科手术仿真、建筑仿真等。从20世纪90年代初起，美国率先将虚拟现实技术用于军事领域，主要用于虚拟战场环境、单兵模拟训练、诸军兵种联合演习、指挥员训练等。

在虚拟现实技术开发的某些方面，特别是在分布并行处理、辅助设备（包括触觉反馈）设计和应用研究方面，英国处于领先地位。英国的W. Industries Limited公司，是国际虚拟现实界的著名开发机构，在工业设计和可视化等重要领域占有一席之地。日本主要致力于建立大规模虚拟现实知识库的研究，在虚拟现实的游戏和交互技术的研究也处于领先地位。日本奈良先端科学技术大学院大学教授千原国宏领导的研究小组于2004年开发出一种嗅觉模拟器，这是虚拟现实技术在嗅觉研究领域的一项突破。

（2）国内研究现状

我国虚拟现实技术研究起步较晚，与国外发达国家还有一定的差距，国内一些重点院校已积极投入到了这一领域的研究工作中。北京航空航天大学是国内最早进行虚拟现实研究、最有权威的单位之一，2007年被批准设立了虚拟现实技术与系统国家重点实验室，在虚拟环境中物体物理特性的表示与处理、视觉接口硬件研发、分布式虚拟环境网络设计等方面取得了较多的研究成果。中国科学院计算技术研究所虚拟现实技术实验室重点研究了"虚拟人合成"和"虚拟环境交互"。北京理工大学光电学院在头盔式立体显示技术、裸眼立体显示技术、真三维显示技术以及应用方面也开展了一系列研究。

1.1.1.3 技术应用前景

随着计算机软硬件的发展，虚拟现实技术的应用领域也越来越广阔。

早在20世纪70年代，虚拟现实技术便开始被用于培训宇航员。由于这是一种省钱、安全、有效的培训方法，现在已被推广到各行各业的培训中。

在科技开发上,虚拟现实技术可缩短开发周期,减少费用。例如,克莱斯勒公司利用虚拟现实技术,使其避免了1500项设计差错,节约了8个月的开发时间和8000万美元的开发成本。利用虚拟现实技术还可以进行汽车冲撞试验,不必使用真的汽车便可显示出不同条件下的冲撞后果。用虚拟现实技术来设计新材料,在材料还没有制造出来之前便知道用这种材料制造出来的零件在不同受力情况下是如何损坏的。

在商业上,虚拟现实技术常被用于宣传、推销。例如,把设计的方案用虚拟现实技术表现出来,便可把业主带入未来的建筑物里参观,如门的高度、窗户朝向、采光多少、屋内装饰等,都可以令客户身临其境。它同样可用于旅游景点以及功能众多、用途多样的商品推销。

在医疗上,虚拟现实技术可用于数字化人体,使得医生通过这样的人体模型更容易了解人体的构造和功能,此外还可以通过虚拟手术系统,指导手术的进行。

在军事上,利用虚拟现实技术模拟战争过程已成为最先进的、多快好省的研究战争、培训指挥员的方法。也是由于虚拟现实技术达到很高水平,所以尽管不进行核试验,也能不断改进核武器。战争实验室在检验预定方案用于实战方面也能起巨大作用。

在娱乐上,应用是虚拟现实最广阔的用途。丰富的感觉能力与3D显示环境使得虚拟现实成为理想的视频游戏工具。

作为传输显示媒体,虚拟现实技术在艺术、教育领域方面所具有的潜在应用能力也是不可低估的。

1.1.2 产业概况

1.1.2.1 产业链的构成

虚拟现实、增强现实产业链长,产业带动比高,涉及产业众多,包括虚拟现实、增强现实的工具及设备、内容制作、分发平台、行业应用和相关服务等在军事、民用以及科研等方面的各种应用。虚拟现实、增强现实的产业链构成情况如图1-1-4所示。

(1)工具及设备

工具及设备大概包括显示和输入设备、拍摄设备、软件工具等几方面。

输入及显示设备共同构成虚拟现实体验方案,此处也进行了大致的区分,但现在的显示设备很多也包含了相应的输入设备。按应用的空间大小,把系统集成方案大致分成大空间,客厅级(PC级)和移动式三个大类。由于很多输入及反馈设备也可以独立于头戴显示设备之外,所以也把它们单独分为一类。

1)显示设备

大型空间方案

2015年,基于The Void的大型主题公园视频曾经在网络火爆,国内多家厂商在研发类似方案,上海曼恒数字技术服份有限公司的大型方案采用多投影的方式,也归为此类,诺亦腾和VELA的类似方案也在研发中。这类方案要求场地空间大,参与感强,适用于集体活动、主题公园等。

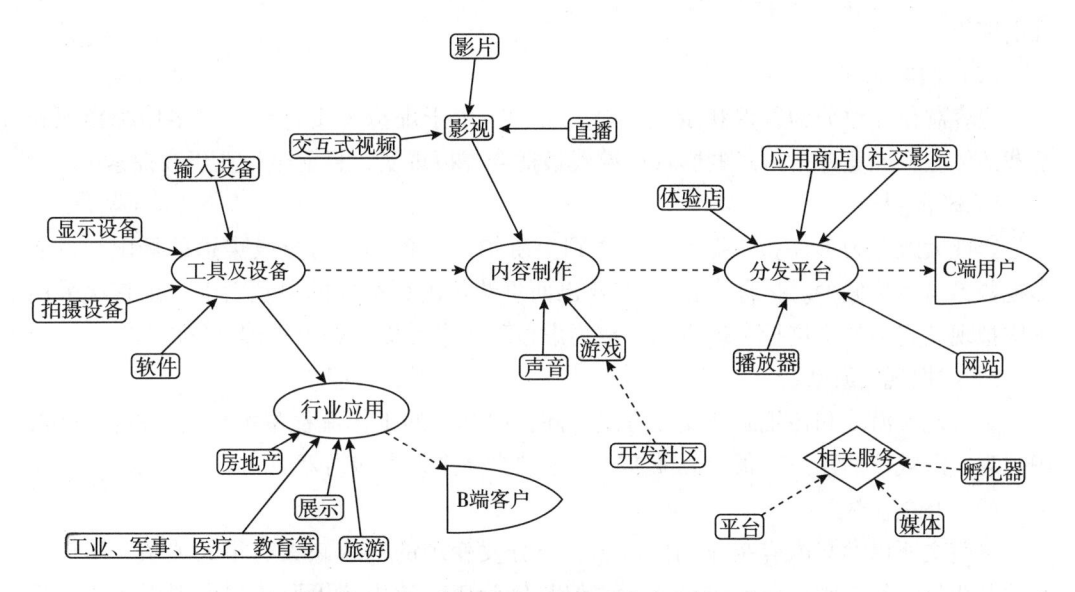

图 1-1-4 虚拟现实、增强现实产业链示意图

客厅级（PC 级）方案

客厅级方案以几大厂的头显：索尼的 PlayStationVR，Facebook 的 Oculus Rift，HTC Vive 为代表。客厅级方案也是之前国内大量头显厂商的主要方向，类似头显非常多，例如，大朋、3Glasses、蚁视等。

移动式方案

移动式方案又可以分为两种：手机盒子和一体机。

手机盒子，也就是把手机塞进盒子里进行观看。这类产品价格便宜，市场上很常见。这类产品的代表是三星电子的 Gear VR，国内的暴风魔镜已经迭代到第四代。

另一种是一体机，相当于把手机直接固定进头戴式设备里。2016 年，国内做 PC 头显的厂商也都纷纷推出了一体机产品。

2）输入及反馈设备

这类设备主要包括手部输入设备、全身输入设备和其他辅助外设，其中手部输入设备的代表有：Ximmerse 的无线手柄控制器 X – Cobra、Leap Motion 的手势识别输入体感控制器等。全身输入设备的代表有：诺亦腾的全身动作捕捉系统、奥比中光的深度摄像头以及 Kinect 的微软体感输入系统等。其他辅助外设的代表有：Katwalk 的单人跑步机、KAT Speed 的随动模拟驾驶座椅等。

3）全景拍摄设备

拍摄全景的主要方式是多摄像头拍摄和拼接。目前专业的全景拍摄设备还不完全成熟，不少公司也自制了相应设备，也出现了一些创业公司专注于全景拍摄设备。

4）软件工具

无论虚拟现实影视还是虚拟现实游戏的内容制造，都还需要相应的软件，也已经有相对标准的工作流程。软件工具方面比较复杂，主要包括三维建模、影像合成和三维引擎等。

（2）内容制作

内容制作大致分为影视和游戏两个大方向，由于虚拟现实打破了很多传统影视和游戏的体验，究竟什么形式的影视或游戏最适合虚拟现实，目前全行业仍在探索中。

1）影视制作

影视大致分为影片和直播两类。受到上游拍摄设备和下游分发渠道的局限，目前影视的参与者仍偏少。据称，在2016年巴西里约热内卢举办的奥运会上，也首次采用了虚拟现实直播技术进行全球直播，成为虚拟现实发展史上的里程碑事件。

2）虚拟现实游戏

虚拟现实游戏和传统游戏交互方式不同，但开发的工作流程基本相同。总体来讲，虚拟现实游戏依然还没有很成熟的模式，还缺少一个杀手级游戏。

（3）内容分发

目前之所以参与内容制作的团队少，与分发变现的环节缺失有很大关系，影视方面尤其明显。目前网络分发进展不大，但是体验店、游乐园等形式的虚拟现实体验活动却发展得不错，乐客体验店在全国已经有数百家分店，而且还在扩张中。

（4）行业应用

行业应用是虚拟现实很早就投入应用的领域，涉及的行业非常多，过去主要集中在工业、高等教育、国防等，2016年随着虚拟现实头戴显示技术的推广，应用领域离大众更近，如房地产、旅游方面也有追梦客和赞那度参与进来。展示方面有海绵体感橱窗、云之梦虚拟试衣等，把体感技术和三维重建结合起来，提供虚拟试衣效果。

1.1.3　市场概况和行业相关政策

1.1.3.1　国内外市场概况

（1）国际市场概况

2014年，Facebook以20亿美元收购Oculus，大大加速了虚拟现实技术的商业化进程。国际许多大型科技公司正通过投资、并购、合作、自行研发等多种方式涉足虚拟现实技术领域，这些公司包括高通、谷歌、索尼、惠普、Facebook、三星电子、苹果等。在过去的两年中，虚拟现实、增强现实领域共进行了225笔风险投资，投资额达到了35亿美元。

未来10年，全球虚拟现实、增强现实市场将迎来爆发性增长。

基于高盛2016年1月的行业报告预测，预期到2025年全球虚拟现实、增强现实市场营收将由2016年的不到20亿美元增至800亿美元。在硬件方面，用于体验虚拟现实、增强现实的硬件设备主要包括四种：HMD、主机系统、追踪系统和控制器。预计到2020年，HMD设备年出货量将达到4300万部，这将涉及数百亿美元的市场，并且HMD设备的销售也将带动屏幕、摄像头、3D镜片、传感器等零部件市场的快速增长。预计到2020年，虚拟现实、增强现实视频游戏的软件营收将达到69亿美元，2025年这一数字将达到116亿美元。

（2）国内市场概况

全球领先的移动互联网第三方数据挖掘和整合营销机构艾媒咨询近期发布的《2015年中国虚拟现实行业研究报告》显示，2015年，我国虚拟现实行业市场规模为15.4亿元，预计2016年将达到56.6亿元，2020年市场规模预计将超过550亿元。我国虚拟现实产业正处在高速发展的进程中。

从经济环境层面来看，近年我国国民经济和人均收入都在不断增长，居民消费结构正在由生存型逐步向发展型和享受型转化。从设备普及度层面，大屏幕智能手机、智能电视逐步普及，手机、计算机制造产业链完善，传感器、液晶屏等配件价格不断降低，采购也愈加方便。从消费需求层面来看，消费者对于文化娱乐消费的需求不断增加，80后、90后已成为互联网消费的主流群体，对于优质网游、互联网视频的付费意愿较强。从国家政策层面来看，当前国家政策鼓励大众创业创新，"产学研"各环节转化更加顺畅，科研人员来源与应用更加广泛多元，创业的积极性被充分激发。

综合以上多个因素，可以预测，虽然目前国内的虚拟现实产业还处于启动期，但在市场的需求和资本的推动下，将会有越来越多的企业涉足虚拟现实、增强现实领域，大量虚拟现实、增强现实设备将推向消费市场，中国虚拟现实的市场规模将逐渐迎来爆发。

1.1.3.2 相关行业政策

我国的虚拟现实技术研究虽然起步比较晚，但现在已引起国家有关部门的高度重视，先后在多个国家级发展规划类文件对虚拟现实和增强现实技术都作出了重要指示。

2006年，国务院发布的《国家中长期科学和技术发展规划纲要（2006—2020年）》提出，要超前部署一批前沿技术，发挥科技引领未来发展的先导作用，提高我国高技术的研究开发能力和产业的国际竞争力，其中就包括虚拟现实技术。

2010年10月10日，国务院发布的《国务院关于加快培育和发展战略性新兴产业的决定》（国发〔2010〕32号）中明确了战略性新兴产业发展的重点方向和主要任务，其中包括："大力发展数字虚拟等技术，促进文化创意产业发展"。

2011年7月13日，科技部发布的《国家"十二五"科学和技术发展规划》提出："研发未来网络/未来互联网、下一代广播电视、卫星移动通信、绿色通信与融合接入、高性能计算与服务环境、高端服务器、海量存储与服务环境、高可信软件与服务、虚拟现实与智能表达等重大技术系统和战略产品。"

2012年7月9日，国务院印发了《"十二五"国家战略性新兴产业发展规划》，在"高端软件和新兴信息服务产业发展路线图"的"重大行动"中指出"组织实施搜索引擎、虚拟现实、云计算平台、数字版权等系统研发"。

2015年5月，国务院印发的《中国制造2025》重点领域技术路线图就将增强现实列为智能制造核心信息设备领域的关键技术之一。

2016年2月27日，中国福建虚拟现实产业基地在福州揭牌，标志着中国首家虚拟现实基地正式落户福建。2016年4月14日，工业和信息化部电子工业标准化研究院发布《虚拟现实产业发展白皮书5.0》。2016年9月29日，在工业和信息化部电子信息司的指导下，虚拟现实产业联盟在北京成立，下设标准专家委员会，推动技术标准在引导产业发展、技术创新和国际竞争中发挥作用。

此外，虚拟现实技术也受到国家高技术研究发展计划（863计划）、国家自然科学基金的重点支持。

在国际方面，国外政府和组织也致力于推动虚拟现实、增强现实技术用于提升自身竞争力。2013年，德国政府提出"工业4.0"战略，其目的是提高德国工业的竞争力，在新的一轮工业革命中占据先机。2014年，欧盟提出Horizon 2020，这是一个持续7年的研究创新项目（将于2020年完成）该项目致力于提高欧洲市场的竞争力。为实现上述两个项目的目标，来自欧洲国家的10家合作公司和机构在2015年创立了SatisFactory联合会。SatisFactory是一个为期3年的项目，旨在发展配置诸如增强现实、可穿戴设备和普适计算（比如增强现实智能眼镜等）等科技。

1.2 研究背景、内容和目的

当前，虚拟现实和增强现实技术已成为行业引爆点，业界公认2016年为虚拟现实元年，世界许多国家和地区都已经将虚拟现实提升到了战略的高度。

为了积极响应我国创新驱动发展的国家战略，认真落实《国务院关于新形势下加快知识产权强国建设的若干意见》，引导该产业更好地发展，充分发挥专利审查工作向前促进科技水平提升，向后促进专利市场价值实现的双向传导功能，课题组将通过专业的专利分析工具和手段，对虚拟现实技术领域的专利数据进行挖掘、处理和分析，得出该领域的专利申请态势及技术发展路线，并从专利战略布局、行业专利预警等方面对行业发展提供指导和帮助。

本报告的主要研究内容如下：

（1）从全球专利申请总体态势、区域分布、专利技术构成、重要申请人等方面分析虚拟现实、增强现实领域的全球专利技术总体情况。

（2）重点研究虚拟现实、增强现实相关技术在中国的专利申请总体态势、世界各国在中国的专利申请技术侧重点及发展态势、中国各地区专利申请技术侧重点及发展态势、在中国申请专利的国内外主要申请人的专利申请情况。

（3）分析各个技术分支的专利申请态势及技术发展路线，归纳总结出各级技术分支的重点专利，对于专利技术研发活跃度较高的技术，进一步分析其主要申请人及热点技术。

（4）对本领域的主要申请人，详细分析其全球专利情况、在华专利情况、整体技术发展路线、核心技术。

（5）对虚拟现实、增强现实领域的主要产品——头戴显示器进行专利分析，梳理重点技术功效和重点专利技术。

（6）对虚拟现实、增强现实领域投资并购的热点企业的发展模式和专利布局情况进行分析。

(7) 通过以上分析研究，归纳出主要结论，为行业发展提供指导意见：

①通过专利数据分析，给相关企业提供技术发展走向的启示。

②通过比较国内外虚拟现实和增强现实领域企业专利战略的异同，提出国内企业可以学习的专利布局方法及专利申请策略。

③通过分析找到国外企业尚未形成专利布局优势的关键技术和国内外技术发展相对悬殊的关键技术，为国内企业未来进行技术研发和专利布局提供参考。

④通过产业/行业态势分析，为政府和行业管理部门对我国虚拟现实、增强现实产业的发展、标准的制定提供参考和建议。

⑤通过对重点申请人的分析，为即将在虚拟现实、增强现实领域进行投资、融资、并购的企业提供决策参考。

1.3 研究方法

本报告所做的专利分析工作以国家知识产权局提供的专利数据库（S系统）获得的专利数据为基础，结合标准、行业等其他相关数据，综合运用了定量分析和定性分析的方法进行分析研究。

"虚拟现实、增强现实"是一个新兴的产业，课题组对这个产业的了解也是随着产业的不断快速发展逐步推进的。

通过互联网检索，参加行业会议，关注领域微博、微信公众号等方式获取产业最新动态，进行广泛的产业信息收集，初步了解虚拟现实和增强现实的技术内容的划分，构造粗略的技术分解表。再结合领域技术内容及专利分析研究需求，深入多家合作单位进行调查研究，并对相关企业开展广泛的问卷调查，征求意见。通过这些方式不断验证并修改已确定的技术分解表的各个分支，在上述工作的基础上，综合考虑专利检索和研究的可操作性，最终构建了如图1-3-1（见文前彩色插图第2页）所列的包含了建模和绘制技术、交互技术、呈现技术和系统集成技术四个一级分技术支的技术分解图，并进一步细化到四级分支。

基于该技术分解图，对各个技术分支进行检索，以全球专利和中国专利为基础分别进行分析，通过对相关专利进行了定量分析，得出全球专利申请量的总体趋势，并与我国总体专利申请趋势作出差异性比较，分析差异原因。进而得出各个技术分支的总体态势和技术路线图，并对重点和热点虚拟现实产品头戴显示器热点技术，重点申请人微软公司的相关技术发展路线等进行了专门的研究分析，并根据专利的技术内容、被引用频次、同族专利数量确定一批重要专利。

1.4 检索数据的获取及评价

1.4.1 数据来源

中文专利数据库：CPRSABS（中国专利检索系统文摘数据库）、CNABS（中国专利文摘数据库）、CNTXT（中国专利全文文本代码化数据库）。
  外文专利数据库：DWPI（德温特世界专利索引数据库）、USTXT、WOTXT、EPTXT。
  中文非专利数据库：CNKI（中国知识资源总库）系列数据库、百度搜索引擎。
  外文非专利数据库：Bing 搜索引擎。
  专利度、特征值、引用频次分析查询：Patentics 专利智能客户端。

1.4.2 检索策略

  由于"虚拟现实、增强现实"是一个新兴的产业，包含了部分新兴技术，但同时又融合了建模和绘制技术、计算机图形学、显示技术、交互技术等。产业涉及多个不同的学科，领域涵盖过广，因此经过前期调研、专家咨询、尝试性检索等工作，课题组最终采用"全文库划界、摘要库定焦"的整体策略来检索。
  "全文库划界、摘要库定焦"是指在全文库中通过"虚拟现实、增强现实"进行总体范围界定，将全文中涉及"虚拟现实、增强现实"的检索结果转入摘要数据库，再对不同的技术分支进行检索和分析，并从下级技术分支向上级技术分支汇总检索结果。

1.4.3 查全与查准策略

  关于查全率，国内专利采用普遍的查全策略；而对全球专利，为了得到更为客观的评价结果，抽取了以英文为母语的国外申请人的专利和以非英文为母语的国内申请人的专利，分别计算查全率后计算平均查全率。
  对于国内专利：
  ——抽取申请人和发明人，得到文献集合；
  ——进行人工阅读，确定有效文献集合，构建查全样本；
  ——比对遗漏文献，计算查全率。
  对于全球专利：
  ——抽取国内申请人和发明人，同时抽取国外申请人和发明人，分别得到文献集合；
  ——分别进行人工阅读，确定有效文献集合，构建查全样本；
  ——分别比对遗漏文献，分别计算查全率；
  ——计算平均查全率作为最终查全率。
  关于查准率，随机提取检索结果中的一个时间段（某一年内）的数据构成校验集合，对该校验集合中的检索结果进行人工阅读，构建查准的文献集合，基于该查准的文献集合与该时间段的比率确定查准率。

1.4.4 检索结果

  本报告的全部数据检索的截止日期是 2016 年 4 月 26 日。数据处理包括对检索后的结果进行去噪，并对申请人的名称和同族专利进行归并，确定检索数据的查全率达到90%，查准率达到100%。经过检索和标引后的专利数据如表 1 – 4 – 1 所示。

表1-4-1 虚拟现实、增强现实产业专利分析检索结果

技术分支	中国专利申请量/件	全球专利申请量/项
建模和绘制技术	3136	9739
交互技术	2551	5610
呈现技术	2379	5585
系统集成技术	527	1183
总计（去重后）	6849	16850

由于虚拟现实和增强现实技术是一个广义的概念，其涉及的技术领域十分广泛，技术边界也很难划定。所以检索结果难免出现不够全面的问题。但是经过努力，从检索结果的数量级来看，检索结果数据集包含的数量已具有统计意义。此外，由于专利申请文件从申请到公开之间最长需要18个月，同时各个数据库的更新时间不同，因此截至本报告的检索截止日期，尚有部分2014~2016年提出的专利申请未收录入数据库中，本报告的所有检索均存在该问题，下文不再重复说明。

第 2 章 虚拟现实、增强现实总体专利分析

2.1 全球专利申请分析

2.1.1 整体趋势分析

鉴于虚拟现实和增强现实领域涉及的技术广泛,需要各个技术分支分别检索,然后再把各个技术分支的检索结果汇总、去重形成整体检索结果。

图 2-1-1 所示的是虚拟现实、增强现实的全球专利申请趋势。从图 2-1-1 中可以看出,虚拟现实、增强现实技术很早就引起了人们的关注,早在 1977 年就出现了一定的专利申请,但是直到 1990 年,全球在该领域的专利申请量都比较平稳,申请数量一直不多。1990~1997 年全球申请量有一个小的增幅,称为第一增长期。1997~2006 年,全球申请量又进入一个相对平稳时期,该段时期专利申请量保持在每年 500 项左右,申请量增速平缓。自 2006 年以来,全球申请量迎来了一个爆发式增长的过程,每年专利申请量都有较大的增长,称为第二增长期。

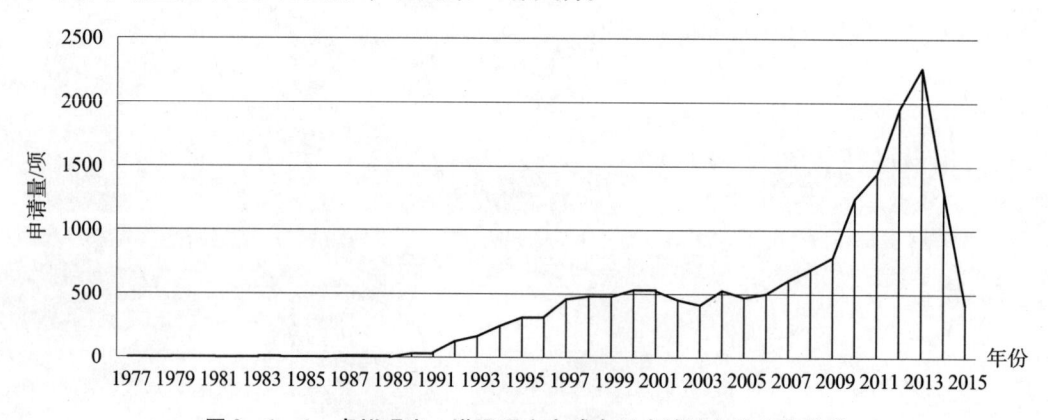

图 2-1-1 虚拟现实、增强现实全球专利申请按年份分布趋势

上述状况与虚拟现实、增强现实全球产业的发展趋势基本吻合。虚拟现实、增强现实技术在 1990 年以前一直处于概念萌芽和初级发展阶段,这个时期相关的虚拟现实、增强现实的产品大多处于试验阶段,产品的使用多集中在科研和军事领域,没有消费级的产品出现。所以市场推动力不足,企业研发投资也就相对不足,全球专利申请量在这个阶段数量相对也比较少,每年的申请量都少于 10 项。到了 20 世纪 90 年代初期,日本各大游戏公司纷纷推出虚拟现实产品,在业内引起轰动。虚拟现实、增强现实技术的全球专利申请量也在这个时期迎来了第一增长期,在这期间,全球专利申

请量由1990年的每年29项猛增到1996年的316项。虚拟现实、增强现实技术有了第一次飞速发展。但是，由于这个阶段的虚拟现实、增强现实产品成本高、内容应用水平一般，最终这些产品的普及率并不高，产品在市场上的表现以失败告终。由于虚拟现实、增强现实产品在市场上没有取得成功，全球各大厂商后续的研发缺乏动力，到了1997年，全球专利申请量又回到平稳发展期，1997~2006年全球专利申请量年增长率不高，申请量始终保持在500项左右。最近10年，随着智能终端普及发展，虚拟现实、增强现实技术也随之迎来了技术发展爆发期，大量资本以及高端技术人员投入该领域，带动虚拟现实、增强现实技术飞速发展，全球申请量也进入了第二增长期。在这期间，全球申请量逐年大幅提高，到了2013年全球专利申请量已经超过2000项。

2.1.2 技术原创国家/地区分析

在本节中，课题组通过在WPI数据库中统计PR字段的方式获取技术原创国家/地区的信息。

从表2-1-1中可知，技术原创国家/地区为：美国、中国、日本和韩国的专利申请占到虚拟现实、增强现实技术领域全球申请总数的83%，说明这四个国家是全球该领域主要技术力量。

表2-1-1 虚拟现实、增强现实领域技术原创国家/地区申请量构成比例

技术原创国家/地区	申请量/项	比例
美国	8462	47%
中国	2790	16%
日本	2159	12%
韩国	1415	8%
欧洲	537	3%
英国	380	2%
德国	357	2%
法国	203	1%
澳大利亚	131	1%
其他	1172	7%

美国作为全球经济最发达的国家，在电子通信行业方面技术领先，拥有很多技术实力很强的企业，在虚拟现实、增强现实领域有绝对的技术优势，其原创专利申请量几乎占到全球总量的50%。

中国作为全球新兴经济体的代表，对虚拟现实、增强现实这一新兴技术的关注度一直较高，在国家层面，多次在全国科技发展规划类文件中多次提到要发展虚拟现实、增强现实技术，国内的多所高校都建设有虚拟现实实验室，有着较强的研发能力，众多

创业公司在该领域也投入较大的科研力量，因此原创申请量排名第二位也在情理之中。

日本作为全球技术发达的国家，其电子行业的科技力量强、技术领先，拥有诸如索尼、精工爱普生等实力强劲的企业，在20世纪90年代初，引领了虚拟现实、增强现实领域第一次技术创新高潮。

韩国一直重视电子通信行业的研究和发展，其国内也涌现出三星电子这样的全球电子通信行业巨头，在虚拟现实、增强现实领域同样占据较为重要的地位。

从图2-1-2中可以看出，各主要技术原创国家/地区在2008年以后开始有较大数量的申请，这与全球近10年虚拟现实、增强现实技术快速发展的时间基本一致，随着智能终端普及，虚拟现实、增强现实技术领域开始进入快速发展期。

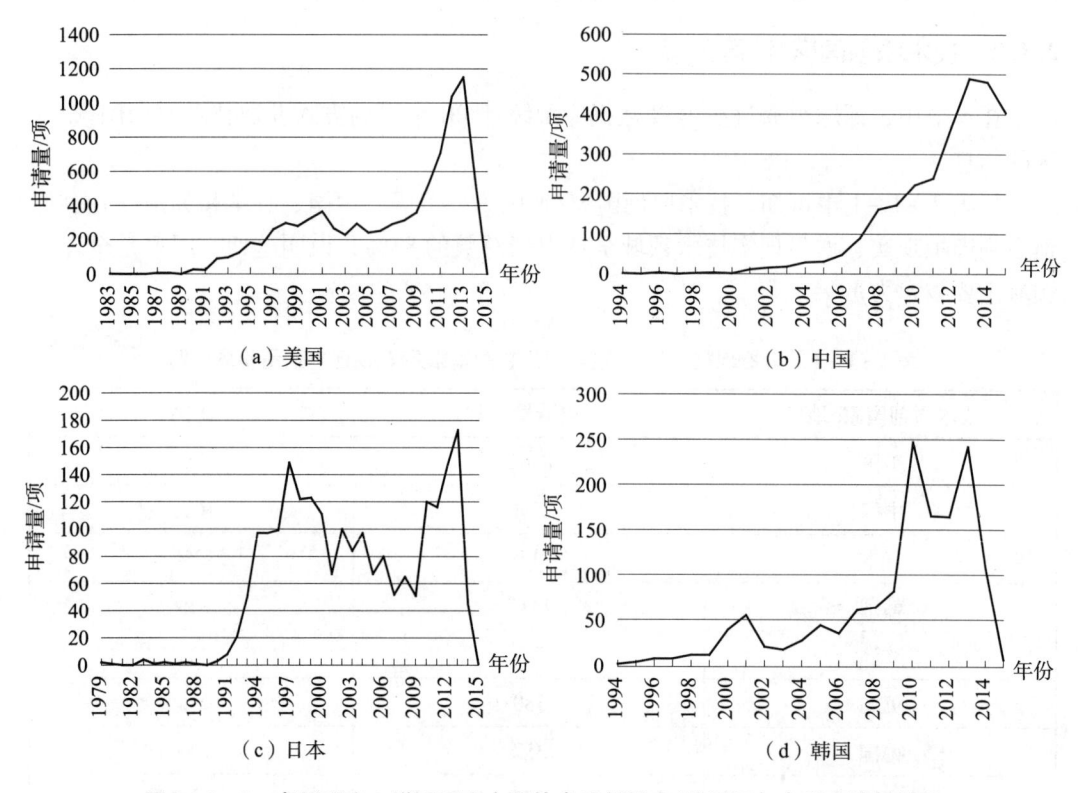

图2-1-2 虚拟现实、增强现实主要技术原创国家/地区历年专利申请量趋势

进一步分析可知，美国和日本起步较早，1980年前后就了一定数量的申请；中国和韩国起步较晚，到1994年前后才开始提出关于虚拟现实、增强现实技术的申请。各个国家的发展状况如下。

对美国而言，其虚拟现实、增强现实技术发展比较早，可以说是虚拟现实、增强现实技术的发源地，1991年以前专利申请量增长比较平缓，成缓慢增长态势。1991~2000年，伴随着日本各家公司推出消费级的虚拟现实产品，美国的专利申请量增速也有所提高。由于上市的各个虚拟现实、增强现实产品没有取得预期的成功，美国的专利申请量也有所下降。2009年以后，随着全球虚拟现实、增强现实技术的加速发展，美国的专利申请量也快速增长，呈爆发式增长的态势。

中国的虚拟现实、增强现实技术发展较晚，1994年才开始有相关的专利申请，一直到2006年专利申请量都是成缓慢增长的态势。从图2-1-2中可以看出，中国的专利申请量没有受到20世纪90年代虚拟现实消费产品上市的影响。2006年以后，中国专利申请量和美国一样进入高速发展期。

日本的虚拟现实、增强现实技术开展较早，从图2-1-2（c）可以看出，日本的专利申请量的波动幅度是最大的，这也从侧面反映出，日本的专利申请量受相关产品市场表现影响最大。1990年以前，日本的专利申请量不多，增速也不是十分明显，1990~1997年，日本的专利申请量有了大幅增长，到1997年达到了顶峰，这和这段时间多家日本游戏公司推出虚拟现实消费产品有着直接的联系。可以看出，这期间日本公司还是很看好虚拟现实技术的前景，纷纷加大投入力度，申请量也直接反映出企业在该领域研发投入的提高。但是随着产品市场表现不好，1997年以后该专利申请量下降也十分明显。直到2009年，专利申请量才有所恢复，进入另一个高速增长期。

韩国的虚拟现实、增强现实技术起步也较晚，2001年以前，韩国的专利申请都处在一个缓慢增长的阶段，专利申请量一直不高，2006~2010年专利申请量有了较大幅度的增长。2011年和2012年，专利申请量有所下降，但是到了2013年又重新达到了高峰。

2.1.3 目标国家/地区分析

在本节中，课题组通过在WPI数据库中统计PN字段的方式获取技术原创国家/地区的信息。

从图2-1-3可以看出，美国是全球虚拟现实、增强现实技术最大的市场，全球2/3以上的专利在美国都有布局。中国作为目标国家的排名与原创国家时的排名相同，都是居第二位，也是该领域较大的市场，但是中国的专利布局量还不到美国的一半，从中可以看出，中国的市场重要度和美国相比还有较大差距。日本和欧洲是电子通信技术的传统重要市场，各国也比较重视在这两个地区的专利布局。从原创国家/地区和目标国家/地区排名都能进入前四位可以看出，韩国也是电子通信大国。

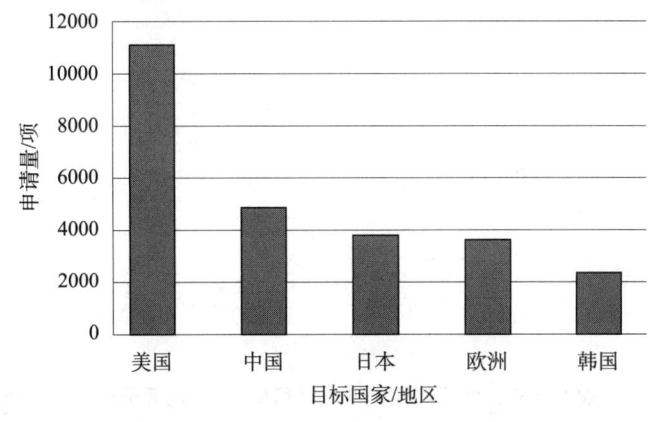

图2-1-3 虚拟现实、增强现实领域目标专利国家/地区专利申请量分布

从图2-1-4中的对比可以看出,美国、中国和欧洲的目标国家/地区专利申请量趋势基本相同,从有专利申请开始,申请量一直呈增长趋势,到了2008年以后,专利申请量增幅大幅上升。日本作为目标国,专利申请量的趋势和作为原创国的趋势基本相同,可以看出在目标国为日本的专利申请受相关产品市场表现影响最深。韩国的专利申请量在全球近10年进入虚拟现实、增强现实技术高速发展期以后,在2012年和2013年两年专利申请量都有小幅下滑。

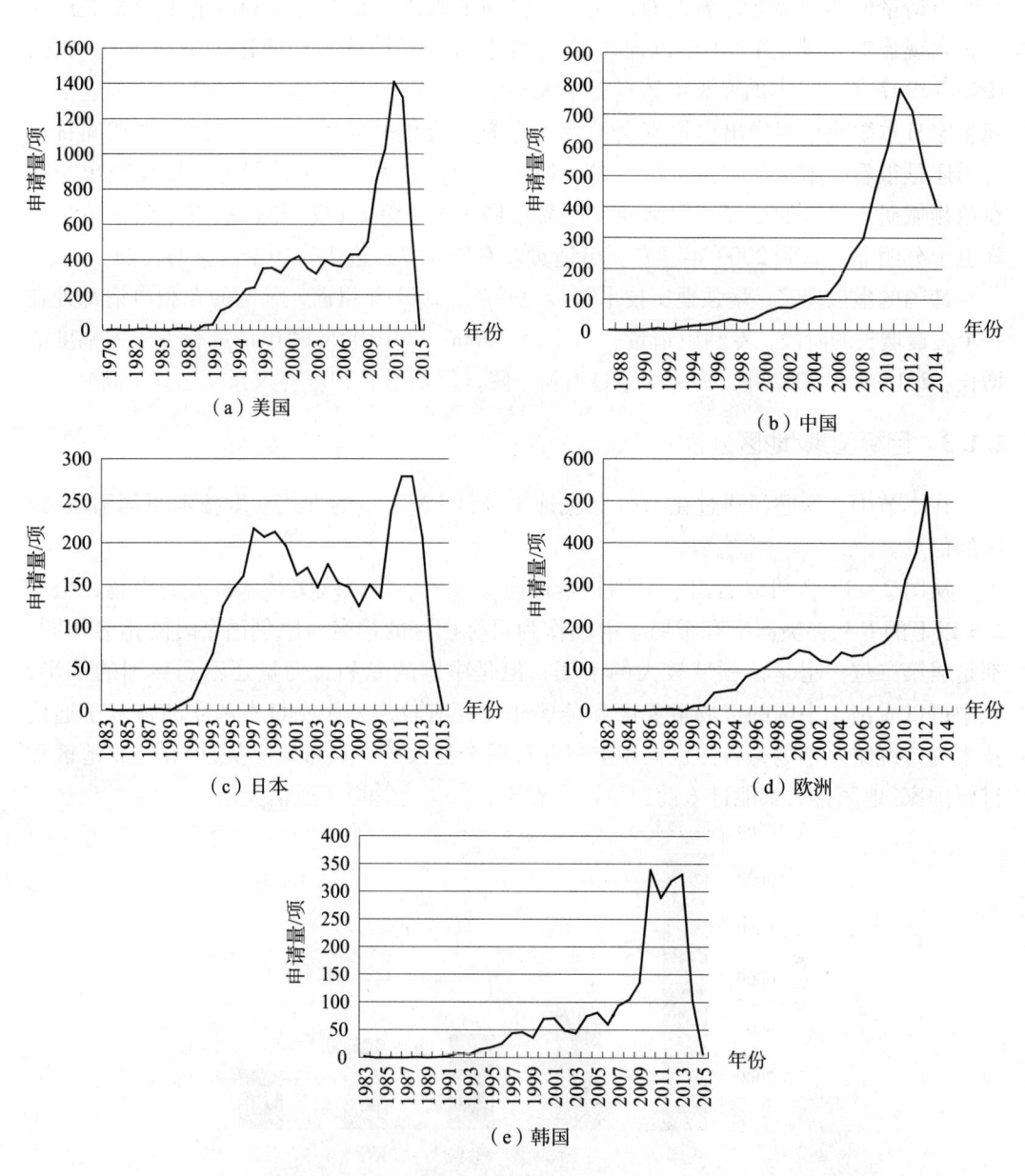

(a)美国

(b)中国

(c)日本

(d)欧洲

(e)韩国

图2-1-4 虚拟现实、增强现实领域主要目标国家/地区历年专利申请量趋势

从图 2-1-5 中可以看出，美国作为全球最主要的技术原创国，其也十分注重在其他主要国家和地区的专利布局，以美国为技术原创国的专利在中国、日本、欧洲和韩国都有千项左右的申请，这个数量在全球范围内也是最多的。和美国原创专利注重在其他国家布局形成鲜明对比的是中国的原创专利，中国作为该领域专利申请大国，以中国为技术原创国的专利申请数量仅次于美国，排名第二位。但是从图 2-1-5 可以看出，中国的原创专利在其他国家申请布局的数量非常少，中国原创专利在其他各个国家的申请数量相比于其他几个技术原创大国都是最少的，这和中国第二大技术原创国的身份极为不符。由此也可以看出，中国虚拟现实企业海外专利布局意识较差，这种差距在当前企业主要开发国内市场阶段还不会显示出弊端，但是随着公司规模的逐渐扩大，当国内行业巨头需要开发国际市场的时候，这种意识差距的弊端就会显露无遗，成为制约公司国际化发展的重要瓶颈。

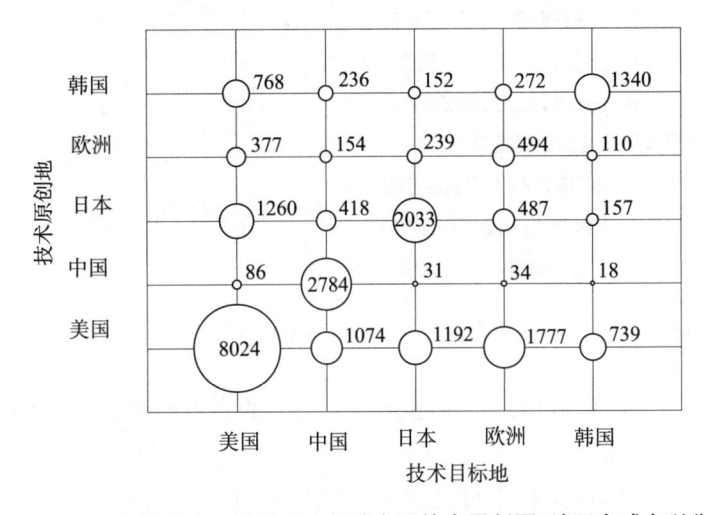

图 2-1-5　虚拟现实、增强现实领域主要技术原创国/地区全球专利分布

注：图中数字表示申请量，单位为项。

2.1.4　主要申请人分析

在对全球主要申请人申请量检索的过程中，课题组采用统计 WPI 数据库中 CPY 字段的方式来确定主要申请人的申请量，在统计 CPY 字段之后，在结合各重点申请人的申请人名称中具有代表性的词语补充使用 PA 字段进行辅助检索，将两种方式检索出的申请数量合并作为最终该申请人的总体申请量。

图 2-1-6 显示出虚拟现实、增强现实全球申请人专利申请量排名。从图 2-1-6 中可以看出，排在前三位的是微软、索尼和三星电子。这三家公司都有自己代表性的虚拟现实、增强现实产品。微软推出的 HoloLens 是当前性能最好、用户体验最佳的增强现实产品，微软在增强现实领域也做了大量的专利布局。索尼作为传统的电子娱乐产品厂商，在虚拟现实、增强现实领域也很早就进行了专利布局，其产品 PS VR 配合自身传统的游戏主机平台 PlayStation 使用，市场前景十分看好。

三星电子是全球最大的手机和电视机制造商,在虚拟现实、增强现实领域有着先天的优势,其与业内领导者 Oculus 合作推出的 Gear VR 和手机配合使用,大大降低了成本,市场占有率很高。北京航空航天大学是前十名中唯一上榜的中国申请人,这得益于中国最早的虚拟现实国家重点实验室落户北京航空航天大学。在虚拟现实领域,北京航空航天大学是全国乃至全球较早开展研究的单位,有着雄厚的技术基础。

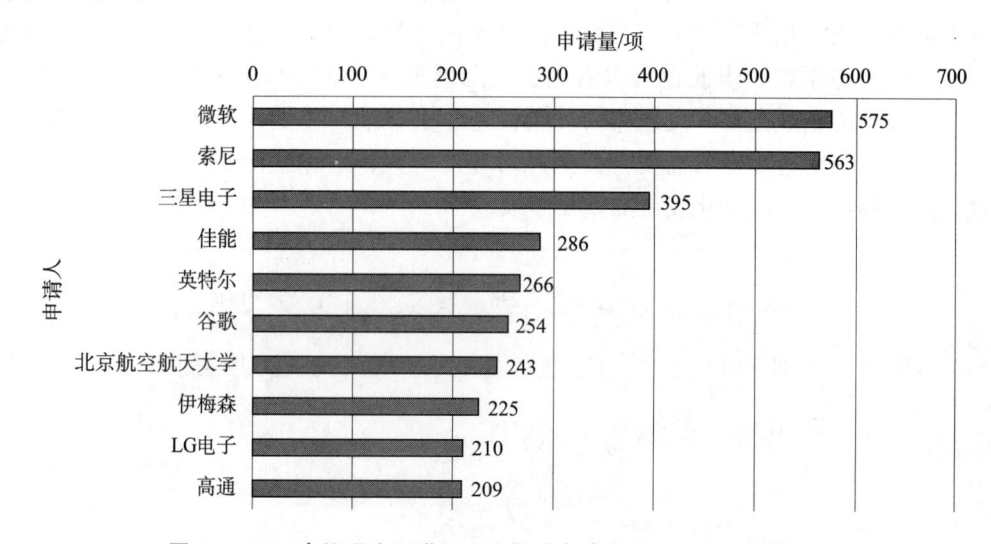

申请人	申请量/项
微软	575
索尼	563
三星电子	395
佳能	286
英特尔	266
谷歌	254
北京航空航天大学	243
伊梅森	225
LG电子	210
高通	209

图 2-1-6　虚拟现实、增强现实领域全球申请人专利申请量排名

从图 2-1-7 中可以看出,申请量排名前三名的主要申请人,在四个技术分支都有比较均衡的专利布局,尤其是在建模和绘制技术领域投入的精力最大,申请量也最多,可见本领域的国际巨头都十分注重在该领域基础技术的积累。除了前三名以外,佳能、英特尔、高通和北京航空航天大学的专利技术构成中,建模和绘制技术所占的比例也是最高,尤其是北京航空航天大学,几乎全部专利申请都集中在建模和绘制技术领域,可见其对该领域的重视程度。另外,谷歌、伊梅森和 LG 电子的主要研发方向集中在呈现技术上,在该领域专利申请占比最高。

2.1.5　小　结

虚拟现实、增强现实技术很早就引起了人们的关注,早在 1977 年就出现了一定的专利申请,但是直到 1990 年,全球在该领域的专利申请量都比较平稳,申请数量一直不多。1990~1997 年全球申请量有一个小的增幅,称为第一增长期。1997~2006 年,全球申请量又进入一个相对平稳时期,该段时期专利申请量保持在每年 500 项左右,申请量增速平缓。自 2006 年以来,全球申请量迎来了一个爆发式增长的过程,每年专利申请量都有较大的增长,称为第二增长期。

虚拟现实、增强现实领域主要的技术原创国家为:美国、中国、日本和韩国。这四个国家的专利申请占到虚拟现实、增强现实技术领域全球申请总数的 83%,说明这四个国家是全球该领域的主要技术力量。虚拟现实、增强现实领域的主要专利目标国家/地区为：美国、中国、日本、欧洲和韩国。其中该领域全球专利中有一半以上的专利都在美国有布局，可见美国是全球当之无愧的最大市场。

在虚拟现实、增强现实领域全球专利申请中，申请量排在前十位的申请人分别是：微软、索尼、三星电子、佳能、英特尔、谷歌、北京航空航天大学、伊梅森、LG电子和高通，其中，微软、索尼和三星电子在全领域的技术都有比较均衡的专利申请量，佳能、英特尔、北京航空航天大学和高通更注重在建模和绘制技术领域的专利申请，谷歌、伊梅森和LG电子更关注呈现技术领域。

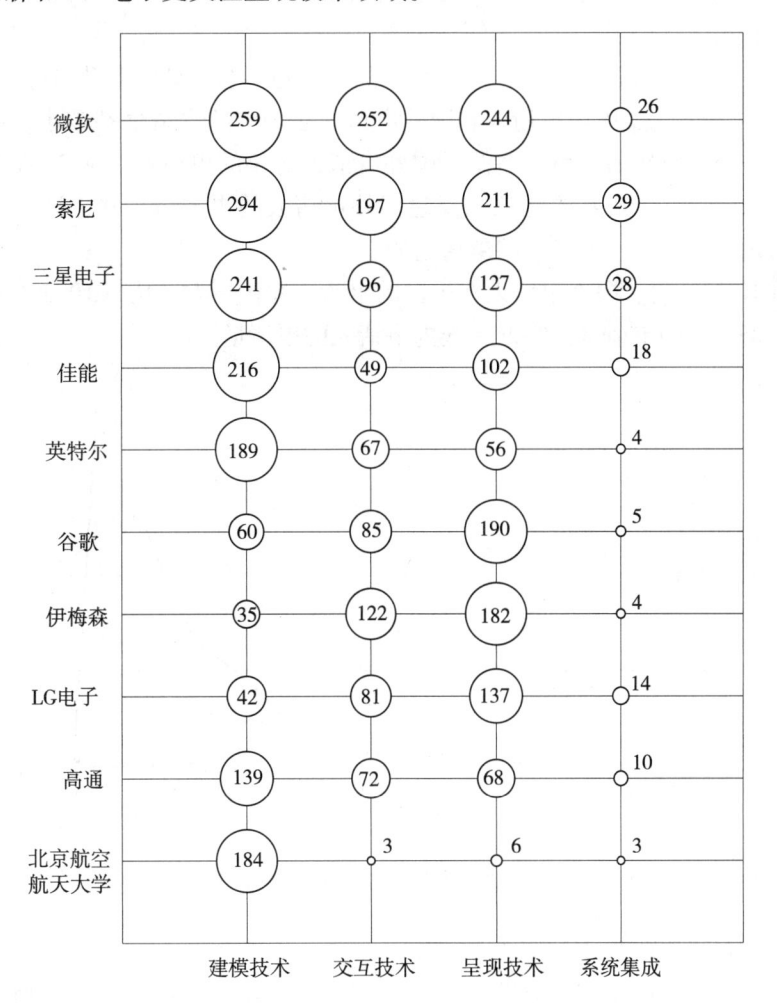

申请人	建模技术	交互技术	呈现技术	系统集成
微软	259	252	244	26
索尼	294	197	211	29
三星电子	241	96	127	28
佳能	216	49	102	18
英特尔	189	67	56	4
谷歌	60	85	190	5
伊梅森	35	122	182	4
LG电子	42	81	137	14
高通	139	72	68	10
北京航空航天大学	184	3	6	3

图 2-1-7 虚拟现实、增强现实领域全球主要申请人专利申请技术构成

注：图中数字表示申请量，单位为项。

2.2 中国专利申请分析

本节将对在中国提出的虚拟现实、增强现实领域 6849 件专利申请进行研究，主要

从国内/国外申请量趋势、申请量地域分布、申请人排名以及专利质量和海外布局四个方面入手分析。通过对比，可以发现国内申请人与国外申请人在该领域的专利布局上存在的差距，从而提出相关对策。

2.2.1 国内/国外申请趋势对比

2.2.1.1 国内/国外历年专利申请量趋势

图2-2-1是虚拟现实、增强现实领域中国国内/国外申请人专利申请量趋势，横轴代表年份，纵轴代表申请量。综观该图，国内申请人/国外申请人在该领域的专利申请量趋势存在如下三个特点。

（1）国内申请人和国外申请人的申请量随年份趋势总体呈现上升趋势。

（2）2004年之前，国内申请人和国外申请人在中国的申请量都较小，两者差距不明显，国内申请人每年的申请量略低于国外申请人每年的申请量；从2004年起，国内申请人的申请量呈现了爆发式增长，反超国外申请人的申请量，并逐渐形成了国内申请人的申请量远大于国外申请人的申请量的态势。

（3）2010年之前，国外申请人在中国的申请量起伏不大，从2010年开始，也呈现快速增长，但每年的申请量始终低于国内申请人的申请量。

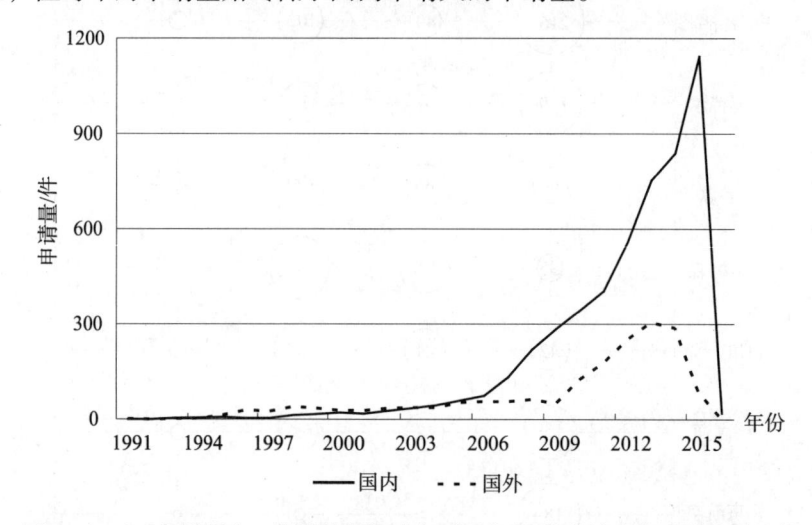

图2-2-1 虚拟现实、增强现实领域中国国内/国外申请人专利申请量趋势

2.2.1.2 国内/国外申请类型及法律状态

表2-2-1是虚拟现实、增强现实领域中国国内/国外发明、实用新型专利申请法律状态。其中，"已结申请法律状态"指截至2016年4月26日已经结束审查的案卷状态，包括有效、无效、撤回、驳回四种状态；"有效"指已结案卷中仍处于授权有效的状态；"无效"指案卷授权后又失去权利权有效性的状态，进一步细分为：未缴纳年费而被终止专利权（未缴费）、专利权保护期满（到期）和复审宣告无效（复审无效）的案卷状态；"撤回"包括视为申请人撤回和申请人主动撤回两种状态。

通过对国内申请人的2204件已结案发明专利申请与国外申请人的998件已结案发

明专利申请在"有效""无效(未缴费)""无效(到期+复审无效)""撤回""驳回"五个方面的统计和对比发现:

表2-2-1 虚拟现实、增强现实领域中国国内/国外发明、实用新型专利申请法律状态

单位:件

已结申请法律状态	国内发明	百分比	国外发明	百分比	国内实用新型	百分比	国外实用新型	百分比
有效	1076	48.82%	573	57.41%	634	77.22%	14	93.33%
无效(未缴费)	383	17.38%	145	14.53%	178	21.68%	1	6.67%
无效(到期+复审无效)	0	0.00%	2	0.20%	9	1.10%	0	0
撤回	556	25.23%	236	23.65%	0	0.00%	0	0
驳回	189	8.58%	42	4.21%	0	0.00%	0	0
总计	2204	100.00%	998	100.00%	821	100.00%	15	100.00%

(1)国内申请人的有效申请占总申请量(2204件)的百分比为48.82%,低于国外申请人近10个百分点。

(2)国内申请人因未缴纳年费而被终止专利权的申请占总申请量(2204件)的百分比为17.38%,略高于国外申请人3个百分点;国内申请人撤回的申请占总申请量(2204件)的百分比为25.23%,略高于国外申请人1.5个百分点;两相对比差异均不明显。

(3)国内申请人被驳回的申请量占总申请量(2204件)的百分比为8.58%,约为国外申请人的2倍,驳回比例偏高。

通过对国内申请人的821件已结案实用新型专利申请与国外申请人的15件已结案实用新型专利申请在"有效""无效(未缴费)""无效(到期+复审无效)""撤回""驳回"五个方面的统计和对比发现:

(1)国内申请人的有效申请占总申请量(821件)的百分比为77.22%,低于国外申请人16个百分点。

(2)国内申请人因未缴纳年费而被终止专利权的申请占总申请量(821件)的百分比为21.68%,而国外申请人相关百分比仅为6.67%。因此,国内申请人对授权后专利权的维持意识有待增强。

综上所述,国内申请人授权后因未缴费而无效的申请比例高,尤其在实用新型方面表现更明显,因此,需要增强国内申请人的专利运营意识,提高专利运营水平。

2.2.2 申请量地域分布

2.2.2.1 各国申请量对比

图2-2-2是虚拟现实、增强现实领域中国国内/国外申请人数量对比。从该图中

可见，国内申请人数量占总申请人数量的74%，国外申请人数量仅占总申请人数量的26%，在中国境内的虚拟现实、增强现实专利申请人主要为国内申请人。

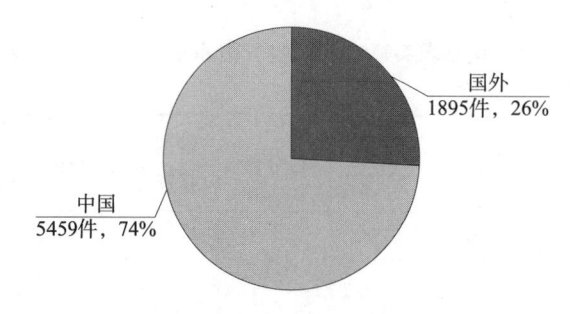

图2-2-2 虚拟现实、增强现实领域中国国内/国外申请人数量对比

图2-2-3为图2-2-2中占总申请人数量26%的虚拟现实、增强现实领域中国国外申请人来源国排名。通过对国外申请人的申请量按国别排名可以发现，在中国专利市场中，专利布局投入最多的为美国，728件，其次是日本437件和韩国258件。结合本章第2.1节中对全球专利分析可知，美国、日本、韩国不仅是虚拟现实、增强现实技术在全球范围内的主要技术输出国，同时也是在中国的主要专利布局国，足见其对中国市场的重视。因此，美国、日本、韩国是我国国内申请人在避免专利纠纷、进行专利布局中需要引起高度重视的国家。

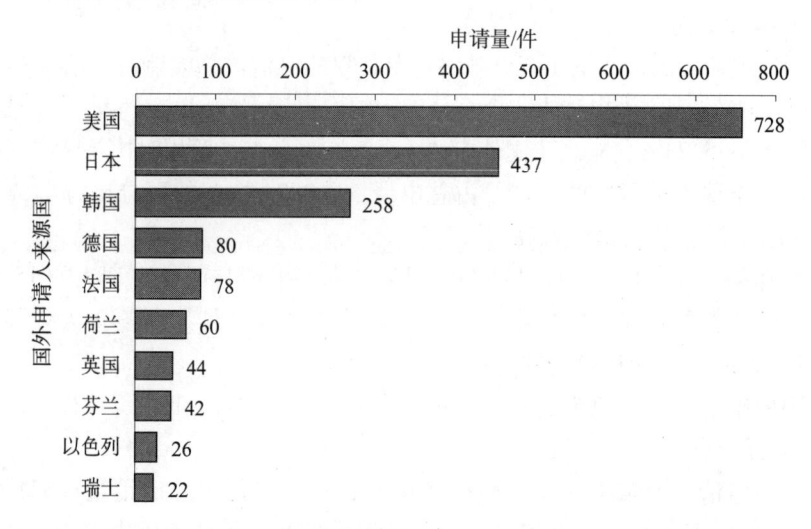

图2-2-3 虚拟现实、增强现实领域国外申请人来源国在中国专利申请排名

2.2.2.2 国内主要省区市专利申请量对比

图2-2-4是虚拟现实、增强现实领域中国国内申请人省区市专利申请量对比，其中示出了各省区市发明、实用新型、外观设计专利的总申请量。

从发明、实用新型和外观设计申请三者的申请量对比来看，各省区市的发明专利申请比例均很高，其次是实用新型，最少的是外观设计。

从各省区市发明专利申请的申请量来看，专利申请地域分布可分为四个阶梯：

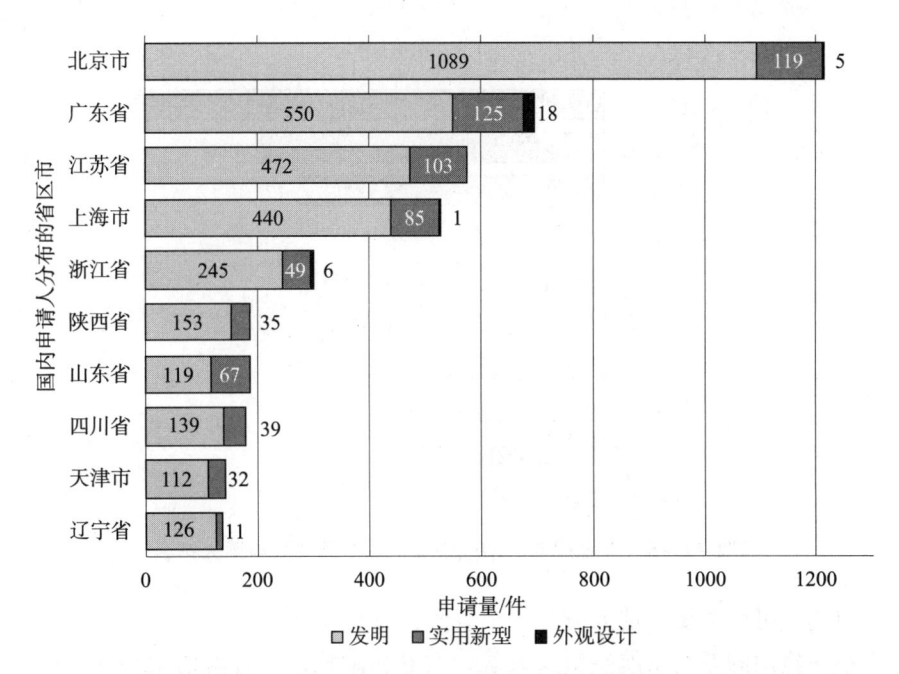

图 2-2-4 虚拟现实、增强现实领域中国国内申请人分布的省区市专利申请量对比

（1）位于第一阶梯的是北京市，申请量为1089件，约为第二名广东省的2倍，遥遥领先其他省区市的申请量，稳居首位的原因主要源自北京科研院校、高科技企业的云集，其中重点科研院校在申请量的提升上起到了积极的作用（具体参见本章第2.2.3.2节），其次还有许多IT外企的引入也为当地相关技术的发展起到积极的引领作用。

（2）位于第二阶梯的是广东省、江苏省、上海市、浙江省，四者申请量在200～550件，地域分布于珠江三角洲和长江三角洲地区。众所周知，上述两个三角洲是我国经济、技术和科技比较发达的沿海地区，云集了相当多的电子、通信、网络类产业，为虚拟现实、增强现实高新技术的研发提供了坚实的经济基础和技术支持，新兴技术产业拉动了当地的专利申请数量。

（3）位于第三阶梯的是陕西省、山东省、四川省、天津市、辽宁省，申请量在100～200件，虽然不及第一阶梯和第二阶梯的申请量大，但是也能看出，这些地区正在努力追赶，积蓄力量等待超越。

（4）剩下未在图2-2-4中示出的省区市申请量都小于100件，被列为第四阶梯，属于该领域技术薄弱地区。技术薄弱的原因很多，诸如当地经济发展速度较慢、科技发展水平较低、百姓对专利的意识不够等。

2.2.3 申请人排名

2.2.3.1 主要申请人排名

图2-2-5是虚拟现实、增强现实领域中国主要申请人排名情况，此处统计的申请人包括国内申请人和国外申请人。

申请量/件

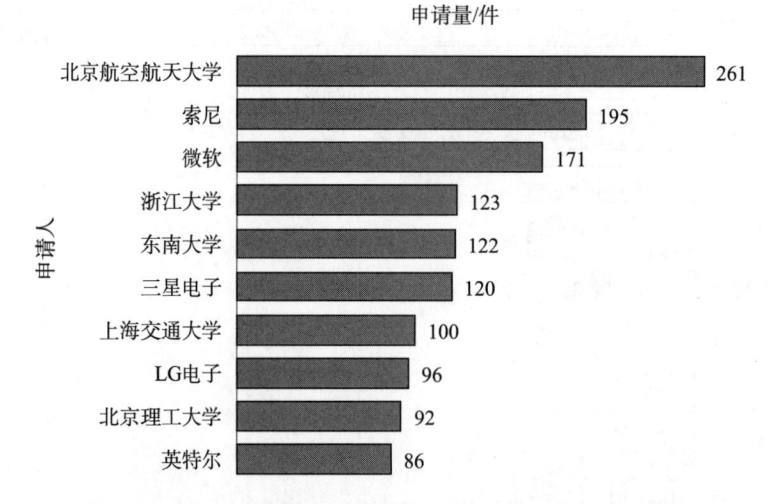

申请人	申请量
北京航空航天大学	261
索尼	195
微软	171
浙江大学	123
东南大学	122
三星电子	120
上海交通大学	100
LG电子	96
北京理工大学	92
英特尔	86

图2-2-5 虚拟现实、增强现实领域中国主要申请人排名

根据申请量可将主要申请人分为三个集团：

位于第一集团的是北京航空航天大学、索尼和微软，三者申请量均在200件左右，其中，北京航空航天大学的总申请量遥遥领先其他申请人，为261件。

位于第二集团的是浙江大学、东南大学和三星电子，三者申请量差别不大，均在170件左右。

位于第三集团的是上海交通大学、LG电子、北京理工大学和英特尔，申请量基本都集中在80~100件。

基于上述申请人的排名和申请量分析可知，主要申请人中，国内申请人占了50%且均集中在高校（分别为北京航空航天大学、浙江大学、东南大学、上海交通大学、北京理工大学），结合本章第2.2.2.1节的内容可以发现，这五所高校分别位于北京市和长江三角洲地区，为当地的申请量作出了很大贡献；其余50%的主要申请人为国外的企业，分别是来自日本的索尼、来自美国的微软和英特尔以及来自韩国的三星电子和LG电子。

通过上面的对比和分析可以看出，国内的主要创新主体是高校/科研机构，而国外的主要创新主体为企业。由于专利申请的原始目的是保护发明创造，促进技术的创新，从而使得市场经济能够在有序的环境下良性发展。因此，如果国内的高校能够将专利成果通过专利权转让或许可使用的方式转化为生产力，那么，必将对我国科技进步和经济发展起到非常大的促进作用。

2.2.3.2 国内申请人排名

图2-2-6是虚拟现实、增强现实领域中国国内申请人主要排名情况（取排名前十位）。

申请量/件

- 北京航空航天大学 261
- 浙江大学 123
- 东南大学 122
- 上海交通大学 100
- 北京理工大学 92
- 清华大学 76
- 中国科学院自动化研究所 66
- 哈尔滨工业大学 61
- 成都理想境界科技有限公司 41
- 天津大学 38

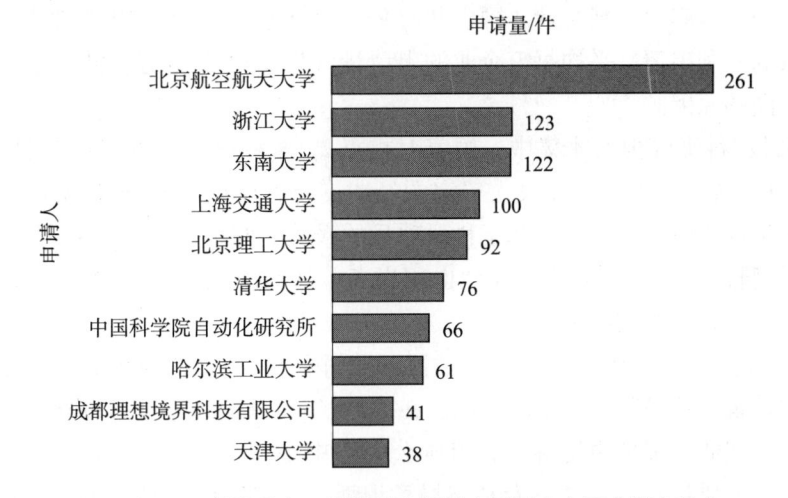

图 2-2-6　虚拟现实、增强现实领域中国国内主要申请人排名

基于图 2-2-6，在我国众多国内申请人中，排名前十位的 90% 为高校/科研院所，说明国内高校是国内申请量大户，集中了相当多的专利申请，且主要集中在北京市和长江三角洲地区。

从地域上分析，北京形成了以北京航空航天大学为首，以北京理工大学、清华大学、中国科学院自动化研究所为辅的专利申请布局。

结合图 2-2-6，我们也可以看到，国内主要申请人中企业的排名并不突出，仅有成都理想境界科技有限公司一家企业入围，且仅排在第九位，申请量为 41 件。对于国内单个企业在该领域专利申请量不突出的现象，将在本章第 2.2.3.3 节中进行分析。

2.2.3.3　国内申请人类型结构

图 2-2-7 是虚拟现实、增强现实领域中国国内申请人类型结构。该图中示出，约 47% 的国内申请人来自高校/科研院所，约 37% 的国内申请人来自企业（国内企业的总申请量还是相当可观的），个人申请仅占国内总申请量的 15%。在国内申请人类型结构中，高校/科研院所和企业所占比重很大。

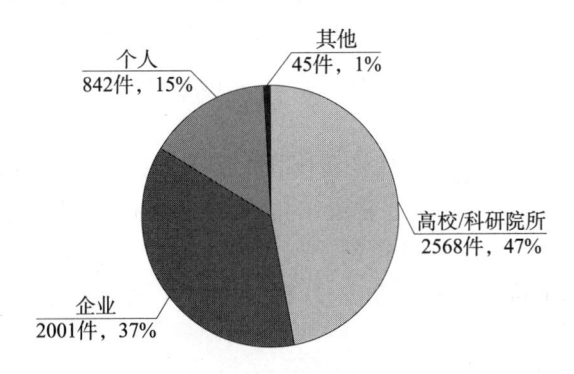

- 个人 842件，15%
- 其他 45件，1%
- 高校/科研院所 2568件，47%
- 企业 2001件，37%

图 2-2-7　虚拟现实、增强现实领域中国国内申请人类型结构

结合图 2-2-6 可以看出，在申请人类型结构中占 1/3 的"企业"却在国内主要

申请人排名中鲜有露面。据统计，国内共有937家企业共申请了1945件虚拟现实、增强现实领域的专利申请，平均每家企业的申请量仅为2.08件。经分析，该现象主要源于以下两方面的原因。

（1）高校/科研机构人才集中，国家对重点高校/科研机构的科研项目比较重视，每年会对高校/科研机构的研究投入一定的经费支持，所以高校/科研机构每年在专利研发上的积极性比较高。同时，基于科研项目的报奖、职称评定也与专利数量相挂钩，因此高校/科研机构的专利申请积极性也相当高，从而出现了高校/科研机构专利申请数量比较多、比较集中的现象。

（2）国内企业主要为中小企业，人才匮乏。国内科技巨头像BAT、华为、中兴等在这方面的表现乏善可陈，比如阿里巴巴在2016年3月中旬才宣布成立虚拟现实实验室，反而是一些如成都理想境界科技有限公司等中小型企业略有成效。但是，中小型企业存在缺乏高质量专业人才、专利布局意识淡薄、专利维权经验不足等缺陷，使得国内还没有形成具有专利竞争力的龙头企业。

2.2.3.4 国内申请人专利转让情况

众所周知，企业持有人将专利转化为生产力的能力非常强，新技术能被迅速应用于生产之中，对于提升产品竞争力和降低生产成本影响极大。高校/科研机构将技术转化为生产力的效率和技术更新敏感度严重弱于一线生产企业。因此，面对国内现存的这种高校引领创新主体、中小企业平均申请量比较少的现状，如果国内高校能够将其所拥有的专利成果尽可能多地通过专利权转让、许可或合作的方式投入到企业的生产中，那么也会对我国虚拟现实、增强现实领域的技术发展起到很大的保护和促进作用。所以，尽快将集中在高校/科研机构中的这些专利成果转化为可被企业利用的强有力的专利武器显得极为迫切。

然而，通过对国内高校/科研机构的主要申请人北京航空航天大学、浙江大学、东南大学、上海交通大学、北京理工大学、清华大学、中国科学院自动化研究所、哈尔滨工业大学和天津大学9所科研院校的858件专利的转让情况进行进一步研究分析发现，仅北京航空航天大学、北京理工大学、东南大学、哈尔滨工业大学、清华大学和中国科学院自动化研究所6所科研院校的34件专利申请发生了专利权的转让。而在所述发生了转让的34件专利申请中，从科研院校转让到企业的仅10件，占所述申请人总申请量的1.17%。

上述数据充分说明，国内专利成果转化为生产力，投入到市场经济中的比例过低，缺少高校/科研机构与企业间的产业联盟，高校/科研机构的创新助力产业发展的程度太弱，缺少完善的产、学、研联动机制。国内虚拟现实、增强现实领域的这种专利持有人的性质（专利申请量主要集中在高校/科研机构），决定了技术被应用于生产的效率天然慢于国外同行。

面对这种局面，可以通过以下三种方式进行改善。

（1）企业向高校收购专利和交叉专利许可授权。在技术上落后于他人、专利布局处于弱势地位、企业自研成果见效尚需时间的情况下，采取专利收购和获取专利授权的方式，虽不能治本，亦不失为变通之法。

（2）尽快构建产业联盟。在虚拟现实行业竞争激烈化的情况下，面临国际专利大户的专利大棒，产业联盟抱团取暖，通常是最有杀伤力的应对之法。产业联盟可以调查起诉方是否侵犯了联盟成员企业的专利，若起诉方侵犯了联盟成员企业的专利，产业联盟便可与其谈判交叉授权，从而化解危机；如果其拒绝谈判，产业联盟还能发起反诉。

（3）高薪从高校/科研机构、海外吸纳大量高科技人才，发挥市场规模优势，逐步实现技术本土化，培养自己的核心技术人才；高校将科技成果转移转化成效纳入高校考核评价体系；完善鼓励科技人员与企业工程人员双向交流的措施。

2.2.3.5 国外申请人排名

图2-2-8是虚拟现实、增强现实领域中国国外申请人申请量排名（取申请量排名前十位），从该图中可以发现，国外申请人排名主要分为三个阶梯：位于第一阶梯的是索尼和微软，申请量均在150件以上；位于第二阶梯的是三星电子、LG电子和英特尔，申请量均在100件左右；位于第三阶梯的是飞利浦、谷歌、高通、诺基亚和精工爱普生，申请量基本集中在35～50件。

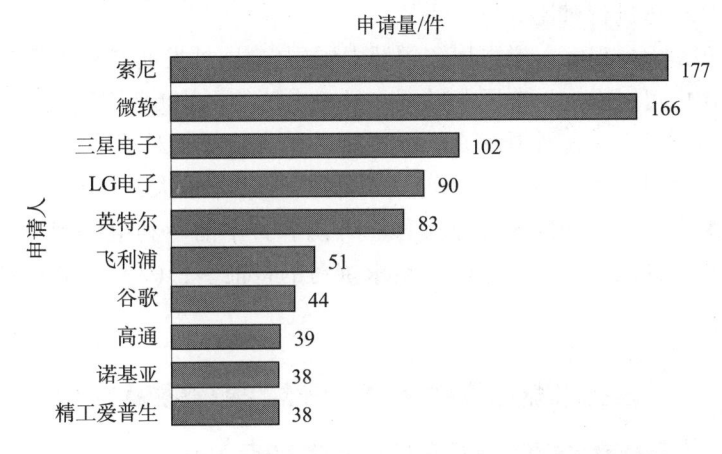

图2-2-8　虚拟现实、增强现实领域中国国外申请人申请量排名

对比国内申请人排名中高校/科研机构的比例，国外申请人主要集中在知名大型企业。而这些企业又主要来自美国（微软、英特尔、谷歌、伊梅森、高通）、日本（索尼、精工爱普生）、韩国（三星电子、LG电子）和荷兰（飞利浦）四国。其中，来自美国的专利申请量达到了390件，来自日本的专利申请量达到了235件，来自韩国的专利申请量达到了216件。上述三国的9家企业在虚拟现实、增强现实领域对中国市场充满"期待"，抢先在中国进行专利布局，成为我国的主要技术输入国，亟须引起国内相关企业的关注。

2.2.4　申请质量和海外布局

2.2.4.1　国内/国外发明专利申请专利度-特征值对比

课题组还利用专利分析软件中的语义分析功能，对虚拟现实、增强现实领域在中国的专利申请进行了专利度和特征值分析，并比对了国内申请人与国外申请人的专利度和特征值。

专利度，是指一件申请中权利要求的项数。如果一件申请中权利要求项数越多，那么授权后所能保护的实施例也就越多，即保护范围越广、保护力度越大。

特征值，是指一件申请的独立权利要求中出现的特征数（根据专利分析软件的语义模型计算获得）。如果一件申请的独立权利要求中如果出现的特征数越多，说明该独立权利要求所限定的保护范围越小，因此保护力度也就越弱。

众所周知，一份撰写质量理想的专利申请，在专利度和特征值上应该满足如下两个条件：（1）独立权利要求中的特征值应该在一个合理的范围内尽可能地少，从而可以获得尽可能大的保护范围；（2）所申请的权利要求的项数（专利度）应该尽可能地多，从而保护尽可能多的实施方式，获得尽可能大的保护范围。

结合前述内容可知，在中国的主要申请人中排名前十位的几家国外企业主要来自美国、韩国和日本三个国家（下面称为"技术来源国"），因此，下面我们将对技术来源国美国、韩国和日本在中国的专利申请专利度－特征值与中国国内申请人的专利申请的专利度－特征值进行对比分析。

图2-2-9是虚拟现实、增强现实领域中国国内/国外发明专利申请专利度－特征值对比。从该图中可以看出，美国、韩国、日本申请的平均专利度都很大，均在15以上，美国甚至达到了27；三个国家的申请的平均特征值都相对较小，在15左右。而中国申请的平均专利度很小，还不到10，平均特征数却非常大，达到了30多。由此可见，中国的专利申请撰写情况相比于美国、韩国和日本的专利申请撰写情况，总体呈现以下两个突出的现象：（1）独立权利要求撰写的特征多；（2）总的权利要求项数非常少。

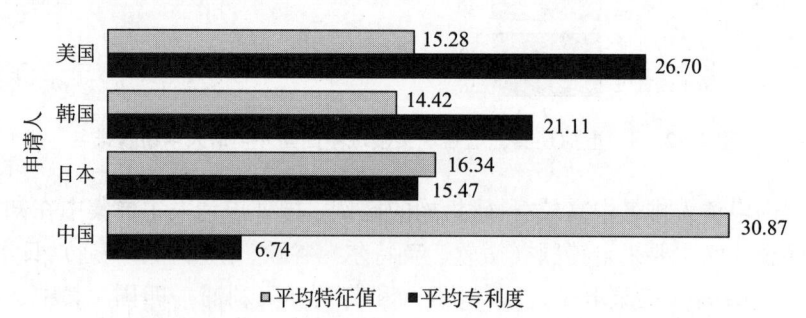

申请人	平均特征值	平均专利度
美国	15.28	26.70
韩国	14.42	21.11
日本	16.34	15.47
中国	30.87	6.74

图2-2-9 虚拟现实、增强现实领域中国国内/国外发明专利申请专利度－特征值对比

中国申请人与美国、韩国、日本申请人在撰写专利申请时出现的这种现象，与国内/国外的创新主体不同有一定的关系。

在虚拟现实、增强现实领域，国外的创新主体为企业，而国内的创新主体为高校/科研机构。两类创新主体在专利申请早期的出发点就存在本质不同。企业能否在市场经济中壮大发展的关键是在经济上是否存在盈利，而决定一家企业的经济实力的根本因素就是技术。通过申请专利来防止企业的技术成果被别人剽窃或仿造，对一家企业未来的发展起到了决定性的作用。因此"获得尽可能大的保护范围"是企业在进行专利申请时首先要考虑的问题，也是最重要的申请目的。而高校/科研机构的研发目的主要不是在市场经济中获取巨额利润，因此高校/科研机构在进行专利申请时不需要考虑专利申请授权后的保护范围。同时，由于现阶段我国对高校/科研机构每年的职称评级、项目报奖评价标准之一就是授权的专利数量（而不是授权专利的保护范围），因此高校/科研机构在申请专利最初的目的就是后续能否被授权，为了获得授权就可能通过尽可能多地增加独立权利要求中的特征数，来降低该独立权利要求被现有技术覆盖的可能性；并进一步通过尽可能多的特征数来使该权利要求与现有技术的区别看上去是非显而易见的，从而因具备创造性被授予专利权。

国内高校/科研机构在专利申请中的这种撰写方式对我国科技进步和知识产权保护极为不利。申请人为了追求授权率，一味地在独立权利要求中添加过多的特征，却失去了能获得更大保护范围的机会。这种方式授权得到的专利，虽然数量可观，但是每件专利可保护的范围过小，使得核心专利不能获得有力的保护，极易被竞争对手规避，无法起到真正的专利保护作用。

为了加大专利的保护范围，国内申请人应该更多地向国外申请人学习相关的撰写方法。在审查阶段，通过与审查员以审查意见通知书、意见陈述书等方式进行沟通、磨合后，逐步地在独立权利要求中添加必要的技术特征，以争取到一个合理、适当的保护范围，为自己辛苦研发得到的创新技术提供尽可能完善的专利保护。

2.2.4.2　国内申请人海外申请分析

海外专利布局是衡量经济和创新价值的重要指标，即专利全球性指标。通常，具有较大市场价值的发明才需要在国外申请专利保护。

通过对国内申请人国内/国外的申请情况对比分析发现，国内申请人在虚拟现实、增强现实技术领域的总申请量为5025件，其中通过《专利合作条约》（PCT）或《保护工业产权巴黎公约》的途径去其他国家或地区进行申请的数量只有11件，仅占其申请总量的0.22%，说明我国海外专利申请量的比重过低。

对比本章第2.2.3.5节中，对国外申请人的排名分析发现，国外主要申请人大部分来自美国、日本和韩国，这些国家的大型企业在专利战略中的经验丰富，有比较完备的专利布局方案，除了重视相关技术在本国的专利布局外，还非常重视在别国的专利布局，如在中国的布局。

面对国外专利巨头，中国虚拟现实领域的企业似乎走得越来越艰难，如何利用知识产权来扭转局势成为一个头等难题。如果说技术解决方案、内容定制方案是战术手段，那么知识产权布局就是战略手段，最需要引起从业者的重视。如果不能很好地实现国内企业相关技术在海外的专利布局，那么相关企业和产品就只有沦为二流产品或者山寨产品的命运，很难在市场竞争中生存下去。

2.2.5　小　　结

本节主要研究了国内/国外申请人就虚拟现实、增强现实技术领域在中国的申请态势，从国内/国外历年专利申请量趋势、申请量地域分布、申请人排名、申请质量和海外布局四个方面进行了分析，总结了国内/国外申请人在申请人类型结构、专利撰写质量、专利地域布局三方面存在的巨大差异，发现了国内虚拟现实、增强现实技术领域的专利规划和布局上存在的三个隐性缺陷：

（1）国内专利申请量主要集中在高校/科研机构，企业的专利申请量低，专利从高校/科研机构投入到企业中的比例低，造成部分泡沫专利的存在。

（2）国内申请人在专利申请中的撰写水平低，权利要求书保护范围过小。

（3）国内申请人对海外申请的投入低和积极性不高。

专利布局的核心思想是自力更生。企业要在专利权布局上取得进展，首先，需要依靠自身的科研体系，加大投入力度，用长远眼光和百倍耐心对待专利事业的发展，才能真正拥有自己的核心科技；其次，企业通过专利收购、专利许可、产业联盟、高薪吸纳人才等方式能实现技术交流共享和专利互授，从而在短时间内快速充实自身的羽翼、提高自身的防御指数；最后，高校/科研机构应尽快将专利成果转化纳入到相关考核内容中，加快高校/科研机构的专利成果向企业流动的步伐。

作为新兴行业，国内/国外行业各企业在该领域基本处于同一起步时间节点，即便在专利布局上有差距，但远还没有到望尘莫及的程度。及时布局专利战略，以国内企业越来越强的科研能力和资金实力，迎头赶上甚至占据优势也并非难事。

第3章　建模和绘制技术专利分析

3.1　建模和绘制技术的定义

建模和绘制技术是依托于虚拟环境或者真实环境，在数字空间中模拟现实世界中的对象和状态，将现实世界中的对象、对象与对象之间的关系、对象之间相互作用及发展变化所遵循的规律映射为数字空间中的各种数据表示，以显示或融合在虚拟环境或真实环境中。

在本章中，建模和绘制技术包括四个二级分支，即基础建模技术、渲染技术、数据转换技术以及跟踪注册技术。以下是对这些关键技术的具体介绍。

（1）基础建模技术

基础建模技术包括场景建模、物理建模和行为建模三大类。场景建模包括景物或场景的外观建模，用于表现虚拟对象的空间结构和外观，主要要素基于几何、图像和材质光照信息等，典型的有点云模型、网格模型、体素模型等。物理建模在于体现对象的物理特性，使得虚拟环境中的动静态景物更加逼真，涉及动力学、碰撞、变形等物理过程的模拟。根据建模对象的不同，基于物理的建模方法主要有针对刚性物体、柔性物体、不定形物体和人体运动的建模方法，有时还涉及粒子系统和过程。行为建模主要指自治对象的建模，涉及人工智能等领域，是仿真中对需要表示的人的行为或者表现进行建模，分为低级的反应行为、高级的认知行为、复杂的交互协作行为以及聚合对象的行为等。

（2）渲染技术

渲染技术涉及图形的计算与输出，用于绘制三维场景，作用于各种输出设备使用户产生视、听、力等感觉，表现效果、渲染效率；主要涉及地形模拟、网格优化等技术。

（3）数据转换技术

数据转换技术是通过二维或三维的设备以及各种专业数据测量设备或人工测量设备，经过实验分析、物理仿真、归纳抽象等形成数学模型的数据处理过程，如物理公式、模拟算法、公理系统等。

（4）跟踪注册技术

跟踪注册技术，又称三维注册技术，是增强现实系统中的关键技术，其依托于真实环境，根据虚拟环境和真实环境之间的空间关联，确定虚拟信息在真实坐标系中的映射位置，将少量的真实环境中没有的虚拟建模景物转换到真实场景坐标系，从而实现虚拟信息与真实场景的有效融合。

3.2 建模和绘制技术全球专利申请分析

为了掌握虚拟现实、增强现实领域建模和绘制技术的全球专利申请的整体情况，本节重点研究了全球专利申请的变化趋势、全球专利申请的技术原创国和目标国的分布状况、全球专利申请的申请人，并对建模和绘制技术中的重点专利进行了梳理和介绍。

3.2.1 全球专利申请趋势分析

图3-2-1示出了虚拟现实、增强现实领域中建模和绘制技术全球专利申请的发展趋势，其中横轴的年份指代专利最早优先权年，纵轴的数据指代专利申请数量（其中需要说明的是，由于年份对应的是最早优先权年，2014年和2015年的部分专利申请还会由于各种流程原因而未公开，而图3-2-1中所示出的2014~2015年专利申请量数据为至少已经可见的申请量数据）。从图3-2-1可以了解虚拟现实、增强现实领域中的建模和绘制技术从开始应用到检索截止日的全球专利申请的趋势。

图3-2-1 建模和绘制技术全球专利申请的发展趋势

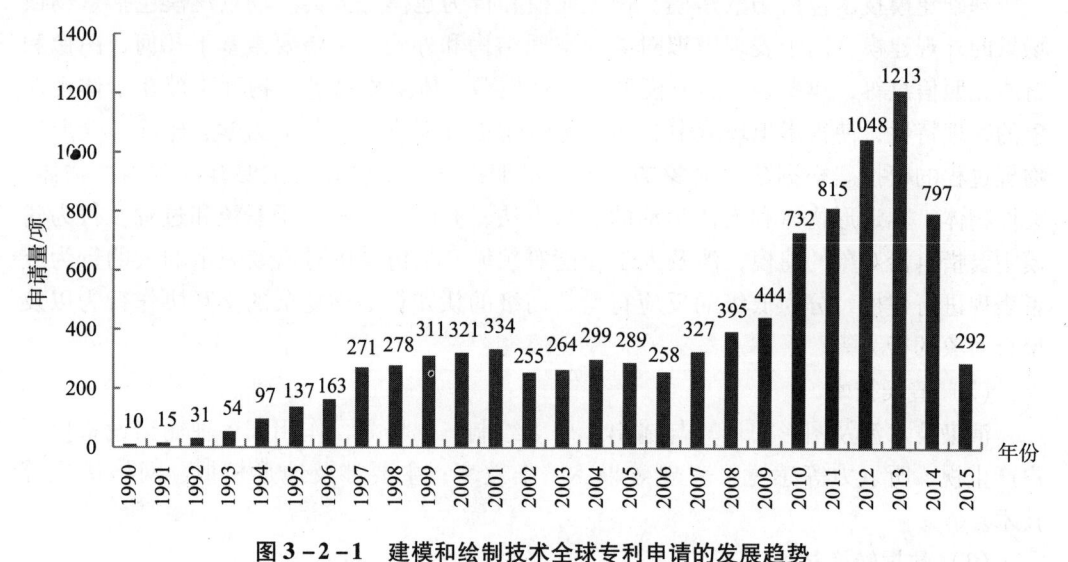

图3-2-2示出了虚拟现实、增强现实领域中建模和绘制技术的技术生命周期，其中横轴指代各年份的专利申请数量，纵轴指代各年份专利申请数量所对应的专利申请人的数量。可以看出，随着时间的推移虚拟现实、增强现实领域建模和绘制技术的专利申请人的数量和对应的专利申请量总体呈上升趋势，因此该技术分支在整体上还是处于技术成长期。

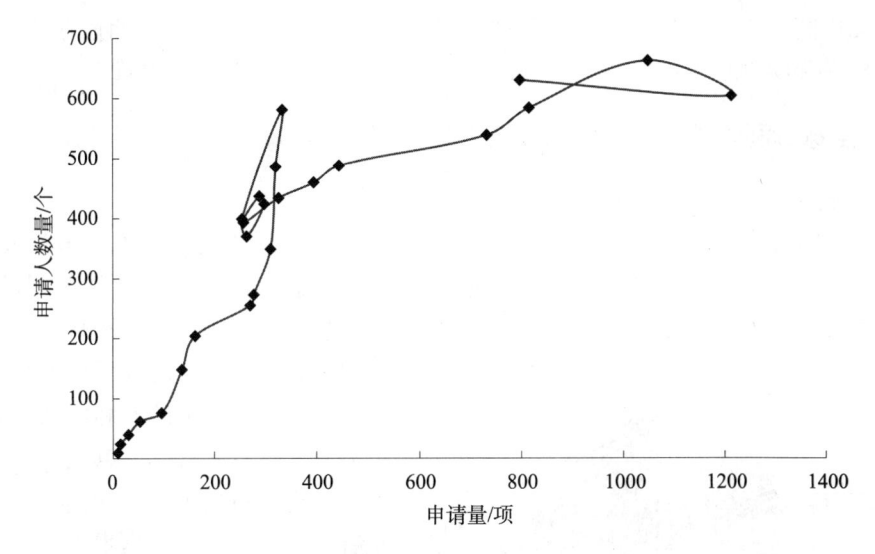

图 3-2-2 建模和绘制技术的技术生命周期图

结合图 3-2-1 和图 3-2-2，并将其与虚拟现实、增强现实领域整体的发展态势相比，能够发现建模和绘制技术的相关专利申请态势可以分为以下四个阶段。

（1）第一阶段：1990 年以前，属于虚拟现实技术的起始阶段，例如美国的 Morton Heileg 开发了一个称作 Sensorama 的摩托车仿真器，但作为虚拟现实设备的雏形，其还没有成熟的建模和绘制技术的支撑，因此这一时期的建模和绘制技术基本没有专利申请量。

（2）第二阶段：1990~1996 年，是虚拟现实技术的技术积累和探索阶段，其形成了虚拟现实技术的基本概念，也开始由实验阶段进入实用阶段，同时这一时期也是建模和绘制技术稳步增长的阶段，全球的专利申请量从不到 10 项，逐步增长到了 1996 年的 163 项。随着美国虚拟行星探测实验室的 Michael McGreevy 和 J. Humphries 博士共同开发的 VIEW 虚拟现实系统成型，以及其他如 VPL 公司为虚拟现实提供了开发工具，建模和绘制技术也日益成熟和多样。

（3）第三阶段：1997~2009 年，经历了前一阶段的技术积累，这一阶段的专利申请量在 250~400 项，整体多于技术积累阶段的专利申请量，但是年增长率并不高，而且这一阶段的专利申请人数量发生了较大的变化，先是从 1997 年到 2001 年的激增，再到 2006 年的回落，最后到稳定的慢增长。这一技术受限于这一阶段的硬件、软件发展，以及产品市场化的阻力，虽然出现了 Virtual Boy、SEOS HMD 等，但是直到 2009 年也再没有典型产品出现，可见这一阶段虚拟现实、增强现实产品的可量产化、大众化程度不够，对申请人研发积极性造成了影响。

（4）第四阶段：2010 年至今，属于这一技术的全速发展和全面应用阶段，随着每年都有节点式的虚拟现实、增强现实产品出现，专利申请量出现了跳跃式增长，迎来了技术发展爆发期，每年的专利申请量都超越了 700 项，生成产品的建模和绘制技术也已日趋成熟，特别是增强现实技术在这一时期的迅猛发展和应用，使得这一领域的前景更加广阔、应用更加广泛。而且2016年被称为虚拟现实元年，相信在未来几年，相关的建模和绘制技术也将持续增长，或许会迎来又一波专利申请高峰。

3.2.2 全球专利申请区域国别分布

(1) 技术原创国/地区分布

图3-2-3是建模和绘制技术全球专利申请技术来源（最早优先权国家或地区）的分布和申请量数据。其中美国牢牢占据首位，占到了总量的42%，如美国的微软、英特尔、IBM、高通及已被甲骨文收购了的SUN，这些美国的计算机和通信公司在建模和绘制技术的软硬件开发上均有很大的优势；接下来的专利申请技术来源国便是中国、日本、韩国，主要的企业或研究机构有北京航空航天大学、浙江大学、佳能、索尼、南梦宫、三星电子等。全球专利申请量呈现阶梯状分布，其中第一位的美国申请量是中国的2倍，而中国的专利申请量约是日本、韩国的2倍，来自前四位的美国、中国、日本和韩国的专利申请占据了全球近九成。

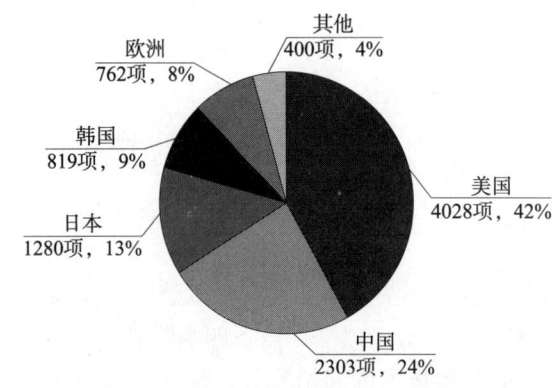

图3-2-3 建模和绘制技术的全球专利申请技术原创国家和地区分布

(2) 技术目标市场分布

图3-2-4是建模和绘制技术全球目标市场专利申请量分布。从该图可以看出：与技术原创国/地区分布基本一致，美国、中国、日本、欧洲和韩国是全球建模和绘制技术的主要目标市场，这几个国家或地区拥有众多垄断地位的计算机和通信公司，这些公司对国内市场的重视程度很高，优先在本国或者本地区内部寻求专利保护，进行了大量的专利布局，同样，这五个国家或地区占据了全球专利分布的八成以上，在市场上非常活跃。

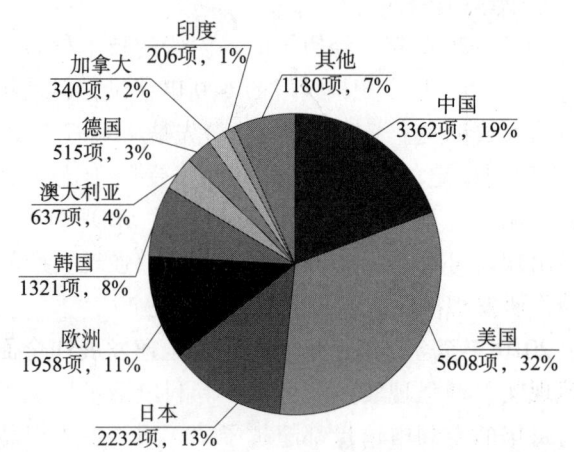

图3-2-4 建模和绘制技术全球目标市场专利申请量分布

对于上述专利布局较大量的国家或地区进行进一步的分析，发现主要目标市场国随年份变化的申请量和增长趋势分布分别如图3-2-5和图3-2-6所示。可以看出，随着年份变化美国所拥有的申请量增加最快，中国次之，而日本和韩国的申请量也有增加但是幅度较小，足以说明虚拟现实、增强现实技术在美国和中国的研发和市场都相对更加活跃。从图3-2-6还可以看出，在这四个主要目标国的专利分布中，中国专利分布量的增长速度超过了美国，其次是韩国，美国的增长速度只是第三位，但是美国作为目标市场拥有的专利申请量在绝对值上还是占据首位。

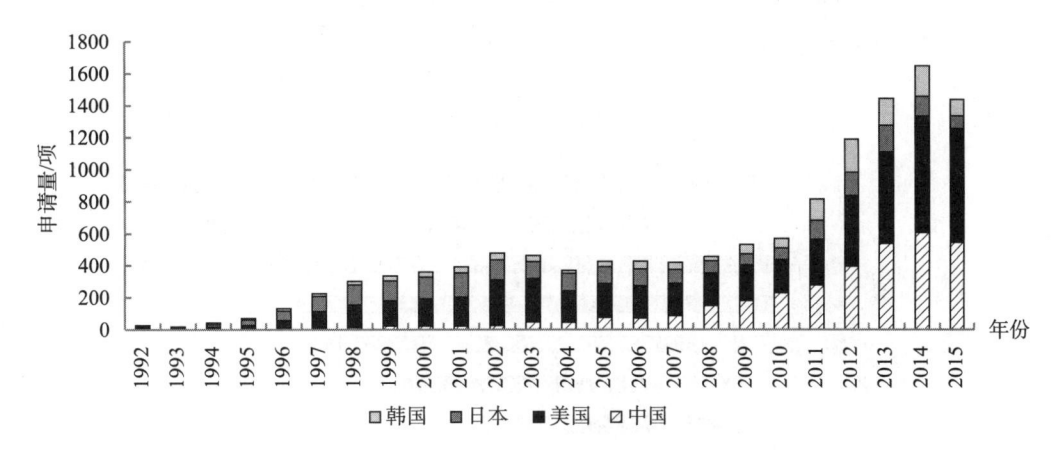

图3-2-5 建模和绘制技术的主要目标国年份申请量趋势分布

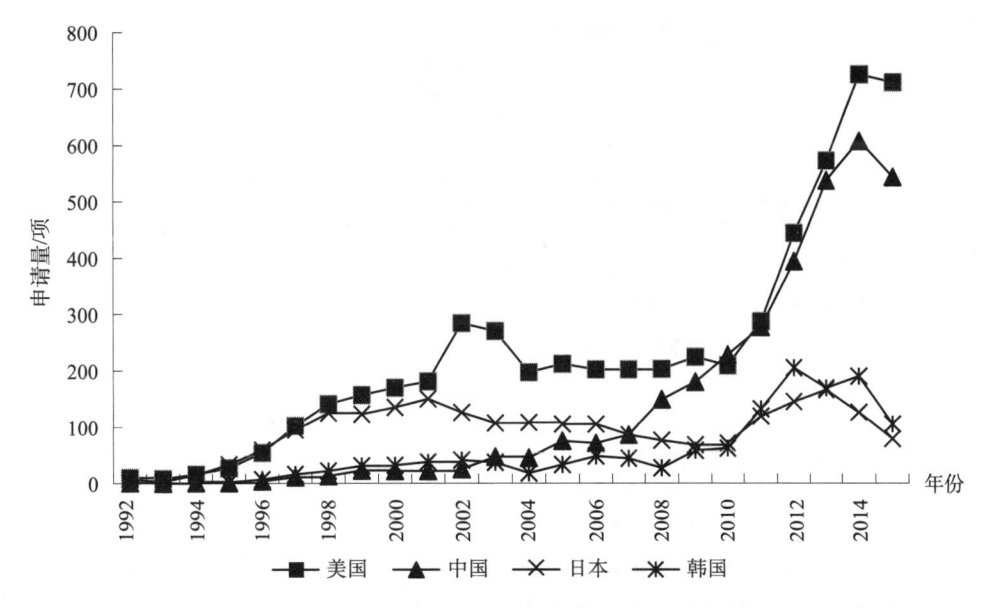

图3-2-6 建模和绘制技术的主要目标国年份增长趋势分布

3.2.3 全球专利申请的申请人分析

图3-2-7示出了建模和绘制技术全球主要申请人的申请概况。由此图可以看出,申请量排名前十位的主要申请人中,美国的公司占了一半,即微软、英特尔、IBM、高通及被甲骨文收购了的SUN;日本的公司包括3家,即索尼、佳能和南梦宫(游戏公司);中国的研究机构1家,即北京航空航天大学,韩国的公司1家,即三星电子。而由上述申请人排名也能够发现,美国因为拥有微软、英特尔和IBM这样的软硬件计算机厂商,因此在建模和绘制技术方面处于领先地位,具有绝对的群体性优势;而中国基本是以学校研究机构为主要力量,有技术优势和理论基础,但实体应用稍显弱势。

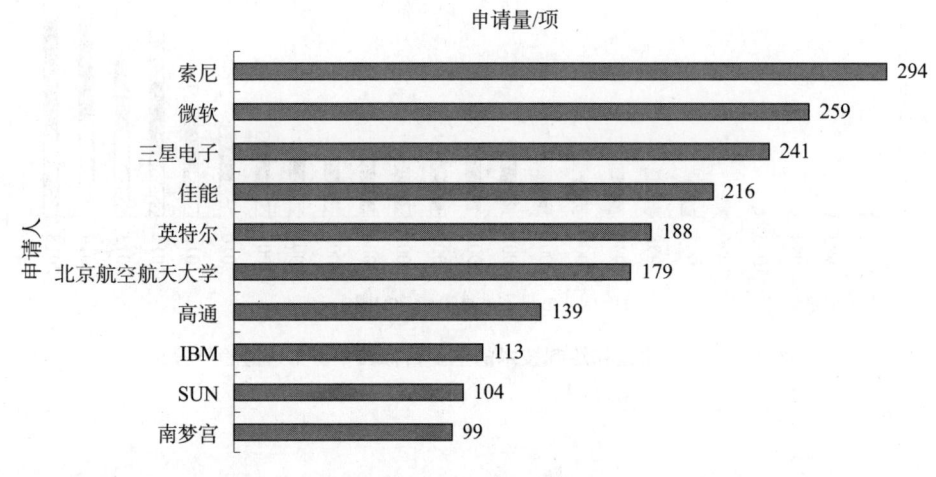

申请人	申请量/项
索尼	294
微软	259
三星电子	241
佳能	216
英特尔	188
北京航空航天大学	179
高通	139
IBM	113
SUN	104
南梦宫	99

图3-2-7 建模和绘制技术全球主要申请人的申请概况

3.3 建模和绘制技术中国专利申请分析

为了掌握虚拟现实、增强现实技术领域在中国的专利申请整体情况,本节重点研究了中国专利申请的变化趋势、各国在中国的专利申请状况、国内外申请人的专利申请重点及差异等。

3.3.1 中国专利申请趋势分析

图3-3-1显示了国内专利关于建模和绘制技术的申请量及其趋势。专利申请量总体呈上升趋势,具体来说,1995年以前,虚拟现实技术刚刚起步,增强现实技术的概念也刚刚被提出,国外的科研和企业逐步开始由实验阶段进入实用阶段,但国内由于技术敏感度低且发展节奏慢,因此这一时期的建模和绘制技术基本没有专利申请量。1995年之后虚拟现实和增强现实技术的兴起逐步引起国内申请人的注意,初期专利申请量很小,而且国外来华申请人的申请量占了较大比例,专利申请量从最初的1件,

逐步增长到了 2009 年的 190 件。专利申请保持稳中有升，而且国内申请所占的比例持续提高。紧跟国外该领域技术发展，国内申请也如雨后春笋般蓬勃发展。

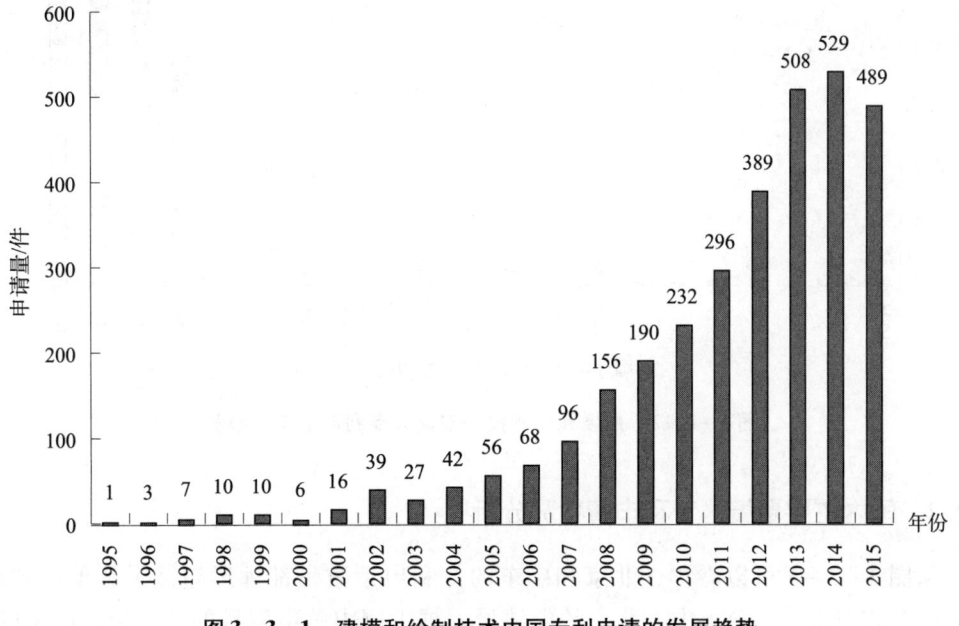

图 3-3-1　建模和绘制技术中国专利申请的发展趋势

2010 年后，经历了前一阶段的技术积累，专利申请量不断增长，每年以超过 50 件的速度递增。2013 年的申请量已经超过 2011 年申请量的两倍。随着 2011 年 Oculus 创始人勒奇发明了虚拟现实设备原型机，国际虚拟现实和增强现实巨头索尼宣布自己的虚拟现实计划以及微软发布 HoloLens，三星电子也和 Oculus 合作开发了 Gear 设备以及众多科幻巨制开设虚拟现实体验等，全球的目光都聚集在虚拟现实和增强现实上，各大商业科技巨头纷纷介入虚拟现实技术产品的开发，引发了申请人对该领域的研发热情和专利申请的角力。相信未来虚拟现实和增强现实技术会日新月异，建模和绘制技术的专利申请也会迅猛增长。而我国的该行业及研发单位也大力投入该领域的研发和实践中，并尽早进入产业化和商业化。

其中需要说明的是，由于年份对应的是最早优先权年，因此 2014 年和 2015 年的部分专利申请还会由于各种流程原因而未公开，因此 2014~2015 年的数据为至少已经可见的申请量数据。

从图 3-3-2 可以看出，国外来华专利申请稳步小幅增长，这表明国外企业在华布局基本稳定。而国内在华申请总量持续居高，占比增加并且近年来有新的上升，这表明在虚拟现实和增强现实领域，国内申请人虽然起步较晚，但随着该领域日益受到重视并且有了新的技术发展前景，国内申请人后起直追，逐步占领国内专利份额。

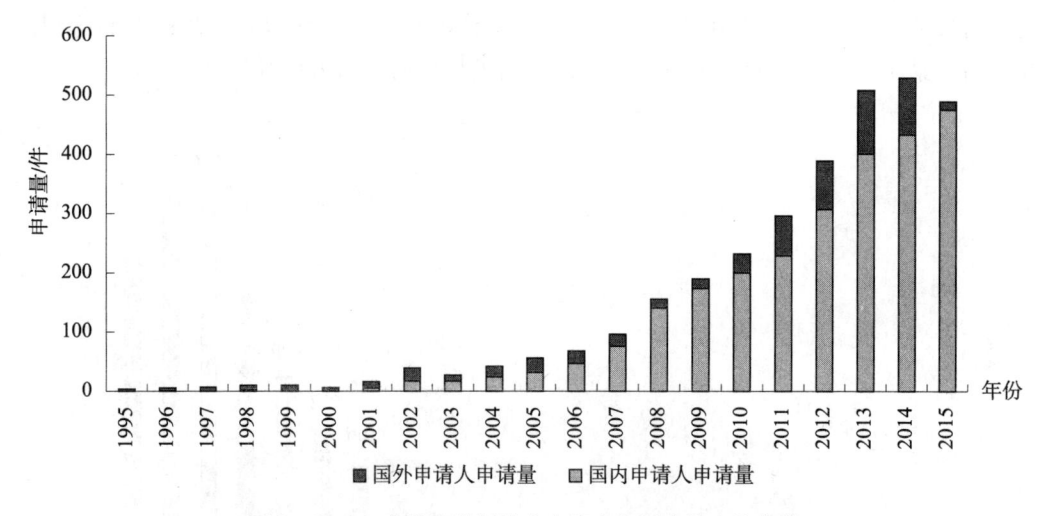

图 3-3-2 建模和绘制技术申请人专利申请占比趋势

3.3.2 国内主要聚集区专利申请状况分析

从图 3-3-3 可以看出，北京和广东的专利申请数量都远远超过了其他的省市，地域分布相对来说十分集中，北京的申请量占据了国内总申请量的第一位，广东的申请屈居其次，但也高达 285 件。北京航空航天大学、清华大学、北京交通大学、北京理工大学等众多高校，中国科学院等科研机构以及三大运营商及其研究院等均位于北京，因此北京的申请总量较大。广东和江苏是传统的经济发达地区，通信企业数量众多，华为、中兴两大通信巨头也位于广东，以及近年来发展起来的创新型企业很多都落户于江苏，广东和江苏两省的申请量仅次于北京。其余省市的申请量都比较少。

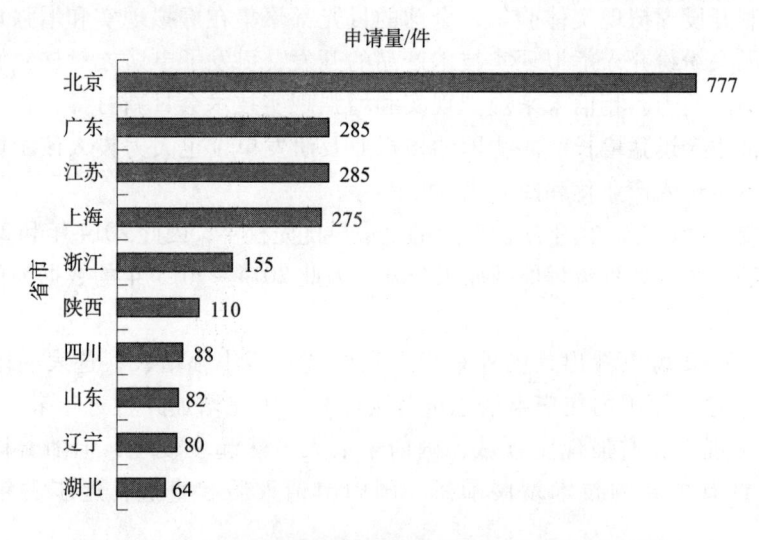

省市	申请量/件
北京	777
广东	285
江苏	285
上海	275
浙江	155
陕西	110
四川	88
山东	82
辽宁	80
湖北	64

图 3-3-3 建模和绘制技术中国各省市专利申请量地域排名

正是由于建模和绘制技术的发展还局限在科研学术阶段，还不够产业化，因此在专利申请地域分布上也明显验证了这一点，高校和研究院所云集的北京显著高于企业集中的广东、江苏等省市。从行业现状来看，雨后春笋般的中小企业均是从产业应用着手，并没有足够的资金投入研发和实验中，因此在继续加大科研投入的基础上，也需要相关部门加大扶持研究成果到产业成果的转化力度，助力产业发展。

3.3.3 各国或地区在中国的专利申请趋势分析

从图3-3-4可以看出，国外的专利申请人主要来自美国、日本、韩国、法国、德国等国家，上述五国的专利申请量占据了国外在华申请总量的59%，其他国家的专利申请量仅占41%。美国和日本在中国的专利申请量最多，分别位列第一位（26%）、第二位（17%）。图3-3-5展示了美国、日本、韩国近20年来在华申请的发展趋势，美国在华专利申请从2011年到2015年迅速增长并在2015年专利申请量达到较高值，之后2007~2008年小幅回落。在2008年前，在华国外申请人中日本是主要力量，但是后劲不足，稍落后于美国，但是从总体趋势看来，日本在华的专利申请量一直保持较高且持续较为平稳，可见日本在该领域的前瞻性较好，重视在中国的专利布局。韩国专利布局发起时间虽然不及日本，但是也在早期就投入专利布局，并处于震荡趋势。

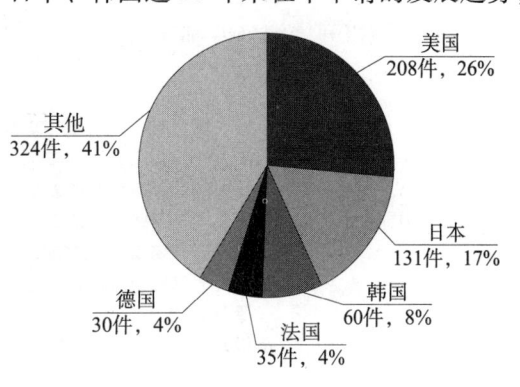

图3-3-4 建模和绘制技术在华主要国家的专利申请占比

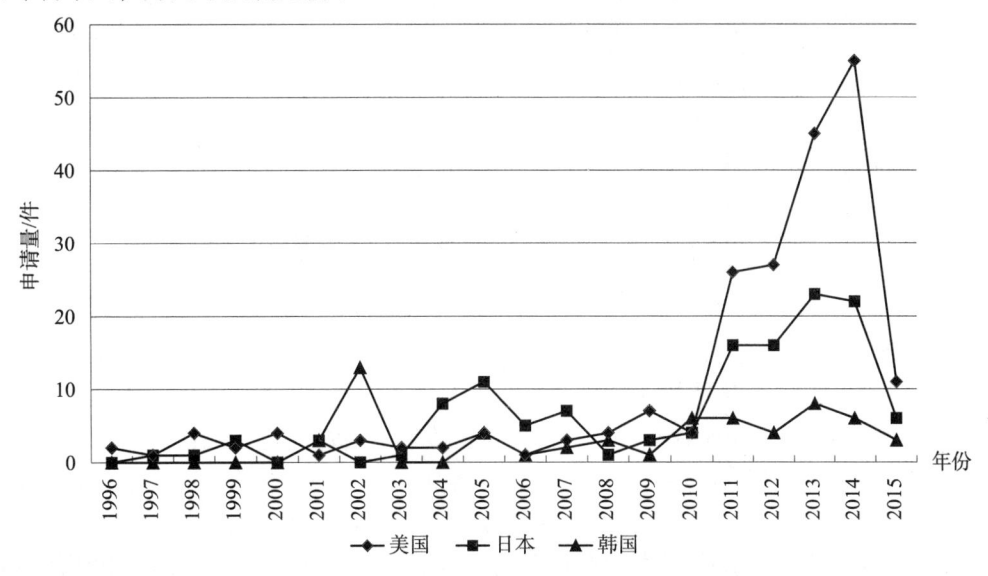

图3-3-5 建模和绘制技术国外在华专利申请的趋势

3.3.4 建模和测绘技术申请人分析

在建模和绘制技术领域中，国内申请人的在华专利申请总量（2348 件）是国外申请人在华的专利申请总量（788 件）的 5 倍。

从图 3-3-6 可以看出，在申请人类型方面国内外的差异则比较明显。在国内申请人中，以大学和研究机构占据主体地位，这说明研究院所和高校对这一领域的技术发展非常重视，并同时对该领域的研究发展起到了一定的影响和推动。而国外申请人中，英特尔、三星电子、微软等商业巨头公司占据了绝对的优势，高校、研究机构申请量较少，这说明国外的研究机构和高校并不重视其在中国专利的布局，原因可能就是市场导向明显，因而针对我国专利布局，应多鼓励产研结合，并鼓励有价值的专利走向国外，积极开展海外专利布局。

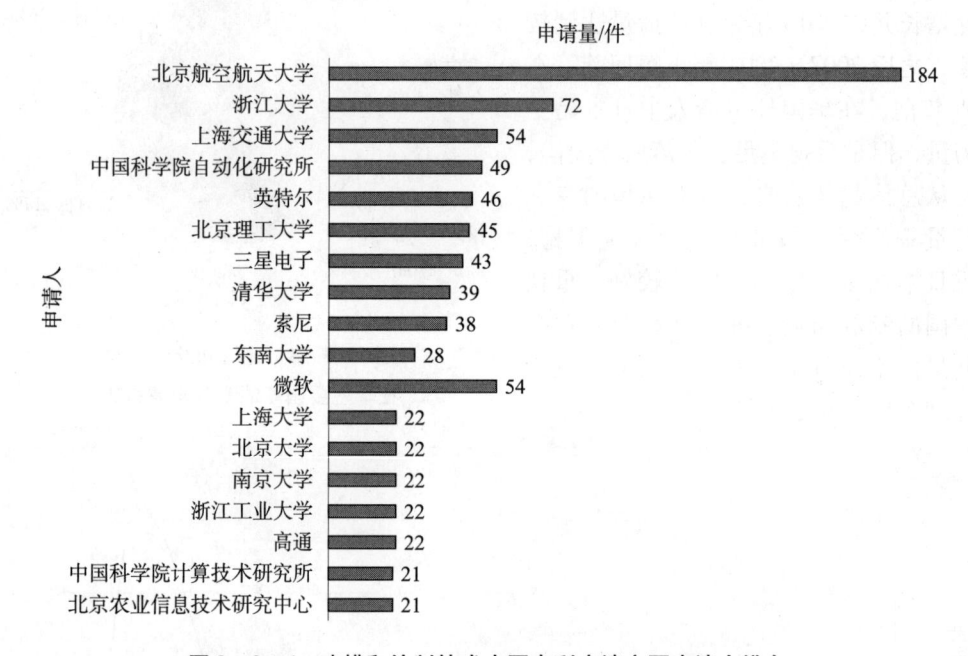

申请人	申请量/件
北京航空航天大学	184
浙江大学	72
上海交通大学	54
中国科学院自动化研究所	49
英特尔	46
北京理工大学	45
三星电子	43
清华大学	39
索尼	38
东南大学	28
微软	54
上海大学	22
北京大学	22
南京大学	22
浙江工业大学	22
高通	22
中国科学院计算技术研究所	21
北京农业信息技术研究中心	21

图 3-3-6 建模和绘制技术中国专利申请主要申请人排名

对于中国专利申请的国内申请人，主要以科研院校为主，排名靠前的主要申请人中，高校有 11 所，占比 73%，其余四位主要申请人为研究机构。说明该领域的基础研究较为扎实，但是产业化结构不够突出。未来在产业竞争上的优势不明显，应予以关注。对于国内 3136 件申请中，科研院校申请的专利为 1593 件，占比 50.8%，而在这 1593 件专利中，我们重点分析了专利权转移情况，其中发生专利权属转移的专利 43 件，而真正转让到公司企业的仅有 22 件，占比 1%，这就说明我国的大部分申请还仅限于研究成果而并没有投入到真的产业和商业中去。因此在后续的政策指引和产业规划中，应该着重引导专利实现产业价值。

如图 3-3-7 所示，国外来华申请人基本都是企业，而且是该领域的全球龙头企业。由于国外企业已经形成了研发推动市场的经营模式，因而极为重视实现专利技术的产业化。

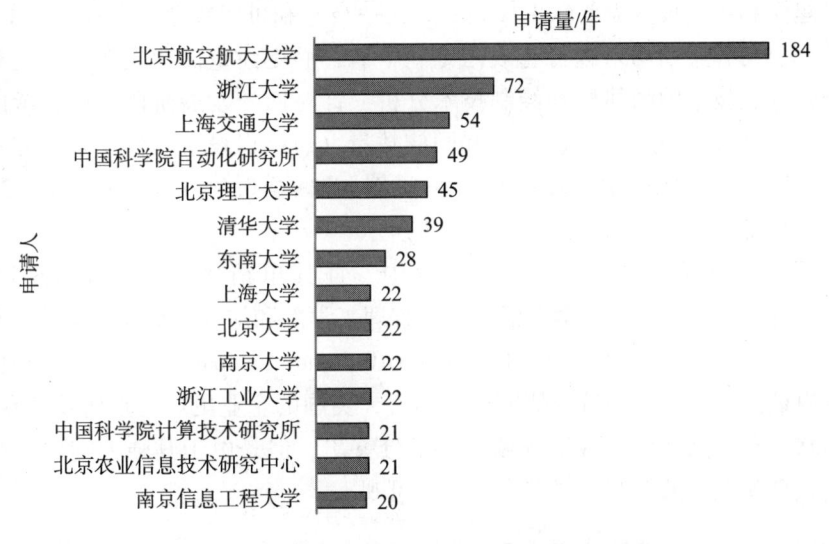

申请人	申请量/件
北京航空航天大学	184
浙江大学	72
上海交通大学	54
中国科学院自动化研究所	49
北京理工大学	45
清华大学	39
东南大学	28
上海大学	22
北京大学	22
南京大学	22
浙江工业大学	22
中国科学院计算技术研究所	21
北京农业信息技术研究中心	21
南京信息工程大学	20

图3-3-7 建模和绘制技术国内主要申请人申请量排名

3.4 建模和绘制技术重点专利分析

3.4.1 建模和绘制技术的阶段性技术路线

利用相关专利分析软件（例如 patentics 系统）对建模和绘制技术的全球专利申请进行了分析和重点专利的标注。

如图3-4-1（见文前彩色插图第3页）所示，给出了建模和绘制技术在不同发展阶段的重点专利。从整体分布情况来看，在第一阶段的技术起始期（1990年之前），虚拟现实技术的建模和绘制技术分支全球专利基本没有申请量，但是这一阶段，虚拟现实软件平台以及各种版本的3D绘图软件已经随着计算机的发展纷纷萌芽，例如 Autodesk 公司的 3D Studio MAX，以及德国 Maxon Computer 公司开发的在 Amiga 平台上发布的 FastRay（后来演进成著名的 CINEMA 4D），由于专利保护制度、企业技术保护方式等多方面原因，这些软件并未体现在专利申请上；但是在后期的应用中体现在了部分专利中（例如最早优先权日为2001年5月18日的 US2007250794，是 Autodesk 公司使用的渲染软件，即 3DS MAX）。

在第二阶段的技术积累期（1990~1996年）和第三阶段的全面发展期（1997~2009年），处于技术探索和技术飞速演进的虚拟现实技术建模和绘制分支，也呈现出了蓬勃跳跃的增长态势；在这两个阶段，各种3D绘图软件日新月异，例如虚拟现实建模语言 VRML、Autodesk 公司的 MAYA 软件等。

最后是第四阶段（2010年至今）的全速发展和应用阶段，虚拟现实技术建模和绘制技术分支虽然专利的引用量整体较低，但其惊人的数量还在以更加多样的方式出现在大家的视线内。

由于建模和绘制技术需要软件代码支撑这一与专利可保护范围存在差异的特殊性，因而大部分公司起始期均未进行有效的专利申请，而更注重商业发布，因此对于虚拟现实、增强现实技术中的建模和绘制技术分析，针对四个发展阶段，综合考虑各申请的技术核心程度（x）、引用频次（y）和同族数量（z），以设置权值比重的方式加权求和（M）并排序后（例如 $M = ax + by + 10cz$，例如取 $a = 0.5$，$b = 0.3$，$c = 0.2$），标注了各个阶段的部分重点专利，如图 3-4-1 所示。

上述重点专利的技术原创国均为美国，且其申请人中，除了 US5745126 和 US5563988 两个重点专利是大学申请，即麻省理工学院和加利福尼亚大学外，其他专利的申请人均为企业，例如微软、迪士尼（WALT Disney Company）、施乐等，相比此领域中国专利申请人大部分为高校或研究机构而言，美国的企业更加注重研发和专利保护；特别是微软，虽然其在虚拟现实领域并不十分突出，但是由于其强大的硬件和软件基础，在增强现实领域的专利布局较多，前景可观。

3.4.2 建模和绘制技术的重点专利分析

下面针对建模和绘制技术的部分重点专利作出分析，首先给出主要著录项目信息，随后给出所保护的技术方案，并对专利的重要性进行分析，最后就专利布局给出建议。

在第二阶段的重点专利中，按照综合排序结果，抽取部分重点专利，分析如下。

专利 1：US5495576A

（1）著录项目

专利号：US5495576A。

被引用数：741 次。

法律状态：期满终止（2013 年 2 月 27 日）。

财产让与过程：2008 年 10 月 10 日，发明人→Virtual Video Reality，LIC；2008 年 10 月 30 日，Virtual Video Reality，LIC→Intellectual Venturs Fund，LIC。

（2）技术方案

如图 3-4-2 所示，该专利申请提供了一种基于图像的全景虚拟现实和远程呈现系统，其系统中的全景输入器包括一个可探测位置的装置用于同时记录物体各个方向发出的信号，送入信号处理器后产生、更新和显示一个虚拟的模型，从而使虚拟现实系统更加通用。

此处列出了该专利的独立权利要求 1 的中文翻译内容：

1. 一种包括记录图像的虚拟交互显示系统，包括：

（a）输入装置，包括（1）多个有相互角关系的位置传感器装置以通过所述传感器装置对给定的三维对象实现充分连续的覆盖；（2）与所述传感器装置通信的传感器记录装置，操作用于存储和产生所述对象的传感器信号；以及

（b）信号处理装置，与所述感测装置和所述记录装置通信，从所述至少一个记录装置接收所述图像信号，并通过所述图像信号组织映射虚拟图像为三维形式；

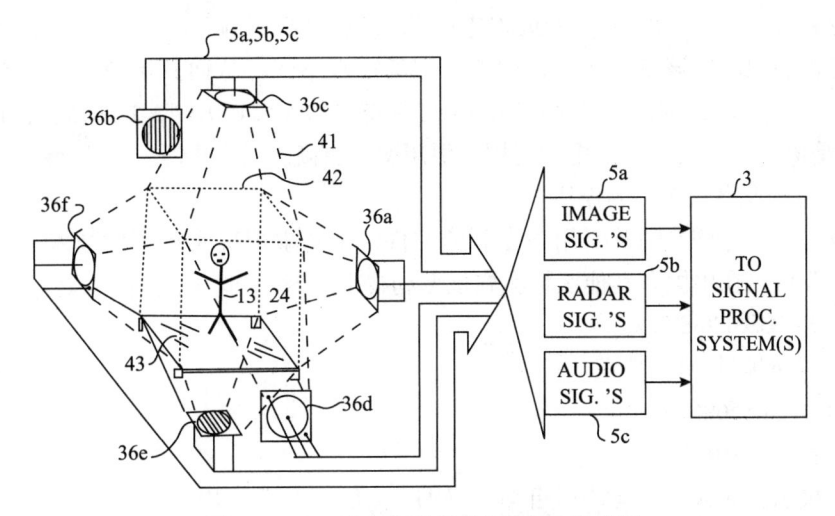

图 3-4-2　重点专利 US5495576A 的附图

（c）全景音视频显示组合装置，与所述信号处理装置通信并将结构映射虚拟图像显示给观测者；以及

（d）观察者控制装置，与所述信号处理装置通信，包括至少一个交互输入设备，以通过观测者交互操作所述结构映射虚拟图像以此操作所述交互输入设备；以及

（e）所述信号处理装置进一步包括（1）用于操作计算机生成世界模型的主机；以及（2）与所述主机相关联的操作软件，用来通过所述计算机生成世界模型中的其他对象在所述基于动作的计算机生成世界模型中为对象分配目标动作。

（3）技术分析

技术问题：现有技术中虚拟现实系统不能记录非球形可见区，也不能合并非触式形状传感器。

技术方案和技术效果：通过三维图像传感器和表面轮锥传感器的全景排列下传感数据的融合，实现虚拟对象和场景的构成，基于操作交互计算机输入设备的观测者，通过处理虚拟对象和场景来操作由计算机定义的虚拟对象和场景，以及使全景显示单元中的虚拟对象和场景的显示扩展到使观测者感知到被完全围绕在所述虚拟对象和场景中。

（4）专利重要性分析

① 独立权利要求 1 包含了一个虚拟全景显示系统的输入、处理和显示三个必要部件，能够实现三维音视频组合显示的一个更为真实的虚拟世界。

② 引用该专利的专利文件有 741 份，被引用数极高。

③ 该专利授权于 1996 年，但从其 2008 年才转让的过程可以看出，第一波虚拟产品问世后虽然推动了虚拟现实的热潮，但是真正的市场需求并不大，直到高智公司嗅到了虚拟现实、增强现实技术要再次焕发的商机，才对这一系列申请进行了收购和储备。

④ 该专利权利稳定，直到 2013 年 2 月 27 日期满，专利权才终止。

综合以上几点，可以确认该专利属于行业的基础核心专利。

该专利有 PCT 国际申请，未进入中国和其他区域，美国作为虚拟现实的研发地，其研发走在前列。但该专利在申请后由于市场需求不强，从而其申请并未选择进入更多区域。另外，该专利是针对同一申请人在先申请 US5130794A 的扩展（非同族专利），但是该专利的技术方案更加通用，引用率也更高。

（5）对企业专利布局的作用

企业可以参考该专利及引用该专利的文件，了解虚拟现实系统的技术发展和初期模型。企业可以在中国和其他区域实施该专利技术，该专利不会带来侵权风险。

专利 2：US5696892A

（1）著录项目

专利号：US5696892A。

被引用数：310 次。

法律状态：期满终止（2015 年 6 月 7 日）。

财产让与过程：1996 年 3 月 11 日，Walt Disney Company → Disney Enterprise，INC。

（2）技术方案

该专利包括独立权利要求 1、3 和 12。如图 3-4-3 所示，分别是对由计算机图形系统产生的三维虚拟世界环境中的对象、动作图像以及与现实世界原生物的类似物，进行动画制作再现的方法。

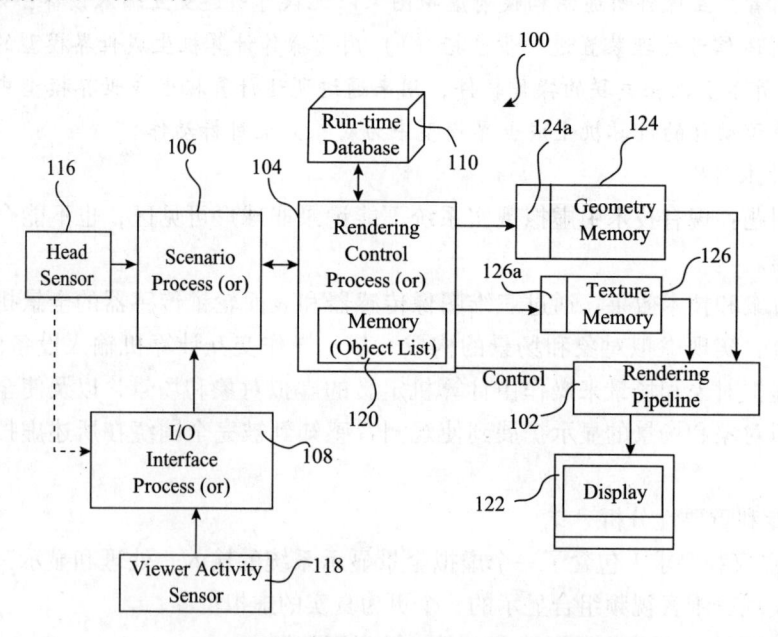

图 3-4-3　重点专利 US5696892A 的附图

此处列出了该专利的独立权利要求 1 的中文翻译内容：

1. 一种在由计算机图形系统产生的三维虚拟世界环境中动画制作再现对象的方法，所述对象包括多个表面，以及从特点位置和方向观测虚拟世界的多个视点来显示的再现能力，所述方法包括以下步骤：

存储表现对象表面的三维数据；

存储表现多个时间序列结构的数据；

基于所述表现表面的数据和所述表现连续结构的后续的数据来实时地渲染图像序列，以显示所述对象，所述对象相对于所述多个视点中的不同视点选择映射各个所选择的所述对象表面的每个所述时序结构中的部分，其中，每个描述图像的时序结构被运转用来组织多个表面以及在一个时间周期间隔上替换以此改变、选择性映射所述对象的结构化表面以使图像看起来更加生动，

其中，多个时序结构包括存在于显示世界的实体的至少一部分的记录图像的时序集合；多个表面模拟一个拥有三维形状的对象以接近所述实体至少部分的三维形状；

其中，对于多个视点的不同点能够显示不同结构的透视图，因此所述对象更加生动的被显示成所述实体至少部分的相似物。

(3) 技术分析

技术问题：现有实时3D计算机图形系统使用结构映射需要结构映射模式，而结构映射模式不能动态产生，且不能由观测者改变或者由观测者的动作来改变，而3D虚拟世界不能像现实世界对象一样有表面，也不能根据用户动作来改变外观。

技术方案和技术效果：为了解决上述技术问题，该专利的计算机图形方法和系统，通过计算机制图系统产生3D虚拟世界中的动画对象，通过存储对象表面数据以及时序结构数据后，进行实时渲染，并根据不同视点选择对象的不同部分进行显示处理，从而改进虚拟世界中对象、动作图像以及与现实世界原生物的类似物的真实性和生动性。

(4) 专利重要性分析

①该专利包括了三项独立权利要求，均为方法权利要求，分别是针对三维虚拟世界中的对象、动作图像以及与现实世界原生物的类似物进行动画绘制；由于使用了物体表面和时序结构数据以及分视点的显示，从而使虚拟世界更加真实和生动，其三套方法权利要求涵盖了虚拟现实绘制中实现互动的关键步骤，即表面和时序，从技术上来说比较核心。

②引用该专利的专利文件有310份，被引用数比较高，属于基础专利。

③该专利授权于1997年，作为动画制作的大公司，迪士尼致力于虚拟现实在动画领域的研发，属于一系列专利申请中比较典型的一件。

④该专利权利稳定，直到2015年6月7日期满，专利权才终止。

⑤该专利在欧洲、加拿大和日本有同族专利，但未进入中国。欧洲同族专利视为撤回，加拿大和日本同族专利已失效。美国作为研发基地，其研发走在前列。

(5) 对企业专利布局的作用

企业可以参考该专利及引用该专利的文件，了解虚拟现实系统的技术发展和初期模型。

由于该专利申请日较早，专利权已期满终止，且并未进入中国，因此企业可以在中国和其他区域实施该专利技术，该专利不会带来侵权风险。

专利 3： US5745126A

（1）著录项目

专利号：US5745126A。

被引用数：309 次。

法律状态：已过期（2016 年 6 月 21 日）。

财产让与过程。1996 年 6 月 13 日，发明人→加利福尼亚大学。

（2）技术方案

如图 3-4-4 所述，该申请展示了一种将现实世界三维场景展示为特殊二维动态图像的方法，基于用户观看的要求，重新对场景图像进行处理并生成特殊的二维动态图像，为用户提供生动立体的感受。

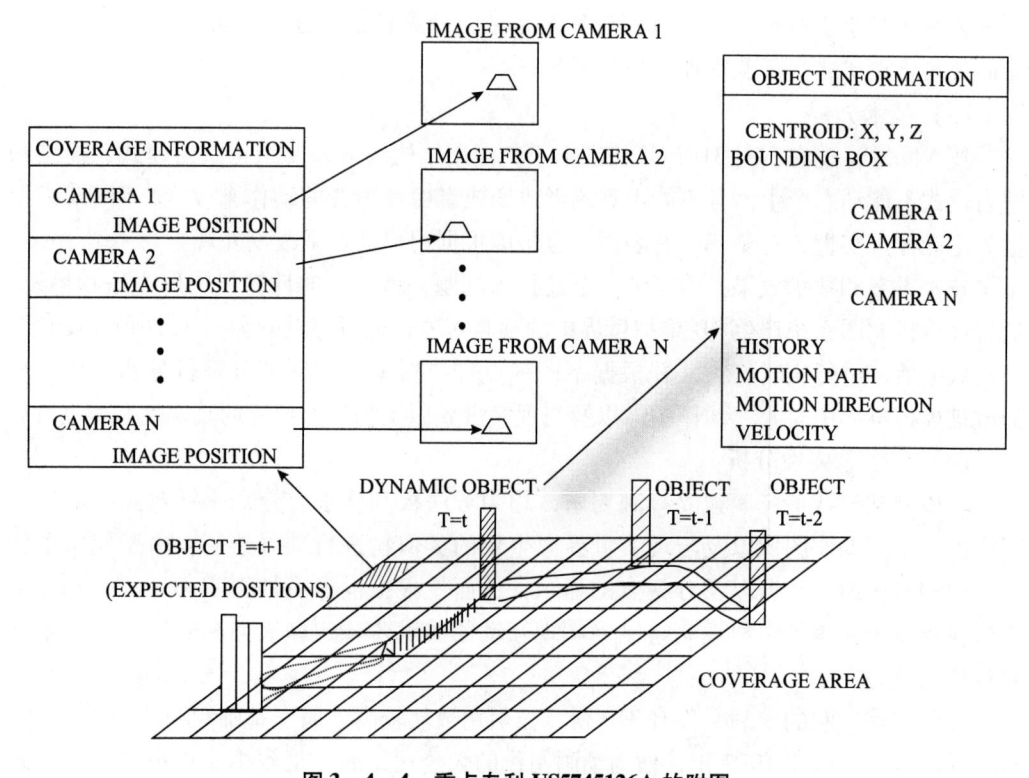

图 3-4-4　重点专利 US5745126A 的附图

此处列出了该专利的独立权利要求 1 的中文翻译内容：

1. 一种将现实世界三维场景展示为特殊二维动态图像的方法，包括：

通过位于不同空间位置的多摄像机对现实世界场景从不同位置空间角度成像；

将所述场景的多个二维图像在一台计算机里合成所述场景的三维模型；

从计算机接收有关所述场景的预设观看者指定的标准，其中所述标准为观看者指定的希望看到的所述场景要求；

在计算机三维模型中根据收到的观看者标准合成所述场景的特定的二维动态图像；并且

在视频播放器中展示对现实世界的所述场景特殊合成的二维图像。

（3）技术分析

技术问题：传统的电视用户观看视频时只能被动地接收而无法立体地感受，因而带来不好的体验。

技术效果：通过对现实世界中三维场景的多个角度的摄像捕捉，并基于用户观看的要求，重新对场景图像进行处理并生成特殊的二维动态图像，为用户提供生动立体的感受。

（4）专利重要性分析

①该申请包括独立权利要求1、11、12、22、24和25，权利要求11更加详细地限定了合成所述场景的三维模型和合成特定的二维动态图像的过程；权利要求12是一种将多个真实摄像机拍摄的真实视频图像生成虚拟视频图像的方法，权利要求22、24分别是对应于权利要求1、11的装置权利要求，权利要求25是一种从三维真实场景中构建三维视频模型的方法，权利要求26是相应的构建公式。

②引用该专利的专利文件有309份，被引用数量非常高。

③该专利涉及较多数学模型计算，内容较为基础，权利要求的保护范围有大有小，保护适度。

④该专利权利稳定，直到2016年6月21日才期满，专利权终止。

⑤该申请有美国、澳大利亚同族专利以及PCT国际申请，未进入中国和其他区域，同族专利均已失效。加利福尼亚大学作为虚拟现实的研发地，其技术尤其在虚拟现实的发源地美国较为领先。但该专利在申请后选择进入了部分地区，专利布局还不够全面。

（5）对企业专利布局的作用

企业可以参考该专利及引用该专利的文件，了解虚拟现实系统的技术发展和初期模型。企业可以在中国和其他区域实施该专利技术，该专利不会带来侵权风险。

专利4：US2013083003A1

（1）著录项目

专利号：US2013083003A。

被引用数：68次。

法律状态：已视撤。

财产让与过程：2011年9月30日，发明人→微软；2014年10月14日，微软→微软技术许可公司。

（2）技术方案

如图3-4-5所示，该专利申请通过个人视听（A/V）装置中三维场所、定位方向、注视以及移动物体的三维位置等信息，使用户的增强现实感受更加具有个性化和定制化。

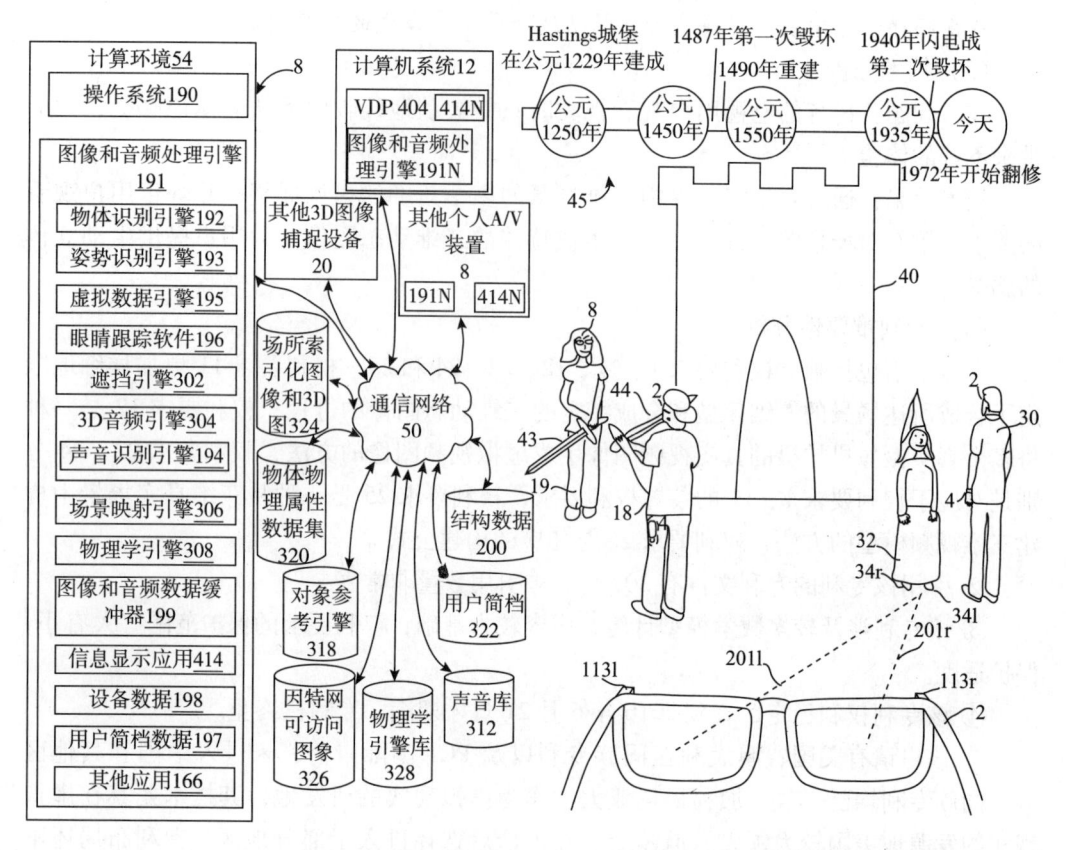

图 3-4-5 重点专利 US2013083003A 的附图

此处列出了该专利的独立权利要求 1 的中文翻译内容：

1. 一种个人视听（A/V）装置的显示方法，包括：

自动地确定出个人视听（A/V）装置的三维场所，个人视听装置包括至少一个传感器和透视显示器；

自动地确定出个人视听（A/V）装置的定位方向；

自动地确定出个人视听（A/V）装置中用户通过透视显示器的注视；

自动地确定出个人视听（A/V）装置中用户通过透视显示器视野的移动物体的三维位置，所述确定由至少一个传感器实现；

将所述确定的个人视听（A/V）装置的三维场所、定位方向、注视以及移动物体的三维位置发送给服务器系统；

访问服务器系统的天气数据并自动确定天气对所述移动物体的影响效果；

访问服务器系统的路线数据；

访问服务器系统的用户简档，用户简档包括用户的兴趣以及过去经历；

基于移动物体的三维位置、天气数据和路线数据自动地确定推荐动作；

基于用户的兴趣和过去经历自动调整所述推荐；

将调整后的推荐传送到个人视听（A/V）装置；

在个人视听（A/V）装置的透视显示器中显示所述调整后的推荐。

(3) 技术分析

技术问题：传统的增强现实系统无法体现用户的个体需求，不会因观看的人不同而产生个性化差异。

技术效果：通过个人视听（A/V）装置中三维场所、定位方向、注视以及移动物体的三维位置等信息，为用户提供个性体验的增强现实感受。

(4) 专利重要性分析

① 该申请包括独立权利要求1、9和14，包含个人视听（A/V）装置显示的必备步骤：三维场所、定位方向、注视以及移动物体的三维位置的获取；服务器系统的天气、路线、用户简档等信息的获取；基于位置、定位、注视、场所等基础数据生成显示；再基于天气、简档信息等调整修正；合成以及显示。权利要求9具体包括了个人视听（A/V）装置的结构。

② 引用该专利的专利文件有82份，被引用数量非常高。

③ 该发明涉及多个方面的构思，同族专利包括PCT国际申请、三件中国申请以及美国申请，其中美国同族申请在审，两件中国申请视为撤回，一件中国申请已经授权。其中，授权的CN103186922A在权利要求的保护上侧重点与该申请并不相同，具体地，CN103186922A公开的技术方案提供了用于三维虚拟数据表示以前时间段的物理场所的个人视听（A/V）装置的一个或多个实施例，即该装置将显示器视野相关联的用户视角来显示与以前时间段相关联的三维虚拟数据，用图形化或可视地展示出某个物理场所的历史。而该申请US2013083003A1的侧重点则在于个性化需求和体验，强调根据不同用户的视角变化等信息获取用户的兴趣所在，进而展示给用户不同于他人的满足其自身关注度的增强现实场景。

④ 该申请于2014年10月14日转入微软技术许可公司。这与微软发力增强现实研发的时间节点吻合，可见微软通过专利布局和专利转让等手段为现实增强技术提供战略储备，确保其在增强现实领域的领先地位。

⑤ 该专利申请时可应用于多种场景，例如娱乐、运动、购物、主题公园等普通民用市场，应用场景较为广泛。

(5) 对企业专利布局的作用

企业可以参考该专利及引用该专利的文件，了解现实增强系统的技术发展。

该专利因其现已视为撤回，在各个国家企业均可无偿使用；企业在中国和其他区域实施该专利技术，不会带来侵权风险，但需要规避中国的授权同族专利的技术方案。

以上针对建模和绘制技术的部分重点专利作出了分析，关于虚拟现实建模和绘制技术的基础核心专利由于申请日期较早多已失效，因此企业在中国和其他区域可以将技术应用于虚拟现实产品，不会带来侵权风险，但由基础核心专利引申的其他专利申请仍需仔细规避。而增强现实的起步相对较晚，随着市场的繁荣，应用领域的不断拓展，增强现实领域的建模和绘制技术相关的专利不仅没有过期，而且还在不断地涌现，因此针对增强现实相关的建模和绘制技术的应用仍需谨慎对待，注意规避相关专利。

3.5 小　　结

从以上对于建模和绘制技术的全球和中国专利分析可以看出：

（1）虚拟现实、增强现实领域的建模和绘制技术整体上还处于技术成长期，前景可观。国内申请在该领域起步较晚，但逐步紧跟国外该领域技术发展，申请量持续大幅上涨。

（2）在建模和绘制相关的虚拟现实、增强现实软件或平台方面，利益优先的各企业主要还是以软件版本形式发布，虽然在专利上也有布局，但由于专利保护制度、企业技术保护方式等多方面原因，专利申请不能完全体现企业的发展情况和市场占有率。

（3）国外来华申请趋势稳步小幅增长，在华布局日趋稳定，申请人以企业居多，而且是该领域的全球龙头企业。国内申请以高校和科研院所为主，占比超过50%，但产业转化率却仅有1%，明显产、学、研脱节，市场导向不够显著。

（4）重点专利的技术原创国均为美国，说明美国在虚拟现实、增强现实领域的建模和绘制技术研发方面占据了主导地位，走在技术前沿；在这些重点专利中，除了少量的大学申请外，主要的专利申请人为企业，相对中国大部分专利申请人为高校和研究机构这一现状，美国的企业更加注重研发和专利保护并且产业化程度较高。

（5）部分重点专利未进入中国布局，其中涉及的技术可以被我国企业利用，迅速发展并填补国内空白领域。

针对虚拟现实、增强现实领域的现状，对相关行业和企业提出以下几点建议：

（1）主持虚拟现实技术相关行业标准的制订，稳步推进技术发展。无论哪个技术领域，掌握行业标准的话语权都是形成核心竞争力的关键。工业和信息化部等相关部门可联合产业联盟、龙头企业等相关单位充分认识虚拟现实、增强现实领域相关的专利风险，论证相关领域技术发展线路，制定出符合国情、利于国内企业发展的行业标准。目前，虚拟现实、增强现实技术还处于快速发展的黄金期，产业规模也越来越大，因此抢占产业优势地位、做好专利规避、避免受制于人，对于发展国民经济、提高国际竞争力变得尤为重要。建议国家相关部门继续高度重视移动互联网产业的知识产权工作，统筹考虑国家的相关产业促进政策，推动虚拟现实、增强现实产业的合理、有序、快速发展。

（2）加大科研投入，加大对虚拟现实、增强现实领域技术研究的扶持力度。科研项目能够极大地促进相关技术的发展，因此在虚拟现实、增强现实领域，应该加大科研投入，政策导向不仅应向高校、研究机构倾斜，也应向国内相关企业倾斜；而且从行业现状来看，雨后春笋般的中小企业均是从产业应用着手，并没有足够的资金投入到研发和实验中，因此也需要相关部门加大扶持力度，助力产业发展。

（3）注重多应用领域的统筹布局，培育自主创新型企业。虚拟现实、增强现实技术虽然从技术实质上属于计算机通信领域，但是其俨然已经延伸应用到医学、军事、教育、娱乐等多个领域，且发展迅猛、实用性强。因此，相关部门应加大统筹力度，多方布局，不仅使多个领域能够相辅相成，也为未来虚拟现实、增强现实技术在不同领域的发展打好基础。另外，在虚拟现实技术的发展过程中，相比国外而言，国内一个显著特点就是高校、研究机构积极参与其中，占据了绝大部分的专利申请，其中建模和绘制技术的专利申请占比达到73%，而高校、研究机构类型的申请人在科技成果的产业转化方面存在一定的困难，因此，相关部门可引导企业与高校、研究机构联合，促进产学研结合（例如，出台相关促进政策，在知识产权质押贷款、税收方面提供扶持等），在帮助高校、研究机构研究成果产业化的同时，激发企业自主研发，提高企业竞争力。

（4）整合虚拟现实、增强现实产业链的上下游企业，应对国际竞争。为了提升国内企业的竞争力，建议国家相关部门整合虚拟现实产业链的上下游企业，在产业链的不同位置，如芯片、网络设备、终端产品、操作系统、应用和服务等产业位置，均重点扶持一批国内领军企业，加强产业链上下游不同位置上的国内企业间的合作，形成合力，共同应对激烈的国际竞争。另外，对于已经授权的早期核心专利，常常会对国内企业造成侵权风险，从本章第3.4节对重点专利的分析来看，虚拟现实技术由来已久，一大批核心专利已经期满终止，应当积极追踪专利的法律状态，当专利由于未缴年费或保护期届满导致失效时，国内企业可以免费使用。对增强现实技术来讲，则应注意专利规避。

第4章 交互技术专利分析

本节通过对交互技术在全球和中国的专利申请数据进行分析，了解交互技术分支的专利申请的发展趋势、主要申请人、主要布局及技术路线等信息。对全球数据的分析，还着重对技术原创国和目标市场国进行了分析，针对最核心的技术原创国——美国的相关领域专利申请趋势进行详细解读；同时，对中国在该领域的专利在全球的申请趋势也进行了详细分析。对中国专利申请数据，还着重分析了申请人类型、同族专利情况、省份信息及PCT申请分布情况等，同时，还对国外来华与国内数据进行对比，从而发现国外在华的布局态势以及我国在该领域的专利发展状况。

交互技术主要涉及人与虚拟环境/虚拟对象之间互相作用和互相影响的信息交换方式与设备，通过多种方式操作虚拟对象，以获得逼真感知。与计算机系统的人机交互相比，虚拟现实、增强现实人机交互强调人与虚拟环境/虚拟对象之间的感知传递。体感识别、手势识别、触觉/力学感知、气味/声音感知等已经成为虚拟现实、增强现实系统中交互技术的重要内容。

表4-1为交互技术的技术分解情况。交互技术包括两个二级技术分支：感知交互技术和基本交互技术；其中，感知交互技术包括体感识别技术，手势识别技术，触觉、力学感知和气味、声音感知；基本交互技术包括部件位置或位移和手动操作开关。而体感识别技术又可分为视觉轨迹、面部表情、头部轨迹、手戴输入、身体动作输入、神经系统活动检测和其他体感。

表4-1 交互技术的技术分解情况

一级分支	二级分支	三级分支	四级分支
交互技术	感知交互技术	体感识别技术	视觉轨迹
			面部表情
			头部轨迹
			手戴输入
			身体动作输入
			神经系统活动检测
			其他体感
		手势识别技术	
		触觉、力学感知	
		气味、声音感知	
	基本交互技术	部件位置或位移	
		手动操作开关	

各三级技术分支定义如下：

体感识别技术，是指人们可以很直接地使用身体动作或神经信号，而无须使用任何复杂的控制设备，与周边的装置或环境互动。

手势识别技术，是指通过输入设备给机器输入手势信息，以对人体所作出的手势进行识别，实现虚拟世界与现实世界的交互。

触觉、力学感知，是指通过输入设备给机器输入触觉、力学信息，以对人体动作的触觉、力学信息进行识别，实现虚拟世界与现实世界的交互。

气味、声音感知，是指通过输入设备给机器输入气味、声音信息，以对周围环境的气味、人体的声音信息进行识别，实现虚拟世界与现实世界的交互。

部件位置或位移，是指通过输入设备位置的变化或者人体与输入设备之间的位移来实现信号的输入。

手动操作开关，是指通过对于键盘、按钮、手柄等输入设备的按压等操作实现信号的输入。

4.1 交互技术全球专利申请分析

4.1.1 全球申请量变化趋势分析

图4-1-1示出了交互技术的全球申请量变化趋势。从该图中可以看出，2000年以来，该领域的全球专利申请量基本成逐年上升趋势，由于2014~2015年的申请尚未完全公开，因此目前这两年可检索到的专利数量并不能代表该年度的最终申请量。在申请量稳步上升的同时，我们还可以从图4-1-1中看出，进入2010年后，每年递增的速度也有了明显提高。在2011年突破了400项关卡；2012年突破了600项关卡；到了2013年，申请量到达761项的高度，直奔800项而去。这跟近年虚拟现实技术的被关注度越来越高有关，申请量进入了井喷期，2010年以来，交互技术的申请量可谓节节攀高。

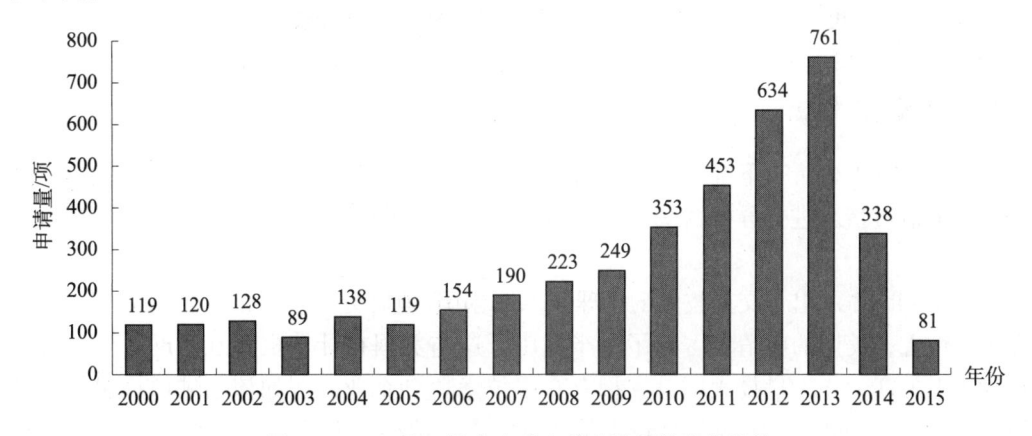

图4-1-1 交互技术全球专利申请量的变化趋势

4.1.2 全球主要申请人分析

图4-1-2示出了交互技术分支的全球排名前15位的申请人的申请量排序情况。由图4-1-2可见,微软、索尼、伊梅森、三星电子和谷歌这几家传统大公司的申请量排在了前五位。这说明这些知名公司对交互技术领域的重视程度是很高的。排名前15位的也不乏LG电子、高通、苹果、英特尔这些知名大公司。这说明,交互技术作为虚拟现实中的一个重要部分,各相关公司对它都非常关注,而且渴望在该领域有所突破;也说明交互技术在整个虚拟现实的进一步发展中是非常关键的一个方向。此外,通过该图我们还能发现,微软和索尼在这方面的领先地位是非常明显的,尤其是微软,可谓遥遥领先,独占鳌头。而在虚拟现实领域备受关注的Magic Leap的申请量也排在前列,该公司得到了包括中国企业在内的若干投资方的注资,从其申请量来看,它已经在不断研发新的科技,并通过专利布局来实现对自己的保护。

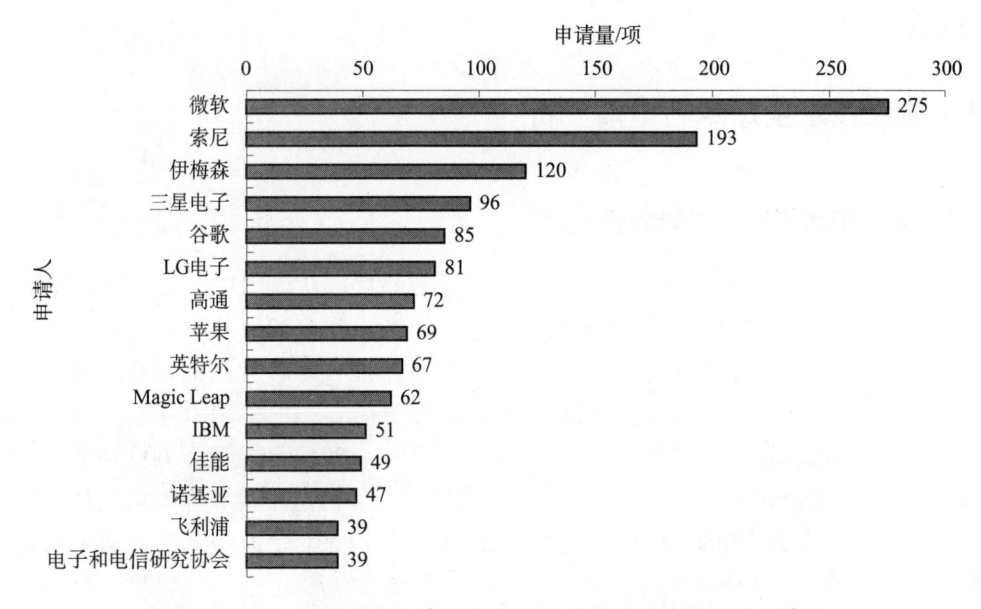

申请人	申请量/项
微软	275
索尼	193
伊梅森	120
三星电子	96
谷歌	85
LG电子	81
高通	72
苹果	69
英特尔	67
Magic Leap	62
IBM	51
佳能	49
诺基亚	47
飞利浦	39
电子和电信研究协会	39

图4-1-2 交互技术全球排名前15位申请人的申请量排序情况

4.1.3 全球技术原创国/地区分析

本小节首先分析一下全球技术原创国/地区的分布情况,然后针对分布最大国——美国的申请量情况进行分析,最后对我国的原创技术申请在全球范围的申请量情况进行介绍。

图4-1-3示出了交互技术的全球技术原创国/地区分布。可以醒目地看到,在技术原创性上,美国的申请量占据了大半江山。这与美国在计算机和互联网行业的扎实根基不无关联,作为科技大国,它拥有众多技术原创企业,例如该领域申请量最大的微软,因此美国处于绝对领先地位也是情理之中、预料之内的。排在第二位的是日本,然而其申请量较排在第一位的美国相差甚大。中国的申请量与日本的申请量相差并不

是很大，仅次于日本排在了第三位。这说明目前我国在该领域的技术创新颇有成功，在全球广泛范围内已经名列前茅。同时排在前列的还有韩国和欧洲。

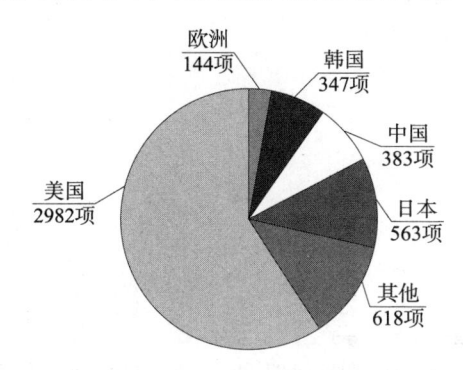

图4-1-3 交互技术全球技术原创国/地区分布

图4-1-4示出了最大的技术原创国——美国的申请量变化趋势。考虑到2014年及以后的专利申请有可能还未公开，我们可以看到，在2014年前，美国的申请量发展跟整个全球的申请量发展趋势几乎完全一致。这也能从另一个角度说明美国在该领域的主要地位，它引领并带动整个领域的发展。此外，仅看2013年这一年的专利申请情况，美国的申请量为498项，从图4-1-1我们可以看到，这一年相应的全球申请量才为761项。也就是说，2013年美国在该领域的申请量占据全球的65%，其霸主地位可想而知。

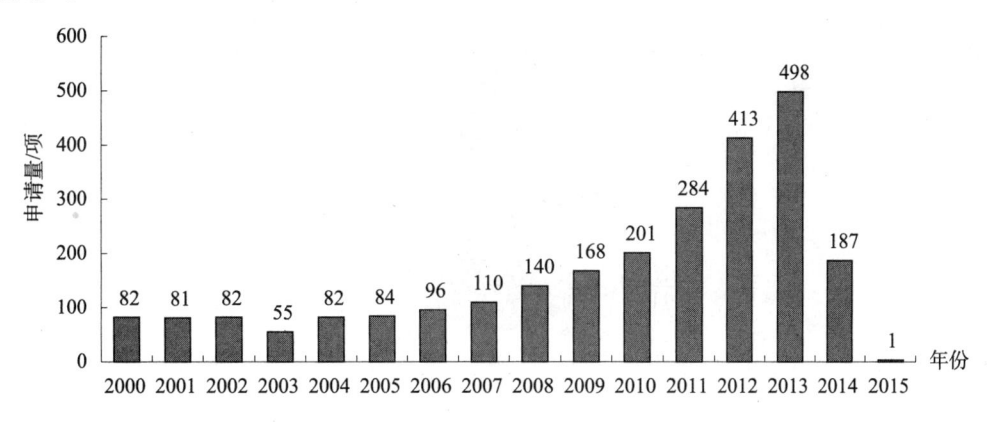

图4-1-4 交互技术主要原创国——美国的申请量变化趋势

图4-1-5示出了我国的原创技术申请在全球范围内的申请量变化趋势。从该图可以看出，我国在该领域的原创技术基本兴起于2007年，晚于该领域的全球兴起时间；在2012年，有了突飞猛进，并将该势头持续下来。这跟我国对该领域的研究热情持续走高、研发投入不断加大有关。在数量上，虽然与美国有很大的差距，但发展热情和势头一点都不弱于其他国家。

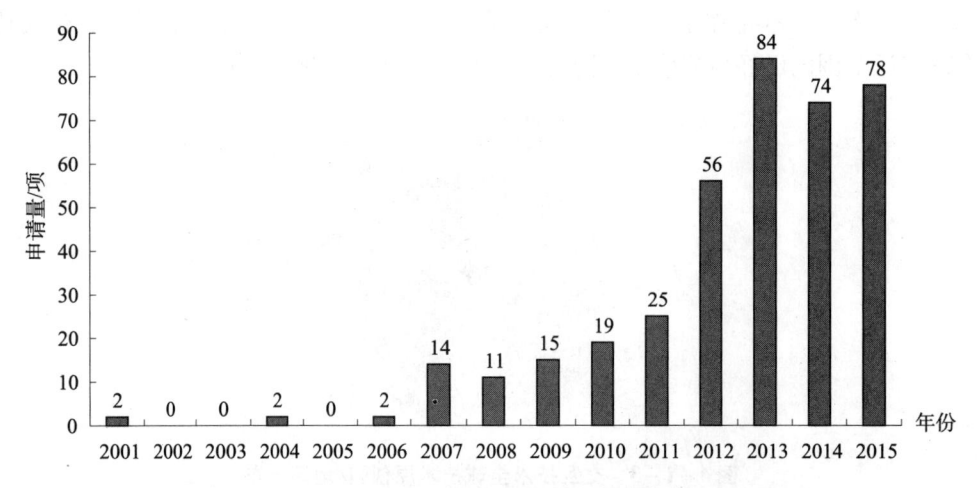

图 4-1-5 交互技术中国在全球范围专利申请量的变化趋势

4.1.4 全球目标市场国/地区分析

图 4-1-6 示出了交互技术的全球目标市场国/地区分布情况。美国仍然是占据了很大部分，为 39%。而中国、欧洲和日本的比例几乎相同，分别占 12% 左右。其他主要目标市场国家还有韩国等。这说明了该技术在全球已经有了比较明确的布局。除了美国外，相关技术倾向于中国、欧洲和日本这几个国家或地区。

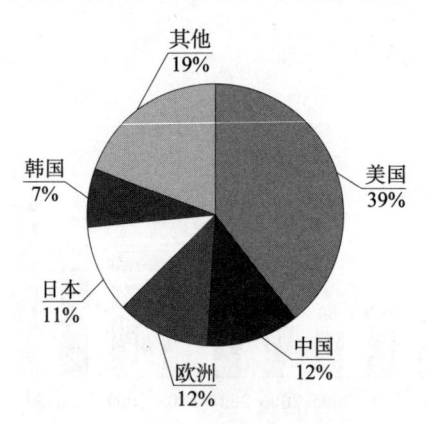

图 4-1-6 交互技术全球目标市场国/地区分布情况

4.1.5 全球申请的各技术分支分布

图 4-1-7 示出了交互技术的全球专利申请的各技术分支分布情况。从该图上得知，体感识别技术分支占据了最大的比例，为 47%，这也跟体感识别技术包括的内容多样有关，而手势识别技术作为主流技术之一，占据了 23% 的比例。传统的部件位置或位移和手动操作开关的申请量就较少，这跟这类技术已经基本成熟，且不属于本领域需要改进的主要方向有关。

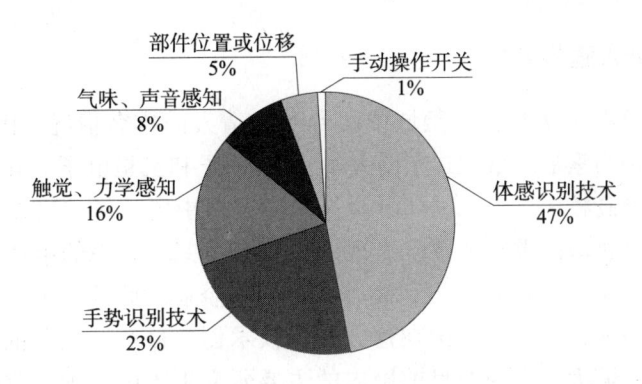

图 4-1-7 交互技术全球专利申请的各技术分支分布情况

4.2 交互技术中国专利申请分析

4.2.1 中国申请量变化趋势分析

图 4-2-1 示出了交互技术中国专利申请量的变化趋势。由该图可以看出，中国在该领域的申请量正处于逐年上升的态势。尤其是从 2007 年开始，申请量有比较大的发展，这说明中国在这个行业从这一年开始变得更强大。自 2009 年开始，每年增长的趋势都非常明显，尤其是 2012 年这一年，专利申请件数为 309 件，较之 2011 年的 224 件增加了 85 件，使得我国在这个领域的新专利申请上升到每年 300 件以上。而在 2013 年后还能保持在 400 件以上。这跟我国在近年来对虚拟现实的重视程度逐年增加有关，尤其是随着虚拟现实元年的到来，大家在这个领域的创新意识逐渐增强。很多该领域的创新企业如雨后春笋般出现，技术得到不断发展。

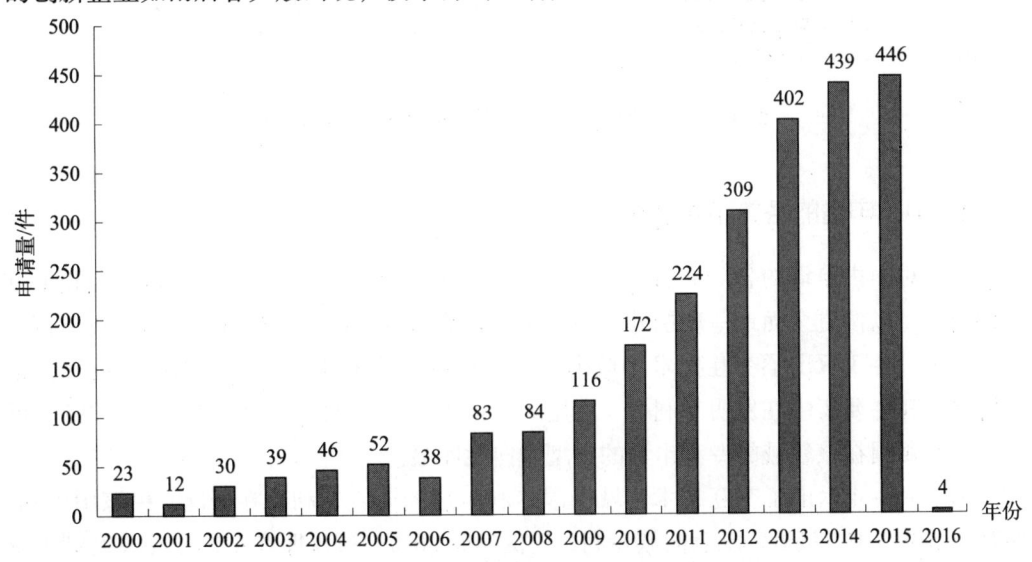

图 4-2-1 交互技术中国专利申请量的变化趋势

4.2.2　中国申请人趋势分析

图4-2-2示出了交互技术领域中国专利申请人的排名情况。由该图可以看出，前五位申请人分别为索尼、微软、东南大学、LG电子和三星电子。其中的四个为国外公司，一个为国内高校。可见，国外申请人非常重视中国市场，正在中国增加专利布局，中国市场在该领域的重要地位已显现出来。图4-2-2中的申请人中除了这几家公司，还有三星电子、伊梅森、飞利浦等知名国际企业。此外，不难发现，国内申请人主要为院校申请人，这说明我国在这方面的技术创新目前还主要依赖于院校，各相关公司的投入还不够大，也说明目前国内的主要研究更集中在理论改进上，对产品的创新度还有待提高。

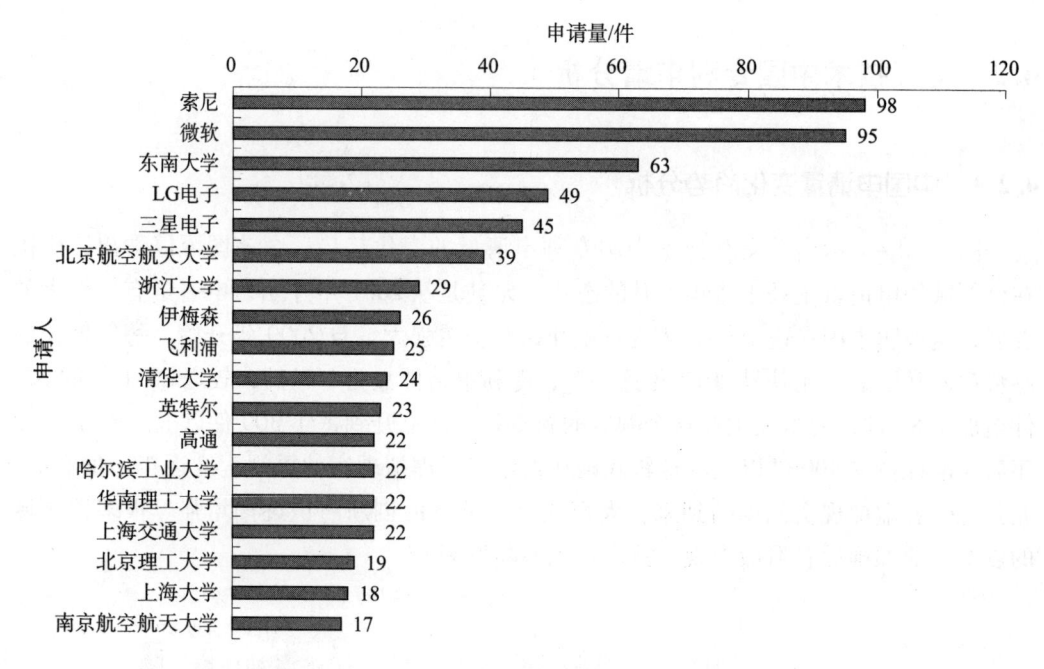

申请人	申请量/件
索尼	98
微软	95
东南大学	63
LG电子	49
三星电子	45
北京航空航天大学	39
浙江大学	29
伊梅森	26
飞利浦	25
清华大学	24
英特尔	23
高通	22
哈尔滨工业大学	22
华南理工大学	22
上海交通大学	22
北京理工大学	19
上海大学	18
南京航空航天大学	17

图4-2-2　交互技术中国专利申请人的排名情况

4.2.3　中国申请的各类布局分析

以下对国内申请的各类布局进行集中分析，包括专利类型、同族专利情况和PCT申请情况，以便更全面地呈现国外在华的布局态势以及我国在该领域的专利发展状况。

图4-2-3示出了交互技术领域中国专利申请的专利类型情况。由该图可知，该领域的专利主要集中在发明专利上，实用新型仅占15%；而外观设计更少，为2%。可见，目前我国在该领域的专利申请的类型倾向性明显。

图4-2-4示出了交互技术领域中国专利申请的同族专利存在情况。由该图可知，所有中国申请中，接近一半有同族专利，比例达到46%。这说明在中国的相关专利申请大多数目标不仅局限于中国市场，这也能从一定角度说明这些专利的价值还是比较高的。

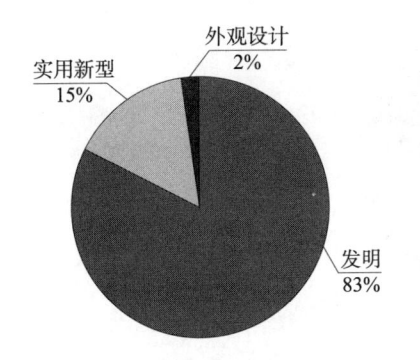

图4-2-3 交互技术中国专利申请的
专利类型情况

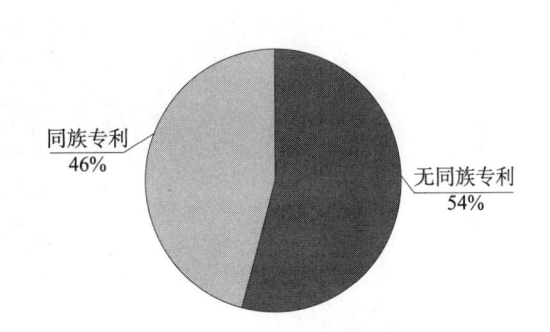

图4-2-4 交互技术中国专利申请的
同族专利存在情况

图4-2-5示出了交互技术领域中国专利申请的PCT申请情况。由该图可知，中国的相关申请中，有19%属于PCT申请进入中国国家阶段的情况。这么多的PCT申请进入中国，可见中国已经作为了该领域专利布局的重要对象。

图4-2-6示出了交互技术领域中国专利申请的来源国情况。该领域所有中国专利申请中，国外申请人的申请占据32%，国内申请人的申请占据68%。由该图可知，在国内相关领域的申请中，国外申请人的申请量占据了不少比例，这些申请人将来有可能成为国内企业的有力竞争者。

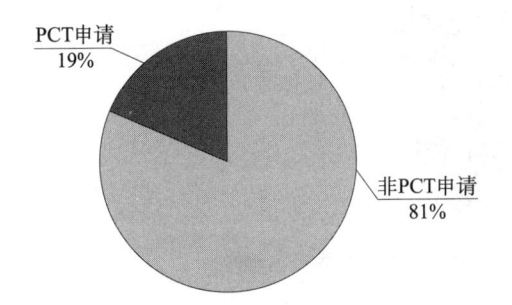

图4-2-5 交互技术中国专利申请的
PCT申请情况

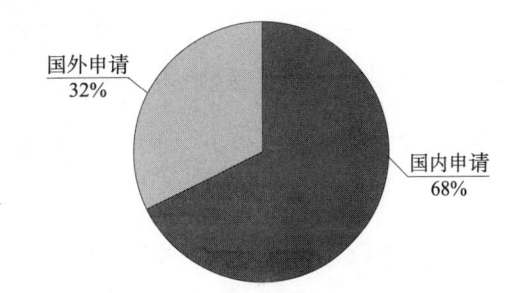

图4-2-6 交互技术中国专利申请的
来源国情况

4.2.4 中国申请的国内申请人省区市分布

图4-2-7示出了交互技术领域中国专利申请的国内申请人的省区市分布情况。从该图可见，北京、江苏、上海、浙江和山东五省市的申请量占据了一半以上。这说明该领域的发展还主要集中在华北地区，尤其是沿海地区，这跟我国各省区市的经济情况基本一致。

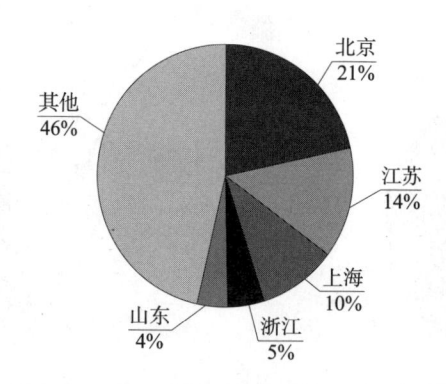

图4-2-7 交互技术中国专利申请的国内申请人的省区市分布情况

4.2.5 中国申请的各技术分支分布

图4-2-8示出了交互技术领域中国专利申请的各技术分支分布情况。可见，同全球的情况一样，体感识别技术分支的比重最大，占据59%，手势识别技术其次，占据20%。这说明我国在该领域的技术前进方向跟国际基本保持一致。

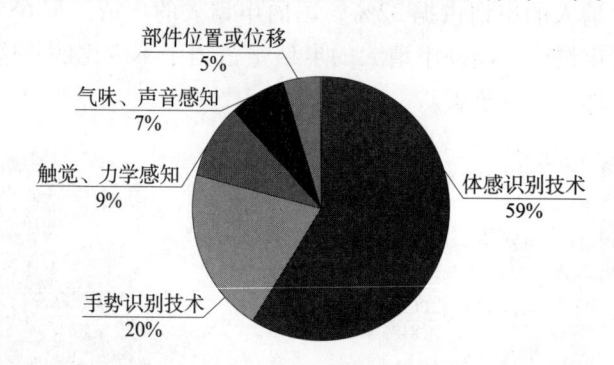

图4-2-8 交互技术中国专利申请的各技术分支分布情况

4.3 交互技术的技术路线分析

图4-3-1（见文前彩色插图第4页）是体感识别技术领域的技术路线图。体感识别技术分为多个四级分支，包括身体动作输入、手戴输入、视觉轨迹、神经系统活动检测等。

身体动作输入分支在1995年之前已经出现了技术的萌芽，例如，1994年申请的身体动作识别方面的专利US5826578，通过在人体各部位设置多个传感器，来获取身体动作。此后，用于人体动作识别的传感器进行了进一步细分，例如，1999年佳能申请的专利GB2348280，提出通过同时设置位置和方向传感器，来获取人体动作。进入21世纪后，对身体动作的识别技术进一步发展。2003年，卡尼斯塔申请的专利US7340077，采用深度传感器获取三维的人体姿势数据。2009年，微软申请的专利US8487938，提出设定标准姿势库的技术方案，即获取人体动作的少量参数，基于该参数从标准姿势库中提取相关姿势数据，这一专利大大减轻了获取人体动作所需的数据量。2010年以后，身体动作识别技术继续往更细分的技术方向发展，例如，高通2014年申请的专利EP2943855，用于增强现实眼镜对于人体细微姿势的识别。

手戴输入分支在1995年之前也出现了一些技术的萌芽，例如，1994年申请的专利US5581484公开了通过在手指上设置指尖传感器来获取压力信号，以替代键盘输入。20世纪末，虚拟现实手套产品已经出现，例如，Fakespace公司1996年申请的专利US6128004，公开了一种布满相互连接的电极的虚拟现实手套。指尖传感器技术和虚拟现实手套在进入21世纪后继续发展，例如，Massachusetts公司2001年申请的专利US6388247公开了一种获取手指压力和手指姿势的指尖传感器，2004年乔丹·S. 卡瓦纳申请的专利CN1748243公开了一种可以控制声音播放的虚拟现实音乐手套，2006年电子和电信研究协会（Electronics and Telecommunications Research Institute）申请的专利US20070132722公开了一种采用小型绝对位置传感器的手套，使用户可以自然地和虚拟环境进行交互。2010年后，很多申请人继续研究出采用新技术的虚拟现实手套，例如，2011年Cyberglove Systems公司申请的专利US20120025945公开了一种包括保存运动信息数据的数据存储设备的运动捕捉数据手套；2011年苏茂申请的专利CN202771366公开了一种将关节检测结构和力反馈机构集成于一体的外架构式双向力反馈数据手套，使手指各个关节的运动状态都能被精确检测到，以增强虚拟现实的临场感。

视觉轨迹分支最早出现在20世纪80年代，1987年，W. Industries Limited公司申请了专利US4884219，该专利公开了一种头盔，该头盔中设置了监测用户眼部运动的设备，通过确定视线相交点，来为用户呈现显示内容。20世纪末期，已出现了通过视网膜扫描来获取视觉轨迹的技术，例如，1999年美国陆军申请的专利US6120461，即公开了一种视网膜扫描显示屏、图像传感器和处理器，用于跟踪人类眼部动作。进入21世纪后，通过视网膜、瞳孔来确定视觉轨迹的技术继续发展，例如，2002年诺基亚申请的专利US6758563公开了一种通过向视网膜发射光线并检测反射光线，来确定眼睛凝视的位置的技术方案；2001年IBM申请的专利US6578962公开了一种通过两个同步交织的摄像机来观测用户的眼睛，通过向量角度的不同，来确定用户瞳孔的位置。2006年之后，光线反射技术继续发展，例如，2011年申请的专利US20130077049公开了一种向眼球发射红外线光波，并根据反射出的红外线来实现眼部跟踪的技术方案。此外，还出现了通过获取眼部立体图像或眼部特征来跟踪眼部活动的技术，例如，2006年申请的专利US7747068公开了通过多个传感器获取眼部立体图像，并根据图像来确定眼部凝视位置；2015年，Magic Leap申请的专利US20150316982公开了一种增强现实显示系统，通过在头戴增强显示设备上使用光源照射用户的眼睛，来探测用户眼部特征，并根据探测到的特征来确定用户的眼部运动。

神经系统活动检测分支最早出现在20世纪90年代。1996年，Mindwaves公司申请了专利US5740812，通过由吸收了电解液的海绵制作的传感器贴在用户头皮上，来获取用户的脑电波信号，并将信号输入计算机进行处理。进入20世纪后，对脑电波识别和使用的技术更加进步，如2002年申请的专利US20020103429提出了一种生理监测和训练方法，其中通过监测大脑活动，来预测主体下一步的行为。2006年后，出现了在虚拟现实、增强现实领域更加具体的应用，例如，2009年浙江大学申请的专利CN101571748提出了一种基于增强现实的脑机交互系统，将可穿戴式脑机接口BCI用于融合真实世界和虚拟现实的增强现实环境，实现BCI的精确控制。2010年后，神经系统输入技术进一步集成，出现了集成该技术的眼镜，例如，2013年申请的专利US20130346168公开了一种增强现实眼镜，其上配置有脑电波传感器，用于获取神经元命令以执行相关操作。

图4-3-2（见文前彩色插图第5页）为触觉、力学感知，手势识别和气味、声音感知三个分支的技术路线图。图4-3-2中给出了各个发展阶段的重点专利，并借此对整个技术的发展进行梳理。

触觉、力学感知在交互技术中的应用起始于20世纪八九十年代，其中一个重要申请为US5543591，该专利涉及通过触摸板识别拍打、推等简单的触摸操作，该专利的申请人为辛纳普蒂克斯有限公司。该技术出现后不断发展，苹果引用其申请了一系列相关专利，如：2009年的US9348452、2012年的US9239673、2015年的US9348458。由最初的简单触碰动作识别到多手掌和手指的追踪，再到对同时执行的多个手势的触摸检测，伴随着触觉、力学感知技术的发展，新技术在虚拟现实的交互中不断应用开来。此外，触觉、力学感知在虚拟现实中的另一重要应用场景是外科手术器械。这一应用主要发源于2000年后，其中一个典型应用为US20070078484，它是通过检测手的力度实现外科手术中的抓紧器。该技术在2009年还进一步发展为通过触觉传感器进行滑动检测（US8181540）。这一应用实例仅是外科手术典型应用中的一个。

手势识别在交互技术中的应用经历了从基本的控制屏幕显示内容（US5454043）到通过三维手势识别控制计算机、程序等（US8745541、US9298266）的发展。这也是适应了手势识别技术本身的发展，将出现的新的手势识别技术应用在虚拟现实的交互技术中。1993年，三菱提交的一项专利申请（US5454043）具有重要意义。在该申请之前的手势识别基本还是采用佩戴物理配件进行，为了摆脱物理配件的束缚，有人提出了基于模型的可视化方法，然而该方法的实施非常缓慢，限制了其应用。而三菱的这一申请解决了该难题，它通过提取表示图片中的空间-时间方向的向量等相关参数来表达手的运动变化，以获知手的姿势，取代了以往通过对输入的运动手势进行匹配来完成识别的方式。很多申请人在三菱的这项申请的基础上继续研究改进，推出了很多新的方案，例如，1997年日立提出的一项申请（US6128003）。日立的这项申请针对以往技术主要是跟踪手的运动，而非手的形状或姿态进行了改进，该申请通过由每个图片中获得的旋转向量来表示手，它解决了通过旋转向量表示手时产生的噪声问题，可以用于低级处理电路，使得该项技术能够大范围地应用到现实中。在此之后，很多创新集中在增强识别的准确性上，例如，2000年英特尔在日立的上述申请的基础上提出的一项申请（US6788809），该申请给出了将手势从背景中提取出来的方法；还有，2009年微软提出的一项专利申请（US8487938），该申请涉及从背景中得到手势并建立标准手势库的方法。此外，在这些技术的基础上还衍生出若干相关申请，例如，2008年寿技研工业株式会社提出的一项专利申请（US7590262），提出了通过景深数据跟踪识别手势。

气味、声音感知方面，1999 年，出现了一项通过声音获知情绪的专利申请（US6151571），该申请是基于声音的音频、音幅等特征进行识别。在此申请的基础上，2002 年有人提出了一项申请（US7222075），该申请通过神经网络技术从声音中获知情绪，这也体现出这一时期相关技术的状况，各类新颖的识别方法应用到虚拟现实的声音识别中来。发展到后期，也就是 2006 年以后，研究方向主要集中在对细节的关注上，有人提出了几项重要申请（US7571101、US8078470），US7571101 涉及通过对声音类型进行量化打分，以提示对象的抗压水平，US8078470 涉及通过音调分析说话者的情绪态度，它根据说话者发出的特点词语或每个音调确定情绪。除了应用新的识别技术，本领域的另一发展方向是对声音的其他特征进行利用，例如，2007 年有人提出一项专利申请 US8204747，通过语音的波形来进行情绪识别，达到了更好的效果，之后该技术得到了进一步发展（US9147392）。在 2012 年，又有人提出了一项专利申请（US9047871），该方案根据音频信号判断情绪和信息指数。此外，通过语音控制计算机设备的技术在本领域也在不断发展，其发展路线与基于声音的情绪识别的路线近似一致，前期针对声音的不同特性就行识别，将新的识别技术应用进来，后期主要是在相关细节上进行改进，如针对不同应用场景解决相应的应用难题。例如，谷歌在 2010 年申请的一项专利（US12/914965），在后续几年中，谷歌和苹果等公司在此基础上进行进一步发展，实现了通过声音命令控制电视、基于移动设备的环境自动监测声音输入等方案，以解决实际应用环境中遇到的不同难题。

4.4　交互技术重点专利分析

4.4.1　体感识别技术

4.4.1.1　身体动作输入

专利 US7340077

（1）著录项目

专利号：US7340077。

专利名称：使用深度感知传感器的姿势识别系统。

申请人：Canesta，Inc。

引用专利文件：89 份。

被引用频次：408 次。

法律状态：有效。

同族专利：AU2003217587A1（未进入审查）。

专利权转移信息：

2003 年 2 月 18 日，发明人→Canesta, Inc；2010 年 11 月 22 日，Canesta, Inc. →微软；2014 年 10 月 14 日，微软→微软技术许可公司。

（2）技术方案

图 4-4-1 为专利 US7340077 的摘要附图。

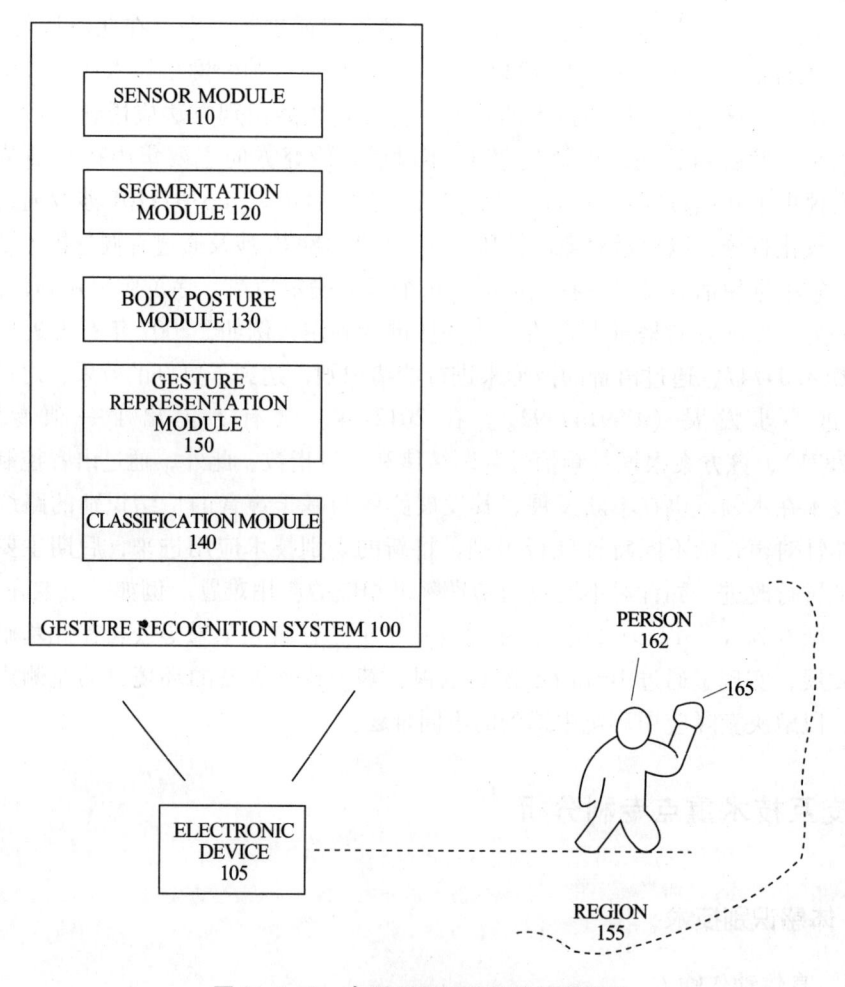

图 4-4-1　专利 US7340077 的摘要附图

此处列出了该专利的独立权利要求的中文翻译内容：

1. 一种使人通过人的某个身体部位的姿势与电子设备交互的方法，该方法包括以下步骤：（a）从所述身体部位的多个离散区域获取位置信息，所述位置信息指示所述身体部位上的每一个离散区域相对于一个参考位置的深度，所述位置信息在一系列给定时间持续间隔的实例下获取；（b）从步骤（a）获得的位置信息探测所述身体部位的动态姿势的开始时间和结束时间，其中所述给定的时间持续间隔设定于所述开始时间和结束时间之间；（c）将所述身体部位形成的所述动态姿势分类，作为一个输入，用于和所述电子设备交互。

（3）技术分析

技术问题：当前的人机交互姿势识别系统，使用如光线传感器、视频设备等来实现，都存在一定的限制。

技术方案：

步骤1：在人的身体部位设置多个离散区域，基于一系列给定的时间持续间隔，获取各离散区域的位置信息。

步骤2：根据获取的位置信息确定姿势的开始时间和结束时间。

步骤3：将所述身体部位形成的动态姿势分类，作为和电子设备交互的输入。

（4）专利重要性分析

①独立权利要求1包括了对人体部位基于多个离散区域进行测量、对动态姿势分类作为输入的步骤。

②引用该专利的专利文件有408份，被引用数量非常高。

③该专利2010年由Canesta，Inc.转让给微软，并于2014年由微软转让给微软技术许可公司。这说明微软至少在2010年已在虚拟现实方面进行投入，并且该专利有一定的产业价值。

综合以上3点，可以确认该专利属于行业的基础核心专利。

④该专利在WO、澳大利亚有同族专利，未进入中国和其他区域。美国和澳大利亚的虚拟现实和增强现实研究和产业处于世界前列，在20世纪初该产业并未呈现巨大的市场前景，也许基于此原因，该专利的国际申请并未选择进入更多国家。

⑤该技术可以应用于各种虚拟现实、增强现实产品中对人体姿势的识别，例如体感游戏设备、虚拟运动训练设备等，在实现人体姿势识别时属于不容易绕过的技术，比较适合在此基础上进一步创新并申请专利，以获取交叉许可。

（5）对企业专利布局的作用

企业可以参考该专利及引用该专利的文件，了解人体动作识别方向的技术发展，进而在这些文件的基础上予以改进，并考虑申请专利。

企业可以在中国和其他区域实施该专利技术，该专利不会带来侵权风险。

该专利于2023年到期，到期后企业可以自由使用。

4.4.1.2 视觉轨迹输入

专利US6758563

（1）著录项目

专利号：US6758563。

专利名称：视线跟踪。

申请人：诺基亚。

引用专利文件：6份。

被引用频次：47次。

法律状态：有效。

同族专利：FI992835A（未进入审查）、AU2376201A（未进入审查）。

专利权转移信息：

2002 年 7 月 28 日，发明人→诺基亚；2015 年 1 月 16 日，诺基亚→诺基亚科技公司。

（2）技术方案

图 4-4-2 为专利 US6758563 的摘要附图。

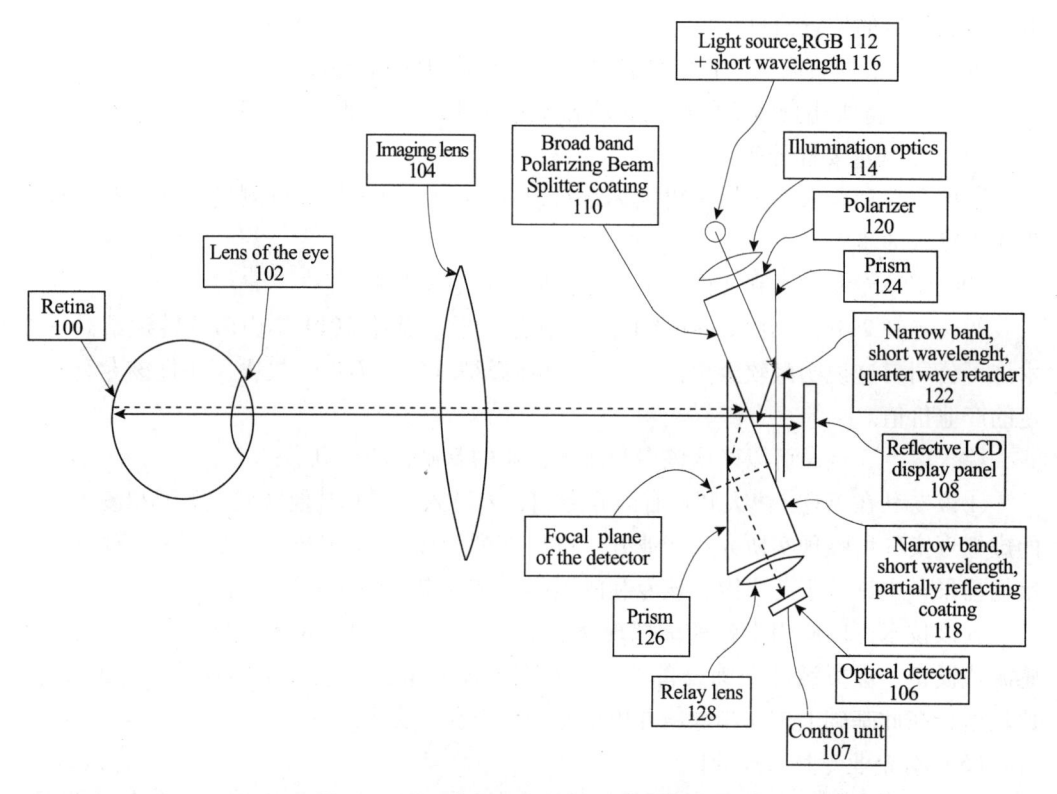

图 4-4-2　专利 US6758563 的摘要附图

此处列出了该专利的独立权利要求的中文翻译内容：

1. 一种视线跟踪方法，该方法包括：发射具有特定波长的光；把光线传输到眼睛的视网膜；该光线的特定波长用于使眼睛的视网膜中心凹槽清楚、突出、可分辨；探测光线从所述眼睛反射回来，以形成包括清楚、突出、可分辨的视网膜中心凹槽的探测信息；将探测信息映射到预先定义的表面，所述预先定义的表面位于离所述眼睛有一定距离的地方，在所述预先定义的表面上的该清楚、突出、可分辨的视网膜中心凹槽的位置形成一个视线点。

12. 与权利要求 1 对应的设备。

22. 包括权利要求 1 所述设备的移动手机。

（3）技术分析

技术问题：当前的眼睛跟踪器都是基于红外线反射，面临的主要问题是需要进行频率校准，因此这样的设备不适合所有人，因为一些人的眼睛结构不适合于这种设备，眼睛的物理结构各有不同。并且这样的设备会有时延。因此需要提供一种视线跟踪设备，更小、更便携、更智能，将大量信息内容传输到眼睛凝视的屏幕，仅由视线来实现控制，并具有很小的、不易察觉的时延。

技术方案：

步骤 1：发射具有特定波长的光。

步骤 2：把光线传输到眼睛的视网膜，该光线的特定波长用于使眼睛的视网膜中心凹槽清楚、突出、可分辨。

步骤 3：探测光线从所述眼睛反射回来，以形成包括清楚、突出、可分辨的视网膜中心凹槽的探测信息。

步骤 4：将探测信息映射到预先定义的表面，所述预先定义的表面位于离所述眼睛有一定距离的地方，在所述预先定义的表面上的该清楚、突出、可分辨的视网膜中心凹槽的位置形成一个视线点。

（4）专利重要性分析

①独立权利要求 1 中包括了根据选择特点光线进行视网膜反射来判断视网膜中心凹槽位置的步骤，可以根据对视线的监控来实现视线对设备的控制。独立权利要求 12 是对应的装置权利要求，独立权利要求 22 是包括所述装置的移动手机。

②引用该专利的文件有 47 份，在视觉轨迹跟踪领域属于被引用数量较高的专利。

③该专利 2015 年由诺基亚转让给诺基亚科技公司，诺基亚科技公司生产各种高科技产品，如售价数十万元的虚拟现实拍摄设备 OZO。

综合以上 3 点，可以确认该专利属于行业的基础核心专利。

④该专利在 WO、澳大利亚、芬兰有同族专利，未进入中国和其他区域。诺基亚的总部在芬兰，同时美国和澳大利亚的虚拟现实研究和产业也处于世界前列，在 21 世纪初该产业并未呈现巨大的市场前景，也许基于此原因，该专利的 WO 申请并未选择进入更多国家。

⑤该技术可以应用于虚拟现实、增强现实中使用视线来控制真实和虚拟对象的场景，具体可应用于虚拟现实的显示设备、控制设备，属于视线识别的主要可选技术之一。

（5）对企业专利布局的作用

企业可以参考该专利及引用该专利的文件，了解视线跟踪方向的技术发展，进而在这些文件的基础上予以改进，并考虑申请专利。

企业可以在中国和其他区域实施该专利技术，该专利不会带来侵权风险。

该专利于 2019 年到期。

4.4.1.3 神经系统活动识别

专利 US5740812

（1）著录项目

专利号：US5740812。

专利名称：提供脑电波生物反馈的方法和装置。

申请人：Mindwaves Ltd.

被引用频次：70 次。

法律状态：失效。

同族专利：无。

专利权转移信息：1996 年 4 月 25 日，发明人→Mindwaves Ltd；2006 年 12 月 26 日，Mindwaves Ltd→Neurotek Llc。

（2）技术方案

图 4-4-3 为专利 US5740812 的摘要附图。

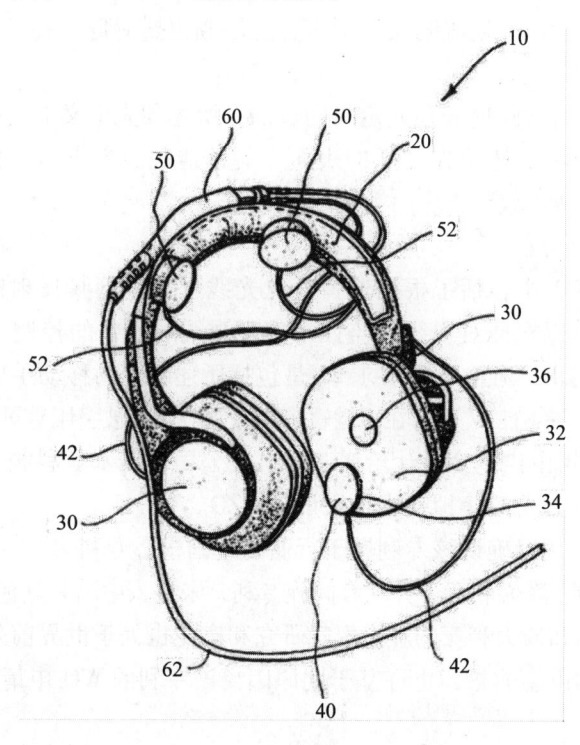

图 4-4-3　专利 US5740812 的摘要附图

此处列出了该专利的独立权利要求的中文翻译内容：

1. 一种脑电波生物反馈的装置，用于戴在用户头上，该装置包括一个头皮部分，跨戴在用户头皮上，所述装置进一步包括至少一个头皮传感器单元，所述至少一个头皮传感器单元可分离地连接在所述头皮部分，所述至少一个头皮传感器包括一个头皮电极杯和一个海绵套件，所述头皮电极杯包括一个头皮电极，该头皮电极包括一个头皮电极引导活塞，所述海绵套件包括一个吸水海绵部件和一个头皮连接和清理部件，所述头皮连接和清理部件接合所述用户的头发，所述吸水海绵部件一半被所述头皮电极杯接收，所述头皮连接和清理部件是所述吸水海绵部件的外层，并与所述吸水海绵部件连接。

19. 一种脑电波生物反馈的装置，用于戴在用户头上，该装置包括一个头皮部分，跨戴在用户头皮上，所述装置进一步包括至少一个头皮传感器单元，所述至少一个头皮传感器单元连接在所述头皮部分,所述至少一个头皮传感器包括一个头皮电极杯和一个海绵套件,所述头皮电极杯包括一个头皮电极,该头皮电极包括一个头皮电极引导活塞,所述海绵套件包括一个吸水海绵部件和一个头皮连接和清理部件,所述吸水海绵部件一半被所述头皮电极杯接收,所述头皮连接和清理部件是所述吸水海绵部件的外层,并与所述吸水海绵部件连接。

(3) 技术分析

技术问题:提供一种能够探测和提供瞬时脑电波生理反馈的装置,可以使用户检测自己的注意力集中水平,或被他人监测。

技术方案:提供一种戴在头上的包括电极的设备,可以越过头发的障碍来获得脑电波并进行反馈。

(4) 专利重要性分析

①独立权利要求 1 的保护范围是比较大的,凡是能够戴在头上的、包括可分离的能够检测脑电波的电极、接合头发的部件、海绵部件的设备,基本都涵盖在该权利要求的保护范围内。独立权利要求 19 的保护范围更大一些,比独立权利要求 1 少了特征"电极与头皮部分设备可分离""所述头皮连接和清理部件接合所述用户的头发"。

②引用该专利的专利文件有 70 份,在神经系统活动识别领域属于被引用数量较高的专利。

③该专利没有同族专利。

④该技术可以应用于虚拟现实、增强现实中获取用户脑电波来控制真实和虚拟对象的场景,具体可应用于虚拟现实的显示设备、控制设备,属于脑电波识别的可选技术。

(5) 对企业专利布局的作用

企业可以参考该专利及引用该专利的文件,了解神经系统活动识别方向的技术发展,进而在这些文件的基础上予以改进,并考虑申请专利。

该专利已过期,并且没有同族专利,因此企业可以实施该专利技术,该专利不会带来侵权风险。

4.4.2 手势识别

专利 1:US5454043A

(1) 著录项目

专利号:US5454043A。

申请人:三菱。

发明名称:通过低水平图片进行动态和静态的手势识别。

引用专利文件:9 份。

法律状态:失效。

同族专利:无。

（2）技术方案

图 4-4-4 为专利 US5454043A 的摘要附图。

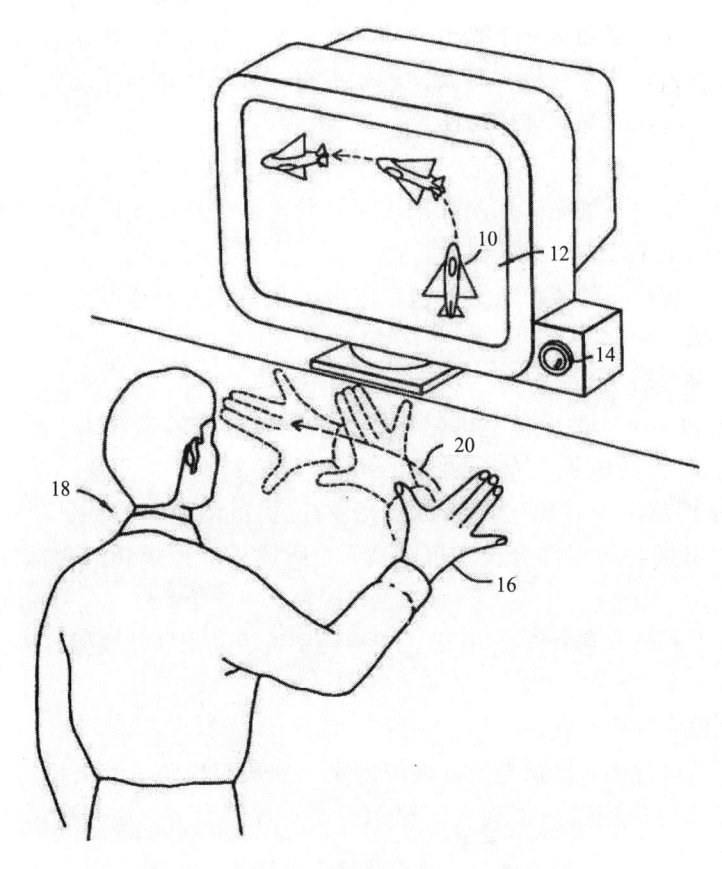

图 4-4-4　专利 US5454043A 的摘要附图

此处列出了该专利的独立权利要求的中文翻译内容：

1. 一种检测动态姿势的装置，包括：

提供符合预定姿势的训练图的单元；

生成姿势对象的视频图像的单元；

根据所述视频图像生成一个 3D 动态姿势对象地图的单元，所述动态姿势对象上的图片的点有一个本地时空图片方向，所述 3D 地图包括绘制对比时空方向的出现频率的向量；

将 3D 地图转换成绘制 3D 地图的向量的角向的 2D 图像的单元，包括：比较所述图像的单元和指示匹配所述图像，从而检测该姿势的单元。

（3）技术分析

技术问题：现有的手势识别基本还是采用佩戴物理配件进行，为了摆脱物理配件的束缚，有人提出了基于模型的可视化方法，然而该方法的实施非常缓慢，限制了它的应用。

技术方案：

步骤 1：提供符合预定姿势的训练图，目的是建立训练库，用于与获得的图像匹配以确定手势；

步骤2：生成姿势对象的视频图像；

步骤3：根据所述视频图像生成一个3D动态姿势对象地图（关键步骤），目的是为下一步将3D动态姿势转变成2D图像做准备；

步骤4：将3D地图转换成绘制3D地图的向量的角向的2D图像，目的是为下一步进行图像比对提供比对对象；

步骤5：比较所述图像的单元和指示匹配所述图像，从而检测该姿势。

技术效果：取代了以往通过对输入的运动手势进行匹配来完成识别的方式，不仅摆脱物理配件的束缚，实施起来也简便易行。

（4）专利重要性分析

①独立权利要求1包含该手势识别的必备步骤：建立训练库、生成视频图像；生成3D动态姿势对象地图；装换成2D图像；与训练库图像比较。

②引用该专利的专利文件有623份，被引用数量非常高，说明其参考价值很大，属于行业的基础核心专利。

③该申请在手势识别中具有里程碑式的意义，在该申请之前，现有的手势识别基本还是采用佩戴物理配件进行，为了摆脱物理配件的束缚，有人提出了基于模型的可视化方法，然而该方法的实施非常缓慢，限制了它的应用；而三菱的这一申请解决了该难题，它通过提取表示图片中的空间-时间方向的向量等相关参数来表达手的运动变化，以获知手的姿势，取代了以往通过对输入的运动手势进行匹配来完成识别的方式，它给之后的申请人带来了很多启发，因此能有623件专利参考并引用了它；很多申请人就是在三菱的这件申请的基础上继续研究改进，推出了很多新的方案，例如下面将会提到的另一件重点专利，1997年日立提出的一件申请US6128003。

④该技术可以应用在很多三维动态手势识别系统中，是该领域的一项基础可选技术。

⑤该专利没有同族专利。我国企业可以参考该专利文件，还可以顺着该专利的发展路线，去探究在它的基础上提出后续专利申请，学习别人的思路和技术，从而进一步借鉴这些专利申请，从而提出更新的方案。由于该专利并没有进入中国，在其他地方也已经失效，因此，不会带来侵权风险。

专利2：US6128003A

（1）著录项目

专利号：US6128003A。

申请人：日立。

发明名称：手势识别系统。

引用专利文件：14份。

法律状态：该申请及其所有同族专利都因欠费失效。

同族专利：JPH10214346A、TW393629B、EP0849697A1、EP0849697B1、DE69626208D1。

（2）技术方案

图 4-4-5 为专利 US6128003A 的摘要附图。

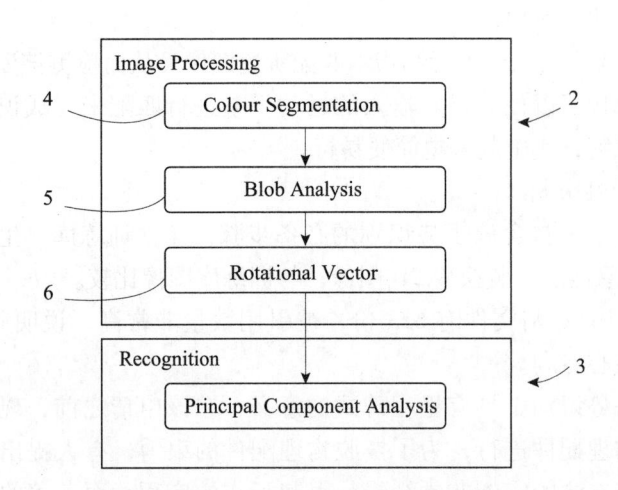

图 4-4-5　专利 US6128003A 的摘要附图

此处列出了该专利的独立权利要求的中文翻译内容：

1. 一种手势识别系统，具备：实时地将手所表现的一连串影像进行接收的输入单元，以及将在上述一连串的影像中所表现的手，以向量表示，然后处理该向量来识别手势的处理单元，该处理单元包括：以旋转向量表示每幅图中的手的向量处理单元，该旋转向量通过计算一个表示手的区域的重心的实数值得到，将该手在通过实数重心值被划分成大量向量的区域中，通过计算每个向量表示手的颜色的像素的数量对该区域中手的颜色的像素的总数的比例作为每个部分的元素向量，其中的元素向量相应于旋转向量，且分成扇形而独立于像素网格量子化；和通过执行是主成分的旋转向量的主成分分析旋转向量的序列来识别手势的识别单元。

独立权利要求 17 为方法权利要求，和独立权利要求 1——对应。

17. 一种手势识别方法，所述方法包括：

实时地将手所表现的一连串影像进行接收；

以旋转向量表示每幅图中的手的向量，该旋转向量通过计算一个表示手的区域的重心的实数值得到，将该手通过实数重心值被划分成大量向量的区域中，通过计算每个向量表示手的颜色的像素的数量对该区域中手的颜色的像素的总数的比例作为每个部分的元素向量，其中的元素向量相应于旋转向量，且分成扇形而独立于像素网格量子化；

和通过执行是主成分的旋转向量的主成分分析旋转向量的序列来识别手势的识别单元。

(3) 技术分析

技术问题：先前技术主要是跟踪手的运动，而非手的形状或姿态，对硬件要求很高，不能够大范围地应用到现实中。

技术方案：

步骤1：实时接收数据；

步骤2：图片颜色分割（关键步骤），目的是获得每部分的元素向量；

步骤3：计算旋转向量（关键步骤），目的是表示每幅图中的手；

步骤4：主成分分析，目的是识别手势。

技术效果：针对以往技术主要是跟踪手的运动，而非手的形状或姿态进行了改进，该申请通过由每个图片中获得的旋转向量来表示手，它解决了通过旋转向量表示手时产生的噪声问题，可以用于低级处理电路，使得该项技术能够大范围地应用到现实中。

(4) 专利重要性分析

①独立权利要求1和17包含该手势识别的必备步骤：数据接收、旋转向量计算和识别手势。

②引用该申请的专利文件有536份，被引用数量非常高，说明其参考价值很大，属于行业的基础核心专利。

③该申请在手势识别中具有承前启后的意义，它承接了先前技术中通过摆脱了物理配件的手部运动进行手势识别的思路，进而对手的形状或姿态进行识别，通过旋转向量来识别手势，同时，该技术中的旋转向量的计算不需要庞杂的计算器件，对硬件的要求较低，能够大范围地应用到现实中，这也是它被引用536次的主要原因；同时，在其之后的若干申请得到了它的启发，以此思路为基础，又进行了很多细节上的改进，产生了若干有价值的专利申请。

④该技术可以应用在很多基于影像的手势识别系统中，目前已经成为该领域的一项基础的可选技术。

⑤该专利在欧洲、日本、中国台湾和德国有同族专利，未进入其他区域。其中，该申请在进入美国和日本后没有进行后续缴费，所以没有进行审查；在欧洲、德国和中国台湾都已经授权，不过目前也因为欠费而失效。因此，我国企业可以参考该专利文件，它既能帮助理解手势识别的技术发展路线，也利于相关人员对该技术的进一步了解，从而像众多得到过它启发的企业那样，在此基础上继续提出创新，乃至进一步借鉴引用该专利的专利，从而提出更新的技术。由于该专利并没有进入中国大陆，在其他地方也已经失效，因此，不会带来侵权风险。

4.4.3 触觉力学感知

专利US5543591A

(1) 著录项目

专利号：US5543591A。

申请人：辛纳普蒂克斯有限公司（Synaptics Inc.）。
发明名称：具有边缘运动特征和姿势识别的目标位置检测器。
引用专利文件：31份。
法律状态：失效。
同族专利：EP1607852B1（过期）、EP1659480A2（驳回）、EP1607852A2（过期）、AU4001995A（未进入审查）、EP1288773A2（过期）、EP1288773B1（过期）、EP0870223B1（过期）、WO9611435A1（过期）、EP0870223A1（过期）、DE69534404D1（过期）、DE69534404T2（过期）。

（2）技术方案

图4-4-6为专利US5543591A的摘要附图。

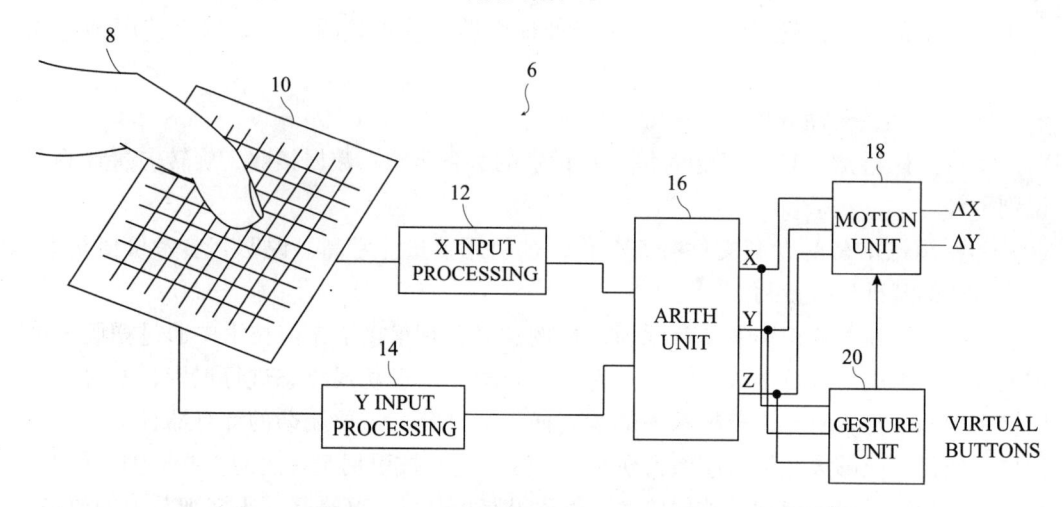

图4-4-6 专利US5543591A的摘要附图

此处列出了该专利的独立权利要求1的中文翻译内容：

1. 一种在向主机提供X和Y位置信息的触摸传感系统中识别触摸传感器板上的敲打姿势的方法，包括如下步骤：

检测一个在触摸传感器板上的可传导敲打对象上的敲打姿势的出现；

发送信号给主机以指示所述敲打姿势的发生；

并且，发送X和Y位置信息给所述主机以充分地抵偿所述触摸传感器板上的所述敲打对象在该敲打姿势中的任何无意识的侧摆。

（3）技术分析

技术问题：先前技术中出现很多设备来感知手指的位置以用作点击设备来取代鼠标或跟踪球，然而却没有设备同时具备低功率、高分辨率、价格低、反应快，并且能够在手指带来电子噪声时可以稳定操作的特性。

技术方案：

步骤1：检测敲打的出现（重点是在触摸传感器板上的可传导敲打对象上进行敲打）；

步骤 2：发送敲打发生信号给主机（该触摸传感器板要能跟主机相连，向主机提供 X 和 Y 位置信息）；

步骤 3：发送 X 和 Y 位置信息给主机，目的是抵偿所述触摸传感器板上的所述敲打对象在该敲打姿势中的任何无意识的侧摆，增强敲打姿势识别的抗干扰性。

技术效果：通过触摸板识别拍打、推等简单的触摸操作，该设备同时具备低功率、高分辨率、价格低、反应快，并且能够在手指带来电子噪声时可以稳定操作的特性。

（4）专利重要性分析

①引用该申请的专利文件有 715 份，被引用数量非常高，说明其参考价值很大，属于行业的基础核心专利。

②该申请在触觉识别中具有重要的意义，伴随着高水平集成技术的出现，当时若干人都将注意力集中在提出一种新的能够取代鼠标或跟踪球的设备作为点击设备，在若干新产品都无法满足对该类设备的全部特性需要的情况下，该申请提出的设备能够同时满足低功率、高分辨率、价格低、反应快，并且抗干扰强等特性，具有里程碑式的意义，这也是它被引用 715 次的主要原因。而在其后面，引用该专利以实现新技术的申请中有很多具有重要价值，例如苹果引用其申请了一系列相关专利，如：2009 年的 US9348452、2012 年的 US9239673、2015 年的 US9348458。由最初的简单触碰动作识别到多手掌和手指的追踪，再到对同时执行的多个手势的触摸检测。

③该技术可以应用在触觉识别设备中，是该领域的一项基础技术。

④该专利有多个同族专利，且大部分已经授权，但未进入中国。因此，我国企业可以参考该专利文件，它既能帮助理解触觉识别的技术发展路线，也能利于相关人员对该技术的进一步了解。同时，由于引用它产生的高价值的专利很多，我国技术人员还可以对通过引用该专利进行新发明的扩展思路进行学习，从而提出更新的技术。由于该专利并没有进入中国，因此不会带来侵权风险。

4.5 小　　结

本章就虚拟现实中的交互技术进行了介绍，着重介绍了该领域专利申请的发展趋势、主要申请人、主要布局及技术路线等信息。

在该领域专利申请的发展趋势方面，随着近年虚拟现实技术的被关注度越来越热，申请量进入了井喷期，无论是国内申请人还是国外申请人，都在加大专利申请力度和布局。

在主要申请人方面，不论是像微软这样的传统大企业，还是该领域的新宠 Magic Leap，都有很高的产量。作为最大的技术原创国，美国的申请量遥遥领先，我国排在第三位，但与排名第二位的日本相差不大。这说明目前我们在该领域的技术创新颇有成绩，在全球范围内已经名列前茅。

在主要布局方面，交互技术在全球已经有了比较明确的布局，除去美国外，相关技术倾向于中国、欧洲和日本这几个国家或地区；各技术分支的分布情况来看，体感识别技术分支占据了最大的比例，这跟体感识别包括的内容多样有关，而手势识别作为主流技术之一，占据了23%的比例；中国国内部分的总体情况跟全球保持了基本一致的态势。然而，国内申请人主要为院校申请人，这说明我国在这方面的技术创新目前还主要依赖于院校，各相关公司的投入还不够大，也说明目前国内的主要研究更集中在理论改进上，对产品的创新度还有待提高。

最后，从技术发展路线来看，各分支的技术革新已经基本完成，目前的大多数研究都集中在对精确度、适用性等细节的完善上。

经过这一章的分析，我们对行业和企业有如下建议：

（1）不仅要提高专利申请的数量，还要着重增强专利申请的质量。我国在本领域的专利申请数量已经可以跟美国、日本等科技大国抗衡，然而，国外申请人的专利申请质量和影响力相对于我国仍然大幅领先，从专利被引用频次即可看出，被引用频次高的基本都为国外申请人的专利。因此，我国专利申请人必须重视专利申请的质量，提高技术创新能力，建立自己的专利堡垒，才能抵抗国外申请人的侵权诉讼，并在未来的技术发展中占得先机，在竞争中争得更多的市场份额。

（2）当前虚拟现实、增强现实领域的交互技术的种类呈现多样化趋势，产品呈现集成化、轻便化趋势。企业应当多关注本领域的最新专利申请和授权情况，及时跟踪新技术和新产品，学习并借鉴国外先进技术，通过对其改进获得自己的专利。外国很多大型企业已经在该领域有了很深的探究，它们的很多申请都十分有价值，建议国内申请人多关注这些公司，如微软、Magic Leap 等的专利申请，研究其最新技术，从中寻找启发，或者在细节上作进一步的研究，从而获得更先进、有价值的专利申请。

（3）对本领域的重点专利进行研究，探索这些重点专利被高频次引用的原因，及后人如何在它们的基础上进行的改进，学习其思路，进而借鉴这些经验，对现有的重点技术进行革新。

（4）建议相关行业协会等组织，多开展相关领域的技术交流，拓宽技术人员的视野，了解技术的最新动向，使各企业、研究机构有机会相互学习、合作，在本领域新技术的研究、开发方面走得更快更好。

第 5 章　呈现技术专利分析

呈现技术是指虚拟现实、增强现实环境下的各种表现形式，也包括为达到上述表现形式所采用的技术，所述呈现既包括视觉呈现也包括非视觉呈现。本章通过对呈现技术全球和中国的专利申请数据分析，了解呈现技术的发展趋势、申请人构成情况及其布局的主要国家或地区。如表 5-1 所示，呈现技术包括四个二级技术分支——立体视技术、自由立体显示技术、摄像及投影技术和非视觉呈现技术。立体视技术是指观看者需要借助眼镜或头盔等辅助性装置才可观看到三维场景，主要包括头戴显示器；头戴显示器是在观看者双眼前各放置一个显示屏，观看者的左右眼只能分别观看到显示在对应屏上的左右视差图，从而提供给观看者一种沉浸于虚拟世界的感觉。自由立体显示技术是指无须佩戴特殊的眼镜、头盔或其他的辅助性装置就可观看到三维场景，包括水平视差显示技术、三维集成成像技术、体显示技术和全息技术。水平视差显示技术是基于水平方向的双目视差或光栅原理的三维显示技术；三维集成成像技术是一种通过微透镜阵列来记录和显示全真三维场景的三维图像技术，这种显示技术的成像类似于昆虫复眼的成像方式，即一种生物仿真技术；体显示技术是指图像在一个真实的三维立体空间中显示的一种真三维立体显示技术。全息技术是一种不要求观众佩戴特殊的眼镜即可再现三维场景的三维图像技术，基本原理是利用光波干涉法同时记录物光波的振幅与相位，保留了原有物光波的全部振幅与相位的信息，再现图像与原物有着完全相同的三维特性。摄像及投影技术是指虚拟现实、增强现实呈现技术所涉及的重要的摄像及投影技术，包括全景摄像技术和立体投影技术。全景摄像技术是指在水平方向上具有 360°视场或者垂直方向上大于 180°视场的立体摄像技术；立体投影技术是采用两台或多台投影机同步放映以产生立体显示效果的技术。非视觉呈现技术是指采用视觉以外的呈现方式提供虚拟现实、增强现实视觉以外的用户体验，包括立体声呈现技术、气味呈现技术和力反馈呈现技术。立体声呈现技术是指采用声音特别是立体声提供真实的声音呈现；气味呈现技术是指提供真实的气味或嗅觉体验；力反馈呈现技术是指提供虚拟现实、增强现实情境下的力反馈或触觉反馈。

表 5-1　虚拟现实呈现技术分解表

一级技术分支	二级技术分支	三级技术分支
呈现技术	立体视技术	头戴显示器
	自由立体显示技术	水平视差显示技术
		三维集成成像技术

续表

一级技术分支	二级技术分支	三级技术分支
呈现技术	自由立体显示技术	体显示技术
		全息技术
	摄像及投影技术	全景摄像技术
		立体投影技术
	非视觉呈现技术	立体声呈现技术
		气味呈现技术
		力反馈呈现技术

5.1 呈现技术全球专利申请分析

5.1.1 专利技术趋势分析

经检索获得全球范围内呈现技术的专利申请5585项,图5-1-1是呈现技术在全球范围内的历年申请量趋势。数据显示,1991年以前呈现技术申请量较小,1992~2009年,该技术下的专利申请量开始匀速增长,从2010年开始到2013年,专利申请量较快增长,到2013年达到最大的年申请量835项,由于部分申请还未公开,2014年和2015年的申请量统计不完全。可见,2010年以来呈现技术竞争激烈。

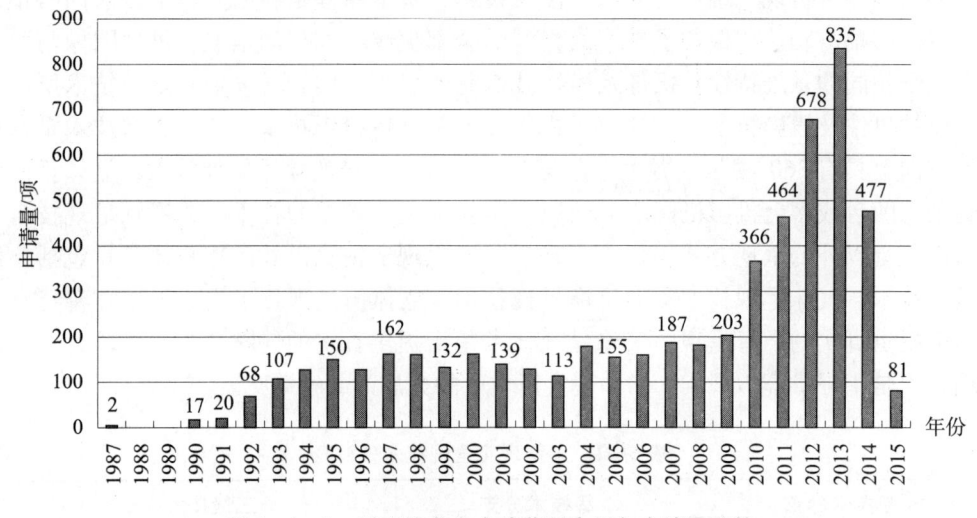

图5-1-1 呈现技术在全球范围内历年申请量趋势

5.1.2 主要申请人分析

图5-1-2是呈现技术全球专利主要申请人排名情况。如图5-1-2所示,排名前

两位的索尼和微软，申请量分别为201项和198项，并没有明显的差距，说明索尼和微软这两家电子娱乐行业的领导企业很重视呈现技术的专利布局；紧随其后的是谷歌，其申请量为190项，该公司的谷歌眼镜等产品得到了呈现技术的专利支持；伊梅森、LG电子、三星电子、佳能的专利申请量都在100项以上，这些公司对呈现技术的专利布局都比较重视。

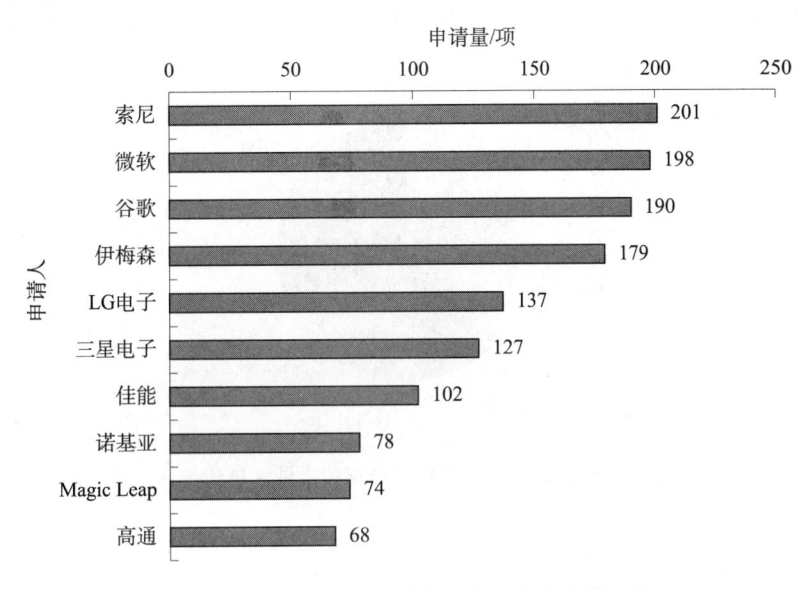

图 5-1-2 呈现技术全球专利主要申请人排名情况

5.1.3 技术原创国或地区申请量分布分析

图5-1-3是呈现技术在全球范围内技术原创国或地区申请量分布情况。在呈现技术的5585项专利申请中，原创国为美国的专利申请有3354项，占总量的57%，充分体现了美国对于呈现技术发展的前瞻性以及对专利保护的重视。在余下的43%中，排名靠前的分别是日本、韩国和中国，表明这三个国家对呈现技术也很重视。并且，由于日本、韩国和中国都属于东亚地区，可见除美国外，东亚地区是重要的呈现技术发展区域。

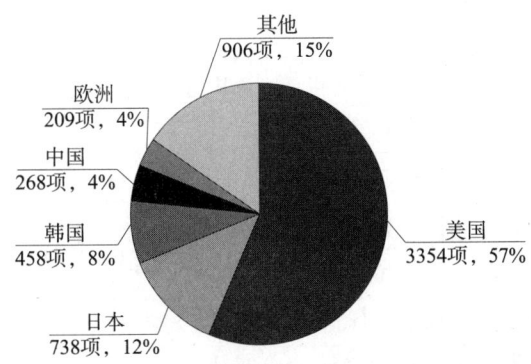

图 5-1-3 呈现技术在全球范围内技术原创国或地区申请量分布情况

5.1.4 目标市场国或地区专利分布分析

如图 5-1-4 所示，在全球范围内呈现技术在美国的专利申请量最多，为 4382 件，这与美国是最大的技术原创国相呼应，表明美国不但是呈现技术发展最为前沿的国家，也是该技术的专利布局抢占最热门的国家。排在第二位至第五位的分别是欧洲、日本、中国和韩国，可见，日本、中国和韩国除了技术发展较为领先，也较为重视针对目标市场国/地区的专利布局。

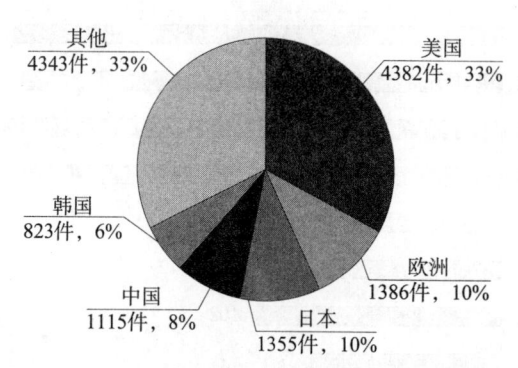

图 5-1-4 呈现技术在全球目标市场国或地区申请量分布情况

5.1.5 技术主题分析

表 5-1-2 显示出呈现技术在全球范围的技术主题分布情况。在此选取 IPC 分类号作为分析指标，在呈现技术下，G02B 27/01 分类位置下的专利申请量最多，达到 1106 项；排在第二位是的 G06F 3/01，专利申请量为 939 项；排在第三位是的 G09G 5/00，专利申请量为 716 项；G06T 19/00、H04N 13/04、H04N 13/00、G02B 27/22 和 G02B 27/02 几个分类位置下的专利申请量也较多，都在 200 项以上。

表 5-1-1 呈现技术在全球范围的技术主题分布情况

申请量/项	IPC 分类号	IPC 主题
1106	G02B 27/01	头上（Head-up）显示器
939	G06F 3/01	用于用户和计算机之间交互的输入装置或输入和输出组合装置
716	G09G 5/00	阴极射线管指示器及其他目标指示器通用的目视指示器的控制装置或电路
518	G06T 19/00	对用于电脑制图的 3D［三维］模型或图像的操作
403	H04N 13/04	图像重现装置
396	H04N 13/00	立体电视系统；其零部件
359	G02B 27/22	用于产生立体或其他三维效果的
345	G02B 27/02	观看或阅读仪器

续表

申请量/项	IPC 分类号	IPC 主题
273	G06F 3/00	用于将所要处理的数据转变成为计算机能够处理的形式的输入装置；用于将数据从处理机传送到输出设备的输出装置，例如，接口装置
250	G06K 9/00	用于阅读或识别印刷或书写字符或者用于识别图形

5.1.6 技术发展路线

图 5-1-5（见文前彩色插图第 6 页）示出的虚拟现实呈现技术的发展路线中，起步较早的是自由立体显示技术和摄像及投影技术，均起步于 20 世纪 90 年代初，立体视技术与非视觉呈现技术起步于 20 世纪 90 年代中期；近年来不断有重要的新技术涌现的分支是立体视技术以及自由立体显示技术。1997 年，US5844824 涉及全身穿戴的不需要用手操作的计算机系统，并将其用于虚拟现实环境中，该系统具有各种不需要用手操作的驱动装置，其中包括头戴显示器；随后，在此基础上，涌现了多种用于虚拟现实、增强现实的头戴显示器；2009 年，华盛顿大学的 US8096654 提出了用于虚拟现实技术的隐形眼镜；2010～2012 年，伴随着虚拟现实、增强现实产业的蓬勃发展，迎来了头戴显示器技术的一个新的发展高峰。自由立体显示技术是起步最早、至今仍很活跃的技术分支，其中较为重要的是体显示技术。用于虚拟现实的体显示技术出现于 1990 年，此后，该技术发展较为平稳，主要包括旋转平面屏幕、多层透明液晶板、投射全息图等技术方向；2012～2013 年，Magic Leap 针对其增强现实、混合现实技术进行专利布局，申请了一系列三维虚拟和增强现实显示系统专利，将图像从空间中相对于观察者眼睛的投射装置位置朝向观察者的眼睛投射，该投射装置能够在没有图像被投射时呈现基本透明的状态，针对用户的增强现实的关联感觉的结合非常接近"真实 3D"，引领了自由立体显示技术和立体视技术二者结合发展的新方向。

5.2 呈现技术中国专利申请分析

5.2.1 专利申请量趋势分析

经检索，在中国涉及呈现技术的专利申请共计 2379 件，发明专利有 1844 件，占总申请量的 79%，实用新型占总申请量的 20%，外观设计很少，只有 1%。

图 5-2-1 是呈现技术中国国内的历年专利申请量趋势。数据显示，1996～2005 年，该技术下的专利申请量缓慢增长，2006 年有了第一个小高峰，申请量为 65 件，此后专利申请量快速增长，到 2015 年达到最大的年申请量 499 件。可见，近几年来，中国在呈现技术领域发展速度较快，与全球趋势基本同步。

图 5-2-1 呈现技术中国国内的历年专利申请量趋势

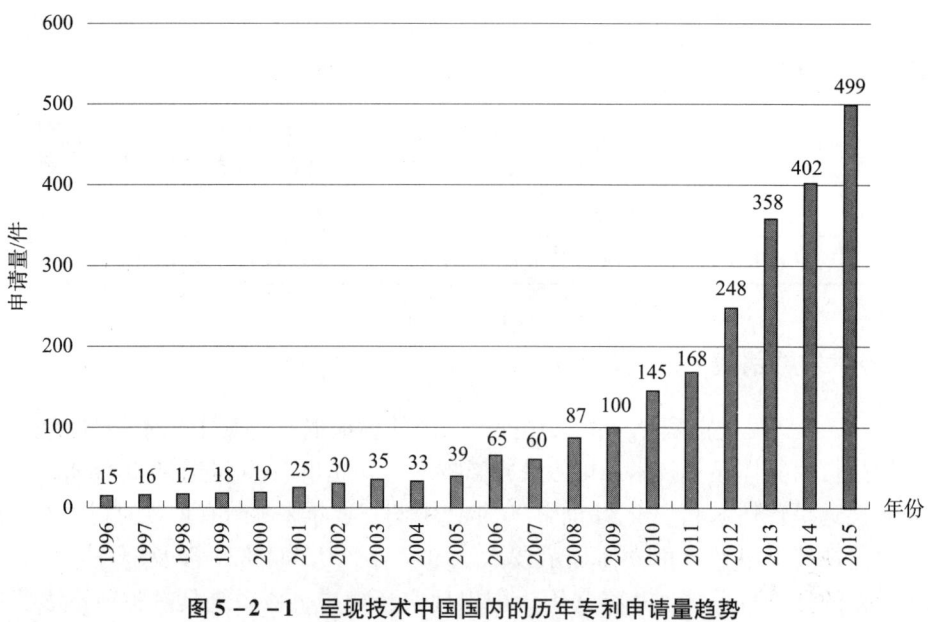

5.2.2 国外来华专利分析

图 5-2-2 是呈现技术国外来华申请的国家或地区分布情况。可以看出,呈现技术国外来华申请的国家或地区主要集中在美国、日本和韩国,与全球范围内技术原创国申请量分布情况大体一致。其中来自美国的专利申请达到 532 件,居所有在华布局的国家或地区之首,显示出美国对于中国呈现技术市场的高度重视;其次,来自日本的专利申请达到 255 件,数量位居所有在华布局的国家或地区的第二位;排名第三位的韩国的专利申请总数量达到 161 件。

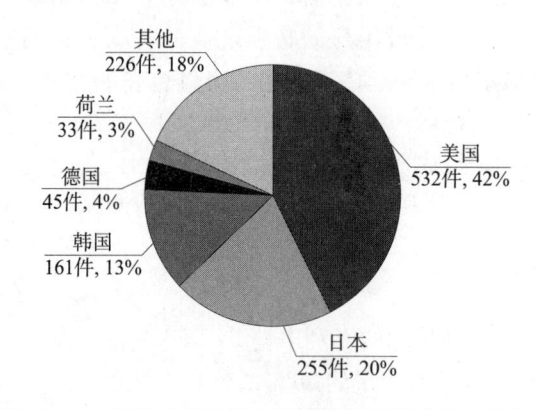

图 5-2-2 呈现技术国外来华申请的国家或地区分布情况

5.2.3 国内专利分析

图 5-2-3 显示了呈现技术中国国内申请的区域分布情况。可以看出,北京市的

申请量最高,为318件;排在第二位至第四位的省份分别为广东省、江苏省和上海市,申请量分别为260件、246件和223件,数量相差不大。这一分布格局与虚拟现实、增强现实企业的布局状况大致相当,北京市、广东省、江苏省和上海市的相关企业技术力量强大、创新能力高,并且企业专利意识强,在专利布局方面非常重视。

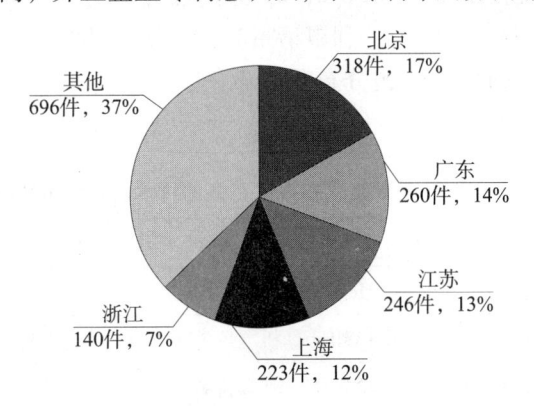

图 5-2-3 呈现技术中国国内申请的区域分布情况

5.2.4 主要申请人分析

图 5-2-4 是呈现技术中国专利主要申请人的排名情况。如图 5-2-4 所示,排名前两位的是索尼和微软,申请量分别为81件和77件,这与呈现技术全球专利排名中排名前两位的公司是相同的;紧随其后的是东南大学,申请量为67件,说明我国高校也较为重视呈现技术的科研和应用;排名第四位至第六位的申请人分别是LG电子、北京航空航天大学、谷歌,这些申请人对呈现技术的专利布局都比较重视。作为国内先进的科研力量,国内高校在呈现技术研发方面具有了一定的竞争力。

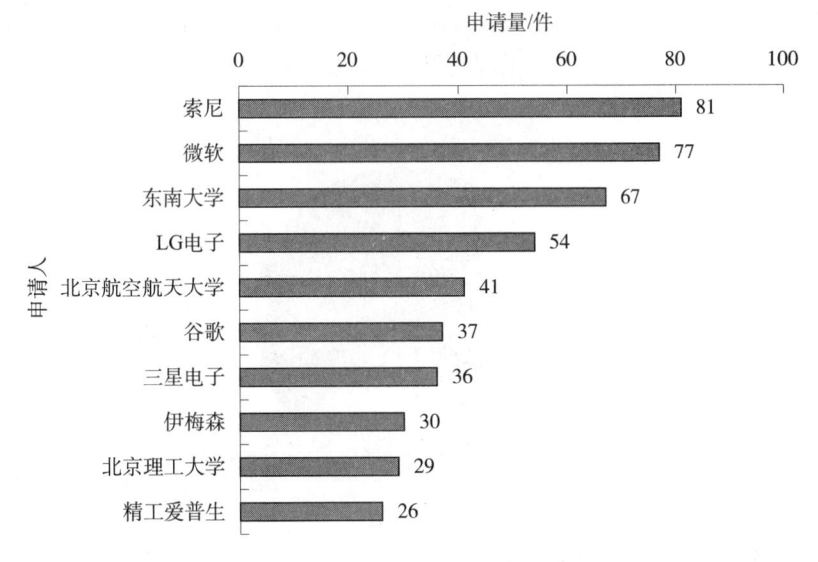

图 5-2-4 呈现技术中国专利主要申请人的排名情况

5.2.5 技术主题分析

表 5-2-1 显示出呈现技术在中国范围的技术主题分布情况。在此选取 IPC 分类号作为分析指标，在呈现技术下，G02B 27/01 分类位置下的专利申请量最多，达到 329 件；排在第二位是的 G06F 3/01，专利申请量为 271 件。可见，排在前两位占绝对优势的技术主题与全球范围的技术主题分布是一致的。H04N 13/00、G02B 27/22 和 G06T 7/00 几个分类位置下的专利申请量也较多。

表 5-2-1 呈现技术在中国范围的技术主题分布情况

申请量/件	IPC 分类号	IPC 主题
329	G02B 27/01	头上（Head-up）显示器
271	G06F 3/01	用于用户和计算机之间交互的输入装置或输入和输出组合装置
90	H04N 13/00	立体电视系统；其零部件
74	G02B 27/22	用于产生立体或其他三维效果的
55	G06T 7/00	图像分析，例如从位像到非位像
41	H04N 13/04	图像重现装置
39	G06T 17/00	用于计算机制图的 3D 建模
36	G02B 27/02	观看或阅读仪器
35	G06T 15/00	3D［三维］图像的加工
32	G06F 19/00	对用于电脑制图的 3D［三维］模型或图像的操作

图 5-2-5 示出呈现技术各三级技术分支在中国范围内的申请量以及所占比重。如图 5-2-5 所示，头戴显示器分支下的申请量为 1102 件，所占比重最大，水平视差显示技术的申请量为 726 件，其后的是力反馈呈现技术。

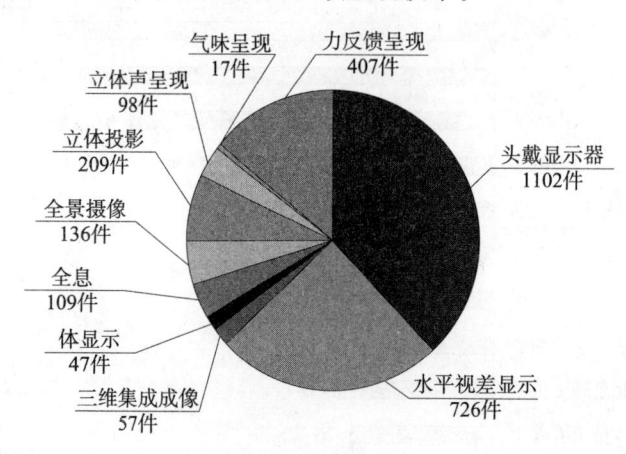

图 5-2-5 呈现技术各技术分支在中国范围内的申请量以及所占比重

5.3 呈现技术的重点专利分析

综合考虑专利的被引用频次、同族专利数量、保护范围大小、申请人重要程度、在技术发展路线中的地位等因素，课题组筛选了虚拟现实、增强现实呈现技术分支下的部分重点专利。

专利 1：US5844824

（1）著录项目

发明名称：Hands-free, portable computer and system。

被引用频次：472 次。

法律状态：有效。

中国同族专利：CN1322445C。

中国同族专利法律状态：专利权终止。

其他同族专利：EP0767417（无效）、JPH09114543（驳回）、CA2182239C（失效）、AU684943B、KR301123B、TW326511、IN189820B、MX9709845、IL120922A。

（2）技术方案

技术分支：呈现技术立体视技术。

图 5-3-1 示出专利 US5844824 的摘要附图。

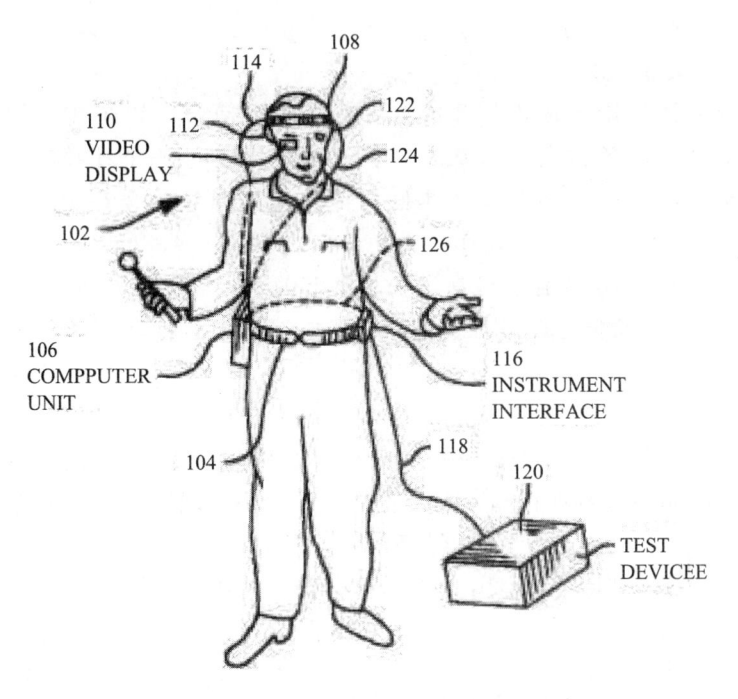

图 5-3-1　专利 US5844824 的摘要附图

技术方案：该专利涉及全身穿戴的不需要用手操作的计算机系统，并将其用于虚拟现实环境中，该系统具有各种不需要用手操作的驱动装置，其中包括头戴显示器。该系统能与其他系统、其他系统部件及通信装置一起使用。同时，该系统的各种部件可以带在身上或在需要时放在不连接的位置上。

中国同族专利 CN1322445C 的权利要求 1 内容如下：

1. 一种不需要用手的计算机装置包括电连接的：

一个计算机外壳，一个计算机显示装置、不需要用手的驱动装置及固定装置，所述固定装置用于至少将所述计算机显示装置与所述驱动装置附着在用户上，所述计算机外壳中装有用于存储以前输入的信息的装置，

处理器装置，在所述外壳中并与存储装置通信用于按照一个存储的程序接收、检索及处理信息与用户命令，

与处理器装置通信的传感器与转换器装置，用于接收来自用户的驱动命令，用于将所述命令转换成电信号供识别转换的电信号及用于将转换的信号发送到所述处理器装置，

所述处理器装置包括用于识别转换的电信号中的命令及用从存储装置中检索及输出对应的信息来响应所识别的命令的装置，

所述计算机显示装置与处理器装置通信用于接收从处理器装置输出的信息及用于显示所接收的信息，以及

用于将计算机显示装置带在用户身上使得计算机显示装置不需要用手地带在用户看得见的地方的装置，以及

其中的计算机装置能够只利用不需要用手的驱动命令以不需要用手的方式进行操作来显示所接收的信息，以及在计算机外壳上提供一个连接到处理器装置的内部总线上的可接受开口的装置，其他内部计算机部件包含存储装置在内也与内部总线通信，

用于将一个外部存储设备暂时插接在总线上供只使用所述驱动装置在内部存储设备与外部存储设备之间传送数据的装置，以便在数据传送期间允许计算机的不需要用手的操作。

(3) 专利重要性分析

该专利被引用数量为 472 次，被引用公司数为 68 家，被引用国家或地区数为 7 个，同族专利 11 件，同族专利所在国家或地区数为 11 个。在虚拟现实、增强现实呈现技术的范围内，引用 US5844824 的专利如表 5-3-1 所示。从表 5-3-1 中可以看到，从 1999~2012 年，该专利持续被引用，在 2012 年仍 2 次被微软所引用，说明该专利在业内一直得到持续关注。

表5-3-1 呈现技术范围内引用US5844824专利列表

公开号	申请日/优先权日	发明名称	申请人	被引用频次/次	法律状态
US6084556	1999-03-09/1995-11-28	Virtual computer monitor	VegaVista	101	有效
US6522531	2000-10-25	Apparatus and method for using a wearable personal pomputer	Quintana等	43	无效
US7972278	2008-10-17/2000-04-17	Method and apparatus for objective electrophysiological assessment of visual function	the University of Sydney	5	有效
RE42336	2009-10-06/1999-09-22	Intuitive control of portable data displays	Rembrandt Portable Display Technologies	0	有效
US20120113209	2011-11-11	Non-interference field-of-view support apparatus for a panoramic facial sensor	Ritchey等	16	在审
US9285589	2012-01-03/2011-01-03	Ar glasses with event and sensor triggered control of ar eyepiece applications	微软	0	有效
US9134534	2012-03-26/2011-01-03	See-through near-eye display glasses including a modular image source	微软	0	有效

该专利是虚拟现实、增强现实呈现技术，尤其是呈现技术立体视技术分支的基础专利，企业可以参考该专利及引用该专利文件，了解相关技术的基础及发展，进而在这些文件的基础上予以改进，并考虑申请专利。由于该专利的中国同族专利CN1322445C法律状态为专利权终止，因此在中国范围内使用和实施不会带来侵权风险。

专利2：US8500284

（1）著录项目

发明名称：Broad viewing angle displays and user interfaces。

被引用频次：26次。

法律状态：有效。

中国同族专利：CN102150072B。

中国同族专利法律状态：授权。

其他同族专利：US2013293939（在审）、US2014033052（在审）、US2016077489（在审）、CN103529554（在审）、CN103558689（在审）、EP2304491（在审）、JP2015163968（在审）、JP2015165308（在审）、JP2016035580（在审）、JP5805531B2（授权）、KR20140094664（在审）、KR20160001722（在审）、KR1595104B（授权）、HK1194480（在审）、IN201100037（在审）、IL210537（在审）、WO2010004563（公开）。

（2）技术方案

技术分支：呈现技术自由立体显示技术。

图 5-3-2 示出了专利 US8500284 的摘要附图。

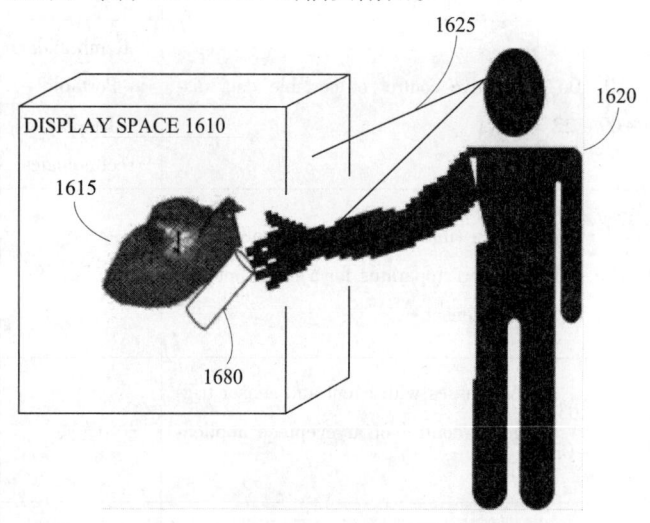

图 5-3-2 专利 US8500284 的摘要附图

技术方案：公开了用于显示图像以及提供用户接口的方法和系统。一个示例性实施例提供一种系统，该系统包括：光源；图像产生单元，其在与从光源接近图像产生单元的光交互时产生图像；目镜；和镜，将光从图像引导至目镜的表面，其中该表面具有通过使平面弯曲围绕旋转轴旋转至少 180°而形成的旋转固体的形状。提供一种用于实施浮于空中用户接口的方法，包括：在第一浮于空中显示的显示空间中显示第一图像，将真实物体插入到第一浮于空中显示的显示空间中，在第一浮于空中显示的显示空间内定位真实物体的位置，在显示空间中定位真实物体，并且提供该位置作为针对浮于空中用户接口的输入。

中国同族专利 CN102150072B 的权利要求 1 内容如下：

1. 一种用于浮于空中显示的系统，包括：

图像产生单元，用于产生一个或多个计算机生成的全息图 CGH；

光学系统，定义舞台并且使所述 CGH 成像到所述舞台；以及

计算机，用于控制所述图像产生单元并且计算所述 CGH，

其中：

其中所述光学系统包括目镜和镜，所述镜被配置为使所述 CGH 成像到多个不同取向中的每一个取向，每个所述取向确定针对多个可视性空间中的每一个的不同位置；以及

所述计算机控制为每个所述可视性空间产生所述 CGH，使得从所述多个不同取向中的每一个取向来看，所述 CGH 的所述图像中的物体出现在相同坐标。

(3) 专利重要性分析

该专利被引用数量为 26 次，被引用公司数为 10 家，被引用国家或地区数为 2 个，同族专利 19 件，同族专利所在国家或地区数为 8 个。

该专利涉及向许多观看者显示全息图，使得每个观看者看到处于完全相同位置的全息图，并且如果触摸全息图的某个部分，则所有其他观看者均从他自身的视角看到在相同位置触摸的图像；同时还涉及围绕 360°投射近轴图像。这一技术是虚拟现实、增强现实呈现技术，尤其是呈现技术中自由立体显示技术的未来发展热点。在呈现技术的重点专利中，该专利公开日期较晚，加之虚拟现实、增强现实的自由立体显示技术依然停留于研发阶段，因此该专利被引用数量不算太多。然而，对于关注虚拟现实、增强现实未来发展的具有研发能力的企业，可以参考该专利及引用该专利的文件，了解相关技术发展方向，跟随相关技术发展步伐。由于该专利的中国同族专利 CN102150072B 法律状态为授权，因此在中国范围内进行使用和实施要防范专利侵权风险。同时，该专利的同族专利在日本、韩国等国家或地区也已授权，该领域的相关企业在中国以外的其他国家或地区使用和实施该专利时也要防范专利侵权风险。

5.4 小　　结

在全球范围内，从 2010 年开始到 2013 年，虚拟现实呈现技术领域的专利申请量较快增长。虚拟现实呈现技术各技术分支中，近年来不断有重要的新技术涌现的分支是立体视技术以及自由立体显示技术。

美国是呈现技术发展最为前沿的国家，也是该技术的专利布局抢占最热门的国家。美国对于呈现技术发展具有前瞻性，对专利保护极为重视，与此同时，美国也是最大的专利布局目标市场国。此外，以中、日、韩为代表的东亚地区也是重要的呈现技术发展区域和目标市场国。在技术上，国内企业应跟随美、日、韩企业的先进技术，在产品方面，要重点防范面向美、日、韩出口产品的专利侵权风险。

索尼、微软、谷歌在全球范围和中国范围内都有全面的专利布局，各自产品得到了专利强有力的支持。2012~2013 年，Magic Leap 针对其增强现实、混合现实技术进行专利布局，申请了一系列三维虚拟和增强现实显示系统的专利，针对用户的增强现实的关联感觉的结合非常接近"真实 3D"，引领了自由立体显示技术和立体视技术二

者结合发展的新方向,值得业界关注。

近几年来,中国在虚拟现实呈现技术领域发展速度较快,与全球趋势基本同步。国外来华专利布局中,美国对于中国的虚拟现实呈现技术市场高度重视。国内申请人中,北京市、广东省、江苏省和上海市的相关企业技术力量强大、创新能力高,并且企业专利意识强,在专利布局方面非常重视。呈现技术中国专利的主要国内申请人均为高校,例如东南大学、北京航空航天大学、北京理工大学。这说明,一方面,作为国内先进的科研力量,国内高校在呈现技术方面具备了一定的科研能力;另一方面,在呈现技术方面国内并没有龙头企业,专利数量、专利质量都与国外企业存在较大差距。政府职能部门以及行业协会应引导行业内企业协同研发技术,改善企业研发资源分散的现状,进行资源适度整合,同时倡导产学研合作,充分利用高校和科研院所的研发资源,提升行业的整体竞争实力。

呈现技术分支下的重点专利几乎都为美国专利,这与美国的呈现技术发展水平相呼应。这其中多数重点专利没有中国同族专利或中国同族专利处于失效状态,也有少数重点专利的中国同族专利为授权有效状态。对于前者,企业在中国范围内进行使用和实施不会带来侵权风险;而对于后者,企业在中国范围内进行使用和实施要防范专利侵权风险。同时,对于中国同族专利的法律状态为在审状态的专利申请,相关企业可关注其审查进程,现阶段内要预防专利侵权风险。

第6章 系统集成技术专利分析

6.1 系统集成技术的定义

系统集成技术是建模和绘制技术、交互技术、呈现技术之外的另一技术分支。其具体包括增强现实的虚实融合技术以及同步技术,而同步技术又包括动作场景同步以及图像、声音的同步。

6.1.1 虚实融合技术

虚实融合技术是增强现实的核心技术之一。

广义的虚实融合技术包括跟踪注册、跟踪注册后的总体合成、遮挡处理和光照处理。狭义的虚实融合技术只包括这四个技术中的后三项技术。其中后两项具体对应:几何一致性(基于遮挡处理)以及光照一致性(基于光照处理)。

跟踪注册技术是指,增强现实系统必须能够实时地跟踪、检测出运动目标相对于真实场景的位置和方向角,并将其转换到真实场景坐标系,根据这些信息来实时确定所要添加的虚拟信息在真实场景坐标系中的映射位置,从而将这些虚拟信息与真实场景进行有效的融合。

总体合成技术是指,在跟踪注册后将虚拟信息与真实场景融合的思路,而不特定涉及遮挡处理和光照处理技术。

大多数的增强现实系统只是简单地将虚拟物体注册到现实场景中,虚拟物体始终存在于真实场景的前面,而无法和真实物体产生遮挡关系。并且虚拟物体的光照、阴影以及纹理等与真实场景显现出格格不入的效果,不具有真实感。虚实融合技术的关键就是要解决虚拟物体在真实环境中的融入性问题(也称为融合一致性问题)。

遮挡处理也就是几何一致性,是指虚拟物体在透视上与真实场景保持一致,不能穿透场景中的真实物体,并和它们保持正确的遮挡关系。

光照处理也称为光照一致性,主要关注真实场景中的光照对虚拟物体的作用,包括明暗、阴影等。

本章涉及虚实融合技术的专利申请分析,侧重总体合成、遮挡处理和光照处理方面的专利申请分析。

6.1.2 同步技术

同步技术关乎现实场景的构造,特别是真实感和沉浸感的营造。同步技术主要的关注点在于刷新的低延迟以及场景的同步呈现。在用户与虚拟现实或增强现实环境交互时，系统在感知用户的动作命令后能够即时实现场景的刷新，实现低延迟，避免用户的晕眩感，增强真实感和沉浸感。场景中不仅存在视觉呈现的内容，通常还包括相应的非视觉呈现内容。视觉呈现与非视觉呈现应满足同步要求，例如，应确保用户的听觉感受和场景画面一致。

6.2　系统集成技术全球专利申请分析

截至 2016 年 4 月 26 日，在 S 系统中检索到全球申请 1183 项（以同族申请为单位）。

6.2.1　全球专利申请趋势

基于 1183 项同族申请给出了全球申请量的年度变化图，参见图 6-2-1。从全球数据来看，系统集成技术的专利申请最早出现在 1990 年，随后振荡上扬至 2001 年，从 2002 年开始呈现平稳增长，从 2006 年申请量快速上升，2009 年开始井喷，在 2012 年达到高峰，随后快速下降。

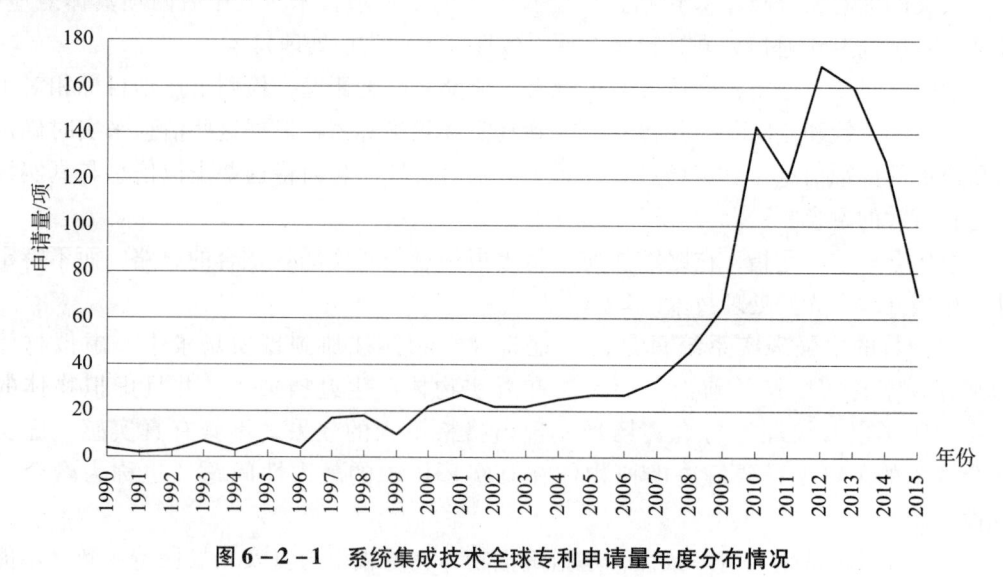

图 6-2-1　系统集成技术全球专利申请量年度分布情况

6.2.2　全球申请的申请区域分析

6.2.2.1　主要目标国或地区的申请年度变化

主要目标国或地区依次为：美国、中国、韩国、日本。图 6-2-2 示出了主要目标国或地区的申请量分布。从图 6-2-2 可知，美国的专利申请先后在 1998 年、2002 年达到峰值，最终在 2012 年达到最高值，随后逐年下降。该态势表明该技术的研发者对美国市场的热度出现了消退。考虑到美国是虚拟现实、增强现实技术最主要的研发地，可以认为系统集成技术在美国的研发态势在逐渐下降。进入韩国、日本的申请分别在2010年、2009年达到峰值，随后逐年下降，且降幅明显。这表明韩国、日本目前不是该技术的主要竞争市场。从2013年开始，中国市场已经成为全球最看重系统集成技术的主要市场。

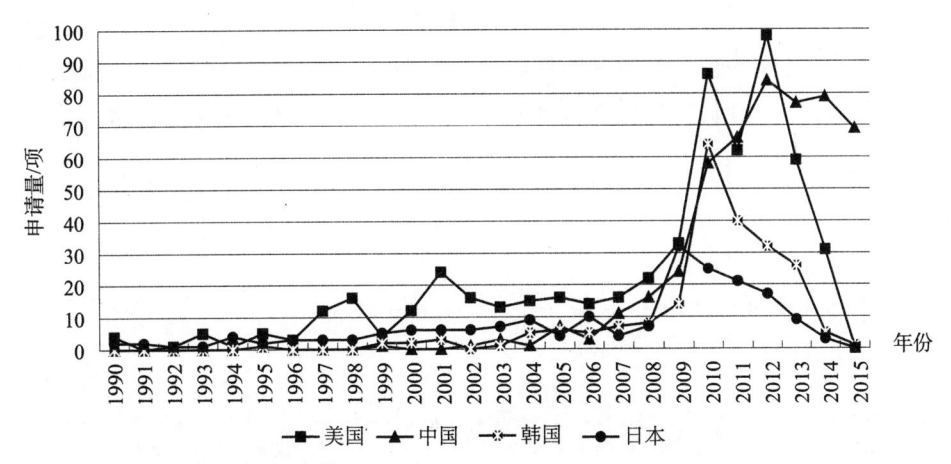

图6-2-2 系统集成技术主要目标国或地区申请量年度变化情况

6.2.2.2 主要来源国或地区的申请年度变化

主要技术研发地为美国、中国、韩国、日本和欧洲（以下简称"主要来源国或地区"）。图6-2-3示出了来源国为美国、中国、韩国和日本的申请量的年度分布情况。从图6-2-3中可以看出，来自中国的申请从2005年开始，呈逐年上升的趋势，2014年为78项，2015年申请且已公开的已经有69项。可见，中国对系统集成技术的研发正处于火热的态势。来自美国的申请在2012年达到顶峰，为68项。美国、韩国和日本的申请量从各自顶峰期过后，申请量开始降低。值得注意的是，来

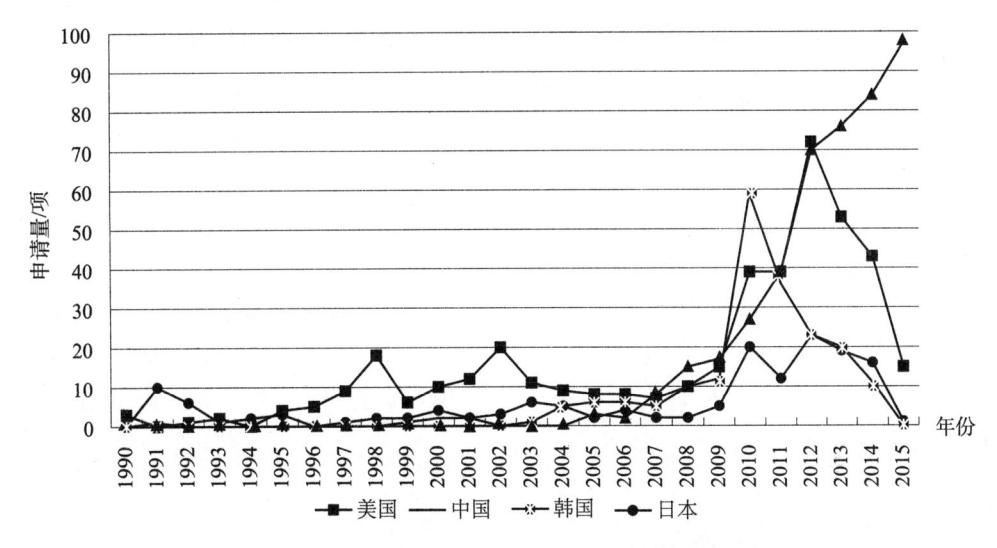

图6-2-3 系统集成技术部分来源国或地区申请量的年度变化情况

自韩国的申请和进入韩国的申请均在2010年达到峰值,估计是由于韩国的申请人较早进行了该方面内容的研发和市场布局。韩国申请人以三星电子为主要代表。

6.2.2.3 主要来源国或地区,以及主要目标国或地区的申请关联关系

图6-2-4列出了主要来源国或地区,以及目标国或地区之间的申请关联关系。根据图6-2-4可知,主要的技术研发力量均重视本土市场。此外,值得关注的是,美国的技术研发者重视全球的专利布局。韩国的技术研发者重视韩国本土、美国市场。中国研发者对中国以外的市场的布局不够。日本研发者重视日本本土、美国以及中国和欧洲市场。

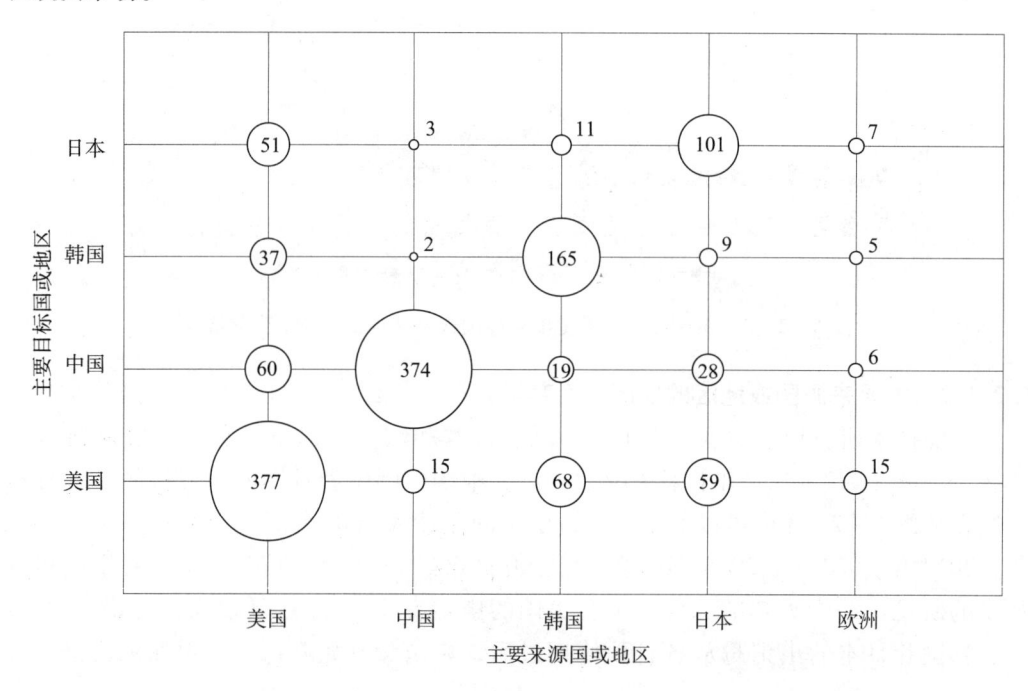

图6-2-4 系统集成技术主要来源国或地区以及主要目标国或地区的关联关系

注:图中数字表示申请量,单位为项。

6.2.3 全球主要申请人

图6-2-5给出了全球范围内系统集成技术的主要申请人。参见该图,全球的主要申请人包括三星电子、索尼、微软、苹果、佳能、北京理工大学、北京航空航天大学等。主要的韩国申请人包括:三星电子、韩国电子电信研究院(ETRI)、LG电子以及SK电信。主要的日本申请人包括:索尼、佳能和任天堂。主要的中国申请人不再赘述。主要的美国申请人有:微软、苹果、迪士尼、高通和Empire Technology。

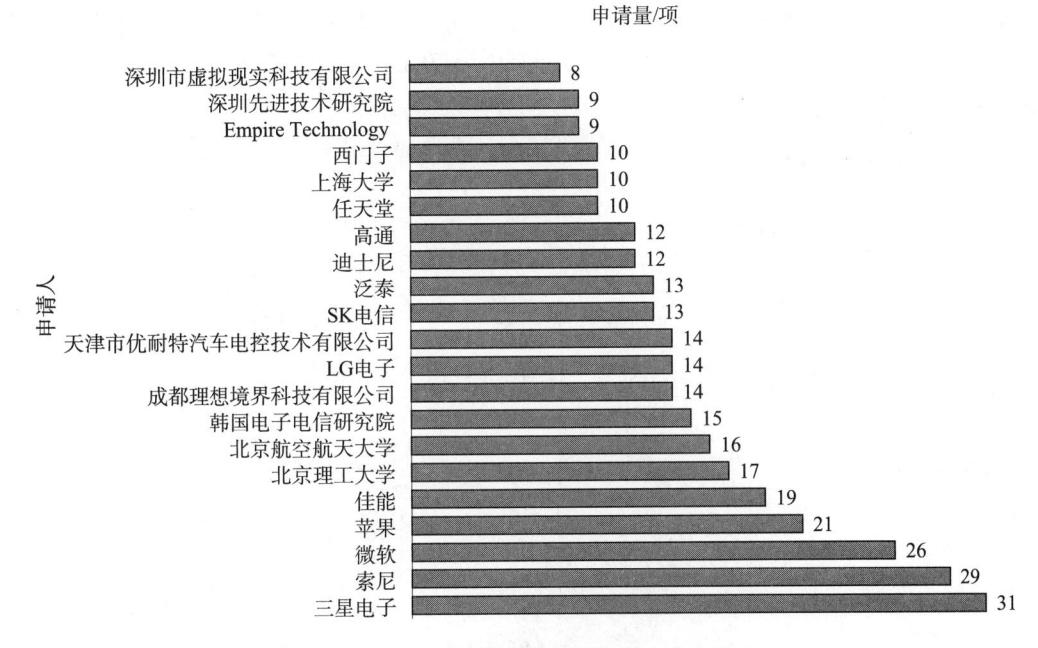

申请人	申请量/项
深圳市虚拟现实科技有限公司	8
深圳先进技术研究院	9
Empire Technology	9
西门子	10
上海大学	10
任天堂	10
高通	12
迪士尼	12
泛泰	13
SK电信	13
天津市优耐特汽车电控技术有限公司	14
LG电子	14
成都理想境界科技有限公司	14
韩国电子电信研究院	15
北京航空航天大学	16
北京理工大学	17
佳能	19
苹果	21
微软	26
索尼	29
三星电子	31

图 6-2-5　系统集成技术的全球主要申请人

6.3　系统集成技术中国专利申请分析

截至 2016 年 4 月 26 日，在 S 系统中检索到中国申请 527 件。其中，国内申请 453 件，国外来华申请 74 件。

6.3.1　中国专利申请趋势

根据图 6-3-1 可知，系统集成技术在中国的申请最早出现于 1996 年，2004~

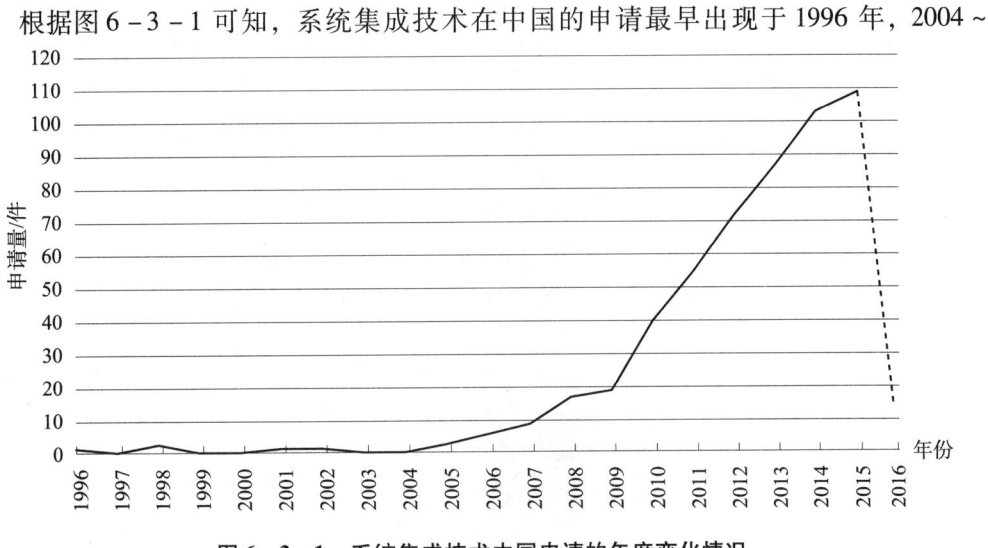

图 6-3-1　系统集成技术中国申请的年度变化情况

2009年平稳增长，2009年以后呈现快速增长趋势，2014年、2015年每年均超过100件，在全部申请中所占的比例分别为19.5%和20.7%。可见近年来系统集成技术在中国的申请是专利申请的热点。

6.3.2 中国申请的申请人分析

6.3.2.1 申请人类型分析

图6-3-2列出了国内申请人的类型分布情况。其中，高校和科研院所共计占比45%，公司占比44%，可见目前国内技术创新的主体主要为上述两种类型。

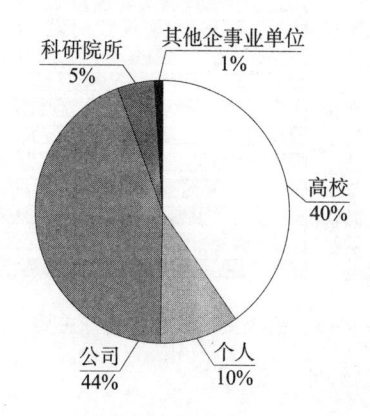

图6-3-2 系统集成技术国内申请人类型分布情况

此外，根据统计数据，我们发现国外来华申请的74件中，有73件申请人为公司类型，1件个人申请。国外来华申请中基本上是企业进行该技术层面的专利布局，国外高校和科研院所没有专利布局。

6.3.2.2 国内申请的主要申请人

图6-3-3列出了中国申请的主要申请人。从排名来看，高校和科研院所的占比较大，例如，北京理工大学、北京航空航天大学、上海大学、深圳先进技术研究院和

申请人	申请量/件
北京理工大学	17
北京航空航天大学	16
成都理想境界科技有限公司	14
天津市优耐特汽车电控技术有限公司	14
上海大学	10
深圳先进技术研究院	9
深圳市虚拟现实科技有限公司	8
三星电子	7
浙江大学	7
中兴	5
西安电子科技大学	5
东南大学	5
北京大学	5
上海交通大学	5

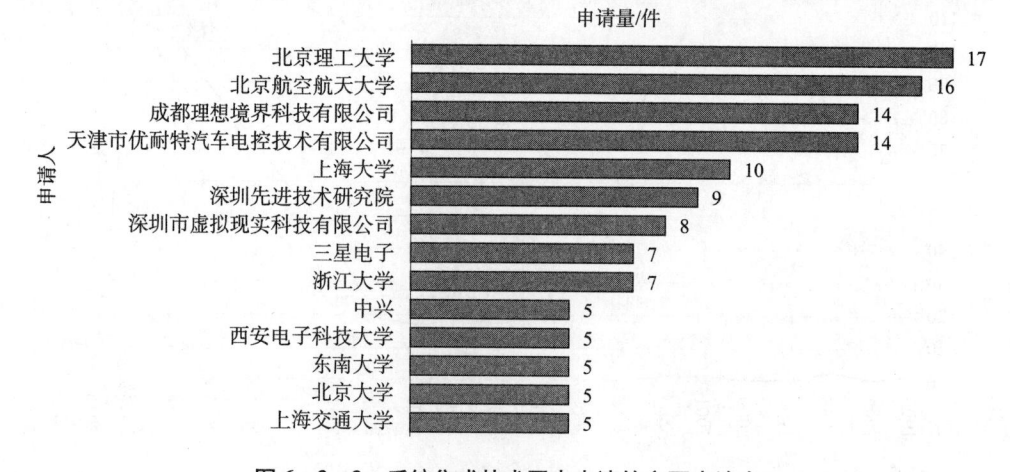

图6-3-3 系统集成技术国内申请的主要申请人

浙江大学等。主要的公司包括天津市优耐特汽车电控技术有限公司、成都理想境界科技有限公司、深圳市虚拟现实科技有限公司（3Glass）以及中兴。三星电子是唯一上榜的国外企业，可见其对中国市场的重视。

6.3.2.3 国外来华主要申请人

图6-3-4列出了主要的国外来华申请人。微软、三星电子、诺基亚、高通、泛泰和苹果申请量较多。

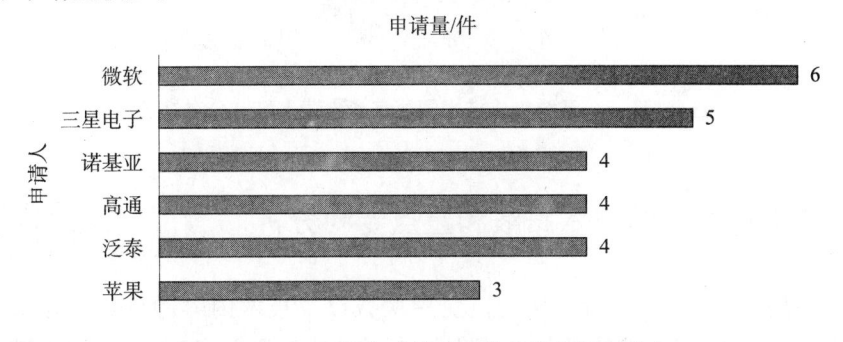

图6-3-4 系统集成技术国外来华主要申请人

6.3.3 申请人区域分析

6.3.3.1 国内申请人区域分析

图6-3-5列出了国内申请人的区域分布。可见，北京、广东、上海居前三位。

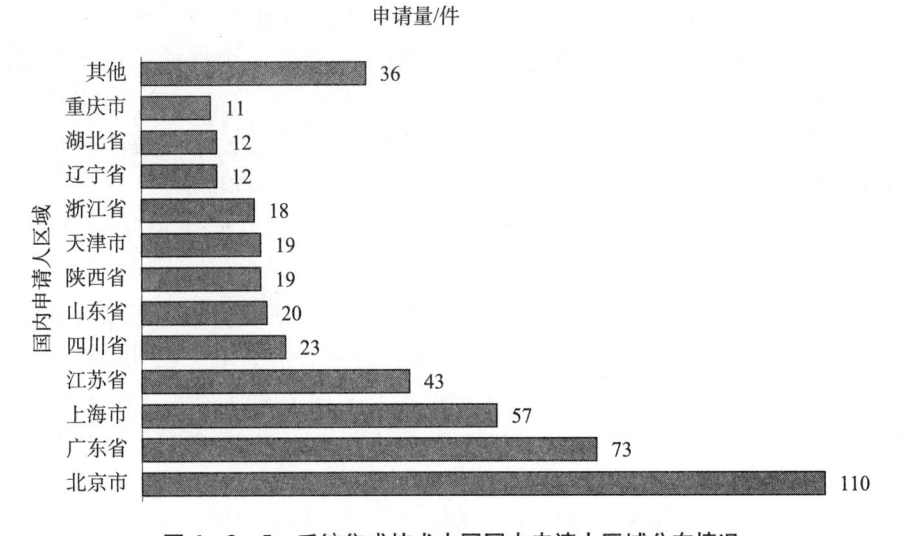

图6-3-5 系统集成技术中国国内申请人区域分布情况

6.3.3.2 国外来华申请人区域分析

图6-3-6列出了国外来华申请人的区域分布。由该图可见，美国、韩国和日本对中国市场的重视程度较高。此外，德国的METAIO公司由于被苹果收购，客观上使得美国来华申请的比例更高。

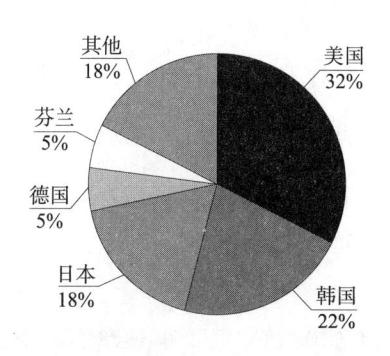

图6-3-6　系统集成技术国外来华申请人区域分布情况

6.4　系统集成技术的技术路线和重点专利分析

根据全球范围内专利申请文件的被引用次数以及技术内容的分析，经人工筛选，初步得到虚实融合技术的演进路线，其中给出了具体的重要专利。考虑到美国是虚拟现实、增强现实技术的主要技术原创地，本报告尽可能采用美国专利申请文件表征其对应的同族专利。此外，由于同步技术非常成熟，只给出了数件重点专利。

6.4.1　虚实融合技术的技术路线

虚实融合技术在1995年之前就有少量申请。2001年之后，该技术的专利申请快速增长，2012年全球申请达到峰值。

虚实融合技术相关专利申请体现的技术路线主要涉及三个方面：总体合成、遮挡处理以及光照处理。有关跟踪注册的技术路线的演进可以参照第3章的相关内容。

总体合成主要指在跟踪注册之后的虚实图像的基本合成技术，未特定涉及遮挡处理以及光照处理。而遮挡技术和光照技术是图形学研究的重点技术。

图6-4-1（见文前彩色插图第7页）就上述三个方面给出了总体的技术路线图。

总体合成方面，最早的专利US5625765A涉及将信息添加到电子图像以生成增强图像。US6166744A通过生成虚拟掩膜对象并合成，提高合成效率。US7002551B2提供位置预测能力。US2009322671A1在触屏便携设备上实现了增强现实，代表着移动增强现实是研究热点之一。US8884984B2代表着微软的增强现实技术，除涉及总体融合思路之外，还涉及具体的阴影生成处理。US2012293548A1给出了户外场景下的事件增强现实的实现。虚实融合技术逐步从室内发展到户外，从固定设备发展到移动设备。

美国申请人较早申请了遮挡处理方面的专利。US5491510A给出了同时观看遮挡和场景的技术方案，Vizux公司在1998年申请了增强现实中遮挡处理的专利（US6559813B1），涉及真实图像的选择区域进行遮挡，用作透视观看。2005年，美国专利US7639208B1使用空间光调制器，允许用户控制遮挡或通过场景的一部分。早期遮挡基本采用光学部件予以处理。2006年后，遮挡处理方面的专利申请量上升较快，高校高校（例如上海大学、北京邮电大学和北京航空航天大学等）以及国外的METAIO公司（被苹果收购）、微软相继申请多项专利。遮挡处理大都是根据深度信息进行计算和判断。北京航空航天大学的CN102510506B提到了基于物体边缘确定半遮挡现象，同时以真实场景深度信息为补充。大部分遮挡处理仅涉及视觉上的遮挡。不过微软的CN103472909A特别提及了三维音效的遮挡，可以得到更精细的遮挡效果。微软和METAIO公司侧重于遮挡的正确感知和细节精确处理，反映出现阶段增强现实技术对虚实融合的遮挡细节的重点研究。微软的上述申请集中于2012年前后，是最为活跃的申请人，这与微软对增强现实技术的研发投入和专利布局（微软已于2016年发布Hololens眼镜开发者版本）也是匹配的。

值得一提的是，上海大学的专利涉及增强现实与多投影系统的交互（无HMD设备的增强现实），特别是其中的碰撞检测。Magic Leap的专利WO2013077895A1考虑了人眼/人脑的图像处理复杂过程的调节方面，通过采用遮挡掩膜显示器以及波带片层（例如衍射光栅）予以光调节和增强现实融合。

光照处理在虚实融合技术中是较晚发展的，其专利申请在2005年之前较少。KR20020089648通过预测环境光辐射比，来生成阴影。2006年之后，申请量逐渐增多，国内高校在此方面申请量比例很大，微软在此领域有较多申请。光照处理的一种方式为控制光线的通过以及亮度，使其与实景匹配，这种技术的调节性能相对有限。例如北京理工大学申请的CN101029968A公开了一种可寻址光线屏蔽模块位于望远系统的分划面上，实现对真实环境被遮挡部分的屏蔽，以及与虚拟图像显示通道的光强匹配，其中测光系统检测外界光照强度，控制液晶显示板的透光率，调节进入头盔显示器的真实环境光强度。更普遍的处理方式为，采集标志物所在环境的光照分布或者根据视频帧获得光照数据，生成光学模型。例如，微软的CN103761763A通过预先计算的光照信息进行光照处理；WO2013154688A1（高通）从视频帧获得光照数据，基于光照数据呈现虚拟对象。实现场景光照快速获取同时保障光照数据较为准确是当前研发的重点。CN102426695A根据单幅图像即完成光照估计，而CN102930513A利用关键帧的稀疏辐射度图，修正非关键帧的光照估计结果。北京理工大学的专利申请CN104766270A通过设置鱼眼相机拍摄场景图像来估计真实场景中光源分布和光源亮度。为了提高场景绘制的逼真度，一些专利申请考虑了纹理的虚实融合。Empire Technology最早提出了纹理匹配方面的专利申请，北京航空航天大学和北京大学也在该领域申请了专利。

虚实融合技术的重点专利如表6-4-1所示。

表6-4-1 虚实融合技术的重点专利

公开号	申请日/优先权日	发明名称	申请人	发明人	被引频次/次	法律状态	中国同族专利法律状态
US6166744A	1998-09-15/1997-11-26	System for combining virtual images with real-world scenes	Pathfinder Systems	Jaszlics I. J. 等	251	有效	无
US6559813B1	2000-01-31/1998-07-01	Selective real image obstruction in a virtual reality display apparatus and method	Deluca J, Deluca M	Deluca J. 等	196	有效	无
US6064398A	1996-08-02/1993-09-10	Electro-optic vision systems	GeoVector Corporation	Ellenby J. 等	183	过期	无
US5759044A	1995-07-06/1990-02-22	Methods and apparatus for generating and processing synthetic and absolute real time environments	Redmond ProDn	Redmond S.	90	2002年6月2日失效	无
US2012068913A1	2010-09-21	Opacity filter for see-through head mounted display	微软、Microsoft Licensing	Bar-Zeev A. 等	109	有效	有效
US5912720A	1998-02-12	Technique for creating an ophthalmic augmented reality environment	宾州大学	Berger Jeffrey W. 等	64	有效	无
US2003210228A1	2003-03-31	Augmented reality situational awareness system and method	Ebersole J. F 等	Ebersole J. F. 等	52	驳回	无
US5625765A	1994-11-08	Vision systems including devices and methods for combining images for extended magnification schemes	Criticom Corporation	Ellenby John 等	215	过期	无

续表

公开号	申请日/优先权日	发明名称	申请人	发明人	被引频次/次	法律状态	中国同族专利法律状态
US7002551B2	2002-09-25	Optical see-through augmented reality modified-scale display	HRL Laboratories	Azuma 等	148	有效	无
US7348963B2	2005-08-05	Interactive video display system	Reactrix Systems, Inc.	Bell Matthew	401	有效	无
US2009322671A1	2009-06-04	Touch screen augmented reality system and method	Cybernet Systems Corporation	Scott Katherine 等	61	视撤	无
CN101101505A	2006-07-07	一种实现三维增强现实的方法及系统	华为	杨旭波 等	25	有效	有效
US7768534B2	2006-12-21	Method of and system for determining inaccuracy information in an augmented reality system	Metaio	Pentenrieder Katharina 等	111	有效	无
US2015043784A1	2014-08-12	Visual-Based Inertial Navigation	Flybe Media 转入苹果	Flint 等	2	有效	无
US2012293548A1	2011-05-20	Event augmentation with real-time information	微软	Perez 等	0	有效	无
US8884984B2	2010-10-15	Fusing virtual content into real content	微软	Flaks 等	1	有效	有效

续表

公开号	申请日/优先权日	发明名称	申请人	发明人	被引频次/次	法律状态	中国同族专利法律状态
US5491510A	1993-12-03	System and method for simultaneously viewing a scene and an obscured object	得州仪器	Gove 等	168	2013年12月3日过期	2011年2月23日终止
US7639208B1	2005-05-13	Compact optical see-through head-mounted display with occlusion support	University of Central Florida Research Foundation, Inc.	Ha Yong Gang 等	11	有效	无
US9122053B2	2012-04-10	Realistic occlusion for a head mounted augmented reality display	微软	Geisner 等	0	有效	有效
US8950867B2	2012-11-23	Three dimensional virtual and augmented reality display system	Magic Leap	Macnamara John Graham	1	有效	在审
KR20020089648	2001-05-23	Method and apparatus for predicting illumination radiance ratio for augmented reality, method and apparatus for augmented reality using same	Postech Foundation	Hong Gi Sang 等	1	失效	无
CN103761763A	2013-12-18	使用预先计算的光照构建增强现实环境	微软	J. 斯蒂德 等	0	已授权	在审
US2013271625A1	2012-04-12	Photometric registration from arbitrary geometry for augmented reality	高通	Gruber Lukas 等	0	已授权	无

6.4.2 同步技术的重点专利

同步技术已经逐渐成为业内行业规范，例如，场景随着动作的同步以及图像和声音的同步呈现，提升用户在现实世界的沉浸感和真实感。此处不再专门针对同步技术梳理技术路线，仅列出一些重点专利（见表6-4-2）。

表6-4-2 同步技术的重点专利

公开号	申请日/优先权日	发明名称	申请人	发明人	被引用频次/次	法律状态	中国同族专利法律状态
US6175842B1	1997-07-03	System and method for providing dynamic three-dimensional multi-user virtual spaces in synchrony with hypertext browsing	AT&T	Kirk Thomas 等	151	有效	无
US20030179218A1	2002-03-22	Augmented reality syetem	英特尔	Martins Fernando C. M. 等	30	有效	无
US7084876B1	2003-07-18/ 2002-12-07	Method for presenting a virtual reality environment for an interaction	Digenetics	Fogel David B. 等	11	失效	无
US2011090149A1	2010-12-23/ 2003-09-15	Method and apparatus for adjusting a view of a scene being displayed according to tracked head motion	索尼	Larsen Eric J. 等	4	有效	无
CN101231752A	2008-01-31	True three-dimensional panoramic display and interactive apparatus without calibration	北京航空航天大学	周忠 等	5	失效	2015年3月25日终止
US2012113140A1	2010-11-05	Augmented reality with direct user interaction	微软	Hilliges Otmar 等	19	在审	无
CN101908232A	2010-07-30	Interactive scene simulation system and scene virtual simulation method	重庆埃默科技	Kaibi Chen 等	6	有效	有效
US2012117514A1	2010-11-04	Three-dimensional user interaction	微软	Kim David 等	24	在审	无

6.4.3 虚实融合技术的重点专利分析

下面针对总体合成、遮挡处理及光照处理两个方面的部分重点专利申请作出分析，首先给出主要著录项目信息，随后给出所保护的技术方案，在技术层面进行分析，在专利重要性层面进行分析，最后就专利布局给出建议。

6.4.3.1 总体合成方面

专利 1：US6166744A

（1）著录项目

专利号：US6166744A。

发明人：Ivan J. Jaszlics 等。

受让人：Pathfinder Systems。

引用专利文件：20 份。

法律状态：有效。

财产让与过程：

1998 年 9 月 11 日，发明人→Pathfinder Systems；2014 年 4 月 29 日，Pathfinder Systems→微软；2014 年 10 月 14 日，微软 → 微软技术许可公司。

（2）技术方案（见图 6-4-2）

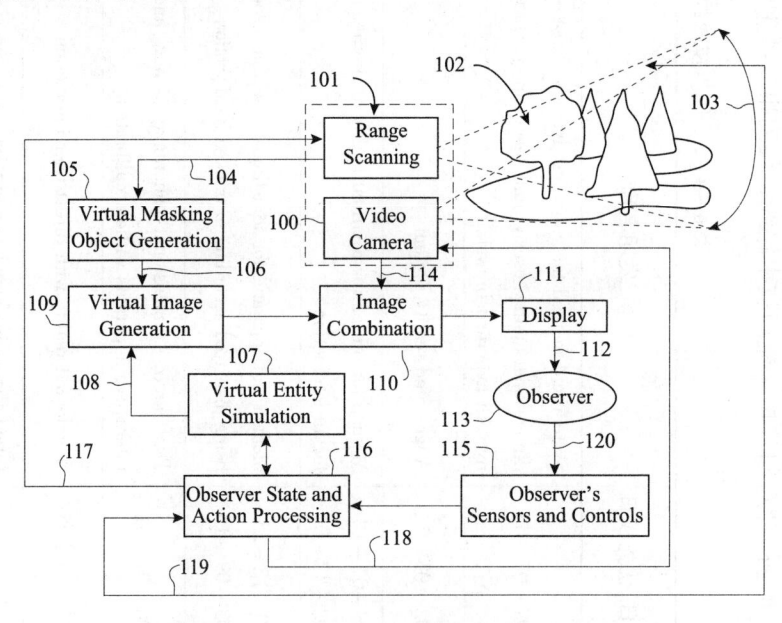

图 6-4-2 重点专利 US6166744A 的附图

以下是该专利的独立权利要求的中文翻译内容：

1. 一种为观测者合成虚拟图像和感兴趣区域内的现实世界场景的系统，所述系统包括：

区域扫描器，用于扫描感兴趣区域，生成指示现实世界对象在感兴趣区域内的距离的区域数据；

计算机模型，用于仿真一虚拟实体，在感兴趣区域内的某一位置生成所述虚拟实体的虚拟图像；

用于根据所述区域数据以及所述虚拟图像生成掩膜虚拟对象的装置，该掩膜虚拟对象指示所述虚拟图像在感兴趣区域中的部分；

用于将所述掩膜虚拟对象与所述感兴趣区域的现实世界图像合成，以生成合成图像的装置，在合成图像中，所述虚拟图像出现在现实世界图像中；以及

显示装置，用于将所述合成图像显示给观测者。

独立权利要求24为方法权利要求，和独立权利要求1——对应：

24. 一种为观测者合成虚拟图像和感兴趣区域内的现实世界场景的方法，所述方法包括：

扫描感兴趣区域，生成用于区域扇区的二维阵列的区域数据，所述区域数据指示现实世界对象在感兴趣区域内的距离；

根据对应于所述感兴趣区域内的现实世界对象，生成虚拟掩膜用对象；

仿真一虚拟实体，在感兴趣区域内的某一位置生成所述虚拟实体的虚拟图像；

合成所述虚拟图像以及所述虚拟掩膜用对象，生成掩膜虚拟对象，该掩膜虚拟对象指示所述虚拟图像在感兴趣区域中的部分；

合成所述掩膜虚拟对象与所述感兴趣区域的现实世界图像，生成合成图像，在合成图像中，所述虚拟图像出现在现实世界图像中；以及

将所述合成图像显示给观测者。

（3）技术分析

技术问题：传统的虚拟显示系统不会将虚拟图像集成到现实场景。

技术方案：

步骤1：区域扫描（已有技术），目的是提供用于虚拟掩膜对象生成所需的区域数据。

步骤2：虚拟图像生成。

步骤3：虚拟掩膜对象生成（关键步骤），目的是定义对应于现实世界对象的虚拟掩膜对象，包括：①几何定义，根据区域数据计算或者直接三维滤波方式；②显示构造生成(VRML)；③显示属性准备。

步骤4：图像合成（图像插入、虚拟图像插入、合并图像插入）。

步骤5：显示合成图像。

（4）专利重要性分析

①独立权利要求1、12和24包含视频式增强现实系统的必备步骤：区域数据获取、虚拟图像生成；生成掩膜虚拟对象；合成以及显示。权利要求24还包括了生成掩膜用图像的步骤。

②引用该专利的专利文件有249份，被引用数量非常之高。

③该专利权利稳定。2014年4月29日由Pathfinder Systems这一武器开发商转让至

微软,很快于 2014 年 10 月 14 日转入微软技术许可公司。这与微软发力增强现实研发的时间节点吻合,可见微软通过专利布局和专利转让等手段为增强现实技术提供战略储备,确保其在增强现实领域的领先地位。

综合以上三点,可以确认该专利属于行业的基础核心专利。

④该专利在澳大利亚有同族专利,未进入中国和其他区域。美国作为增强现实的研发地,其研发走在前列。但该专利在申请时更多偏向于军用训练领域,而非普通民用市场,申请后数年内该专利对外部市场的需求不强。

(5) 对行业和企业专利布局的作用

行业和企业可以参考该专利及引用该专利的文件,了解视频式增强现实系统的技术发展。进而在这些文件的基础上予以改进,并考虑申请专利。

行业和企业可以在中国和其他区域实施该专利技术,该专利不会带来侵权风险。

在美国实施视频式增强现实技术无法规避该专利。

该专利将于 2018 年到期,到期后可无偿使用。

专利 2:US5625765A

(1) 著录项目

专利号:US5625765A。

发明人:Ellenby John 等。

受让人:Criticom Corporation。

法律状态:2005 年 4 月 29 日失效。

(2) 技术方案(见图 6-4-3)

1. 一种具有可由用户选择的可变放大的成像装置,该装置包括:

位置确定装置;

姿态确定装置;

具有一位置以及与该位置关联指向的照相机;

计算机;以及

显示器;

所述位置确定装置可用于确定照相机位置;

所述姿态确定装置可用于确定照相机指向;

所述照相机用于生成场景的电子图像;

所述计算机与所述位置和姿态确定装置通信,并响应其确定,用于生成与场景相关的图像信息,并将该信息与照相机生成的电子图像的特征组合以生成增强图像,并在显示器上呈现该增强图像。

独立权利要求 9 与独立权利要求 1 对应。

(3) 技术分析

图像放大后会导致从图像中获取到的信息量变少。在放大情况下,计算机通过照相机和姿态得到与场景相关的图像信息,以得到更为真实的增强图像。

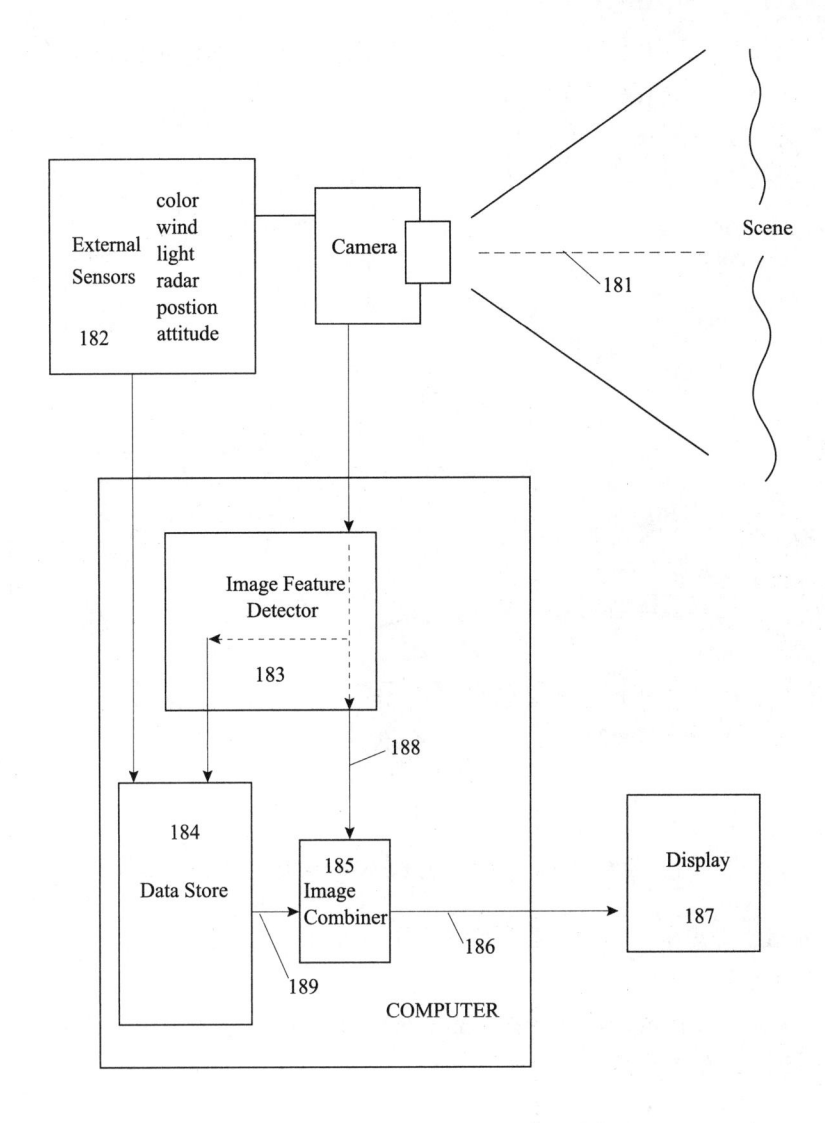

图 6-4-3　重点专利 US5625765A 的附图

（4）专利重要性分析

该申请为总体合成方面的早期专利，在后期被转用至视频式增强现实场景中。该申请的方案目前已经属于本领域的公知常识。

专利 3：US8884984B2

（1）著录项目

专利号：US8884984B2。

发明人：Flaks 等。

受让人：Pathfinder Systems。

引用专利文件：32 份。

法律状态：美国有效、中国授权。

财产让与过程：2010 年 10 月 15 日，发明人→微软技术许可公司；2014 年 10 月 14 日，微软技术许可公司→微软。

（2）技术方案（见图 6-4-4）

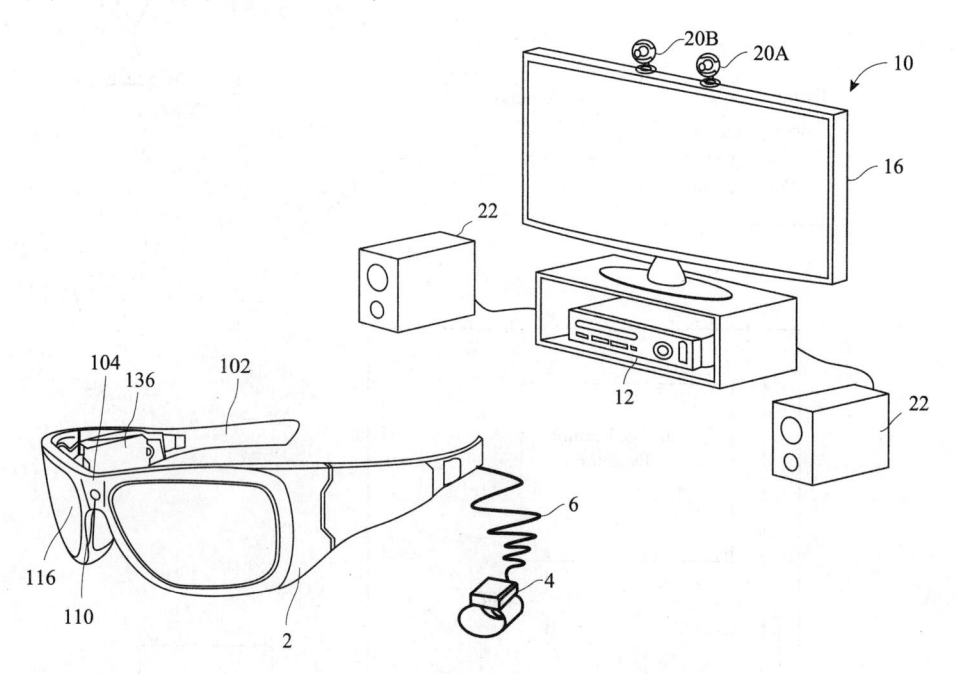

图 6-4-4　重点专利 US8884984B2 的附图

1. 一种用于将虚拟内容融合到现实内容中的方法，包括：
创建空间的体积模型；
将该模型分割成物体，其中将该模型分割成物体包括：
访问一个或多个深度图像；
访问一个或多个视觉图像；
使用所述一个或多个深度图像和所述一个或多个视觉图像来检测一个或多个人；
基于所述一个或多个深度图像和所述一个或多个视觉图像来检测边缘；
基于所述边缘来检测物体；以及
更新该模型以存储关于所述物体和人的检测的信息；
标识出所述物体中的包括第一物体的一个或多个物体，其中标识出所述物体中的一个或多个包括：
将至少一个所检测到的物体与用户身份进行匹配；
访问形状的数据结构；
将一个或多个所检测到的物体与该数据结构中的形状进行匹配；
更新该模型以反映所述至少一个所检测到的物体与用户身份的匹配、以及所述一个或多个所检测到的物体与该数据结构中的形状的匹配；

向用户视觉地显示不匹配的物体并且请求该用户标识出所述不匹配的物体；

接收所述不匹配的物体的新标识；

更新该数据结构以反映该新标识；以及

更新该模型以存储关于所述不匹配的物体的新标识的信息；以及

在显示器上自动地将虚拟图像显示在第一物体之上，该显示器允许通过该显示器实际直接地查看该空间的至少一部分。

（3）技术分析

增强现实要解决的更困难的问题之一是将虚拟物体覆盖在现实物体之上的能力。例如，所期望的可能是遮蔽现实物体并且使其看上去是别的东西。可替代地，所期望的可能是将看上去是场景的一部分的新图像添加到该场景中，从而要求该新图像挡住该场景中的现实物体的全部或一部分的视图。这一过程可能是复杂的。

使用一个或多个传感器来扫描环境以及构建所扫描的环境的模型。使用该模型，该系统将虚拟图像添加到用户对环境的视图中的参考现实世界物体的位置处。例如，该系统可以被配置为创建房间的模型并且添加假想的巨石的虚拟图像以替换房间中的现实咖啡桌。用户佩戴具有显示元件的头戴式显示设备（或其他合适的装置）。该显示元件允许用户通过显示元件查看房间，由此允许通过该显示元件实际直接地查看房间。该显示元件还提供将虚拟图像投影到用户的视野内使得虚拟图像看上去处于该房间内这一能力。

将缓冲区和色彩缓冲区中的图像以及阿尔法值和不透明度滤光器的控制数据调整为考虑到光源（虚拟或现实）和阴影（虚拟或现实）。

（4）专利重要性分析

涉及增强现实总体合成的各个方面。独立权利要求1中主要涉及建模更新技术，以及增强现实自动呈现技术。在从属权利要求中涉及了光照处理和阴影处理技术。

（5）对行业和企业专利布局的作用

微软就增强现实技术申请了若干专利，行业和企业的本领域人员应仔细阅读微软有关增强现实的专利申请，厘清保护范围，进行外围圈地。具体可结合第7章内容一起研读。

专利4：US2009322671A1

（1）著录项目

专利号：US2009322671A1。

发明人：Scott Katherine、Haanpaa Douglas、Jacobus Charles J.。

受让人：Cybernet Systems Corporation。

法律状态：2013年6月20日视撤。

（2）技术方案（见图6-4-5）

触屏显示器和后置摄像头允许用户直观接触增强现实内容。数据库存储关于要增强的对象的图形图像或纹理信息。处理器可操作为，分析来自照相机的成像，定位真实物体关联的一个或多个标记，基于标记的位置或方位确定相机姿态，检索数据库得到与该真实物体相关的图形图像或纹理信息，在于来自相机的图像的注册位置显示图形图像或纹理信息。

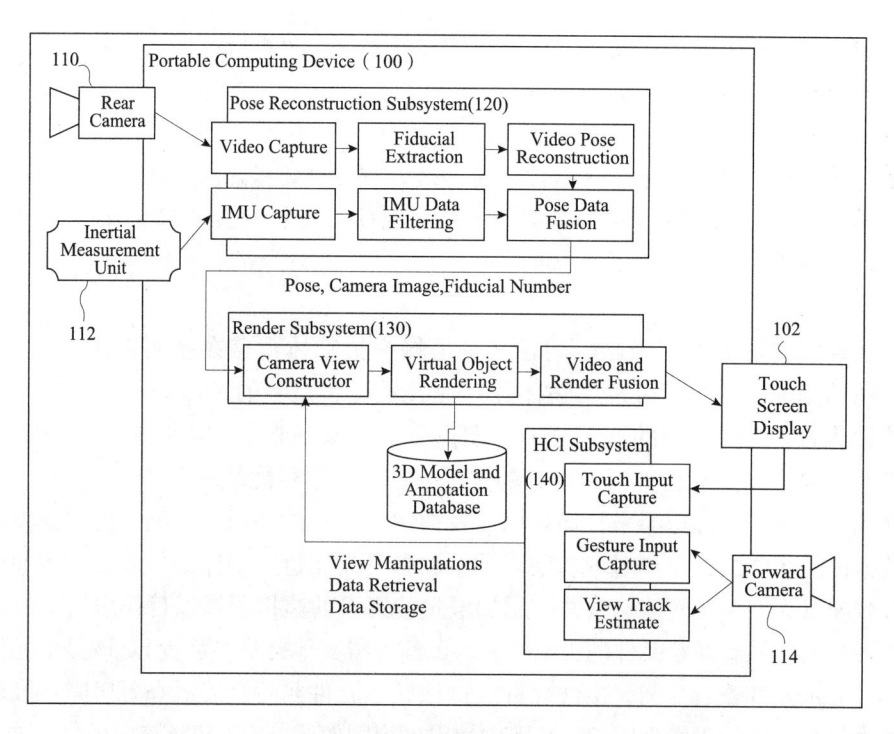

图 6-4-5 重点专利 US2009322671A1 的附图（一）

(3) 技术分析

现有增强现实系统存在如下技术问题，依赖头显且只对于单人有效。该方案提供的系统是便携的，具有较大屏幕和用户接口，允许用户快速检查并添加增强元素至增强现实环境。对于维修任务，这些系统应当能够在增强环境和其他计算机应用之间无缝切换。该发明将增强现实接口和计算系统集成到单个手持设备（见图 6-4-6）。

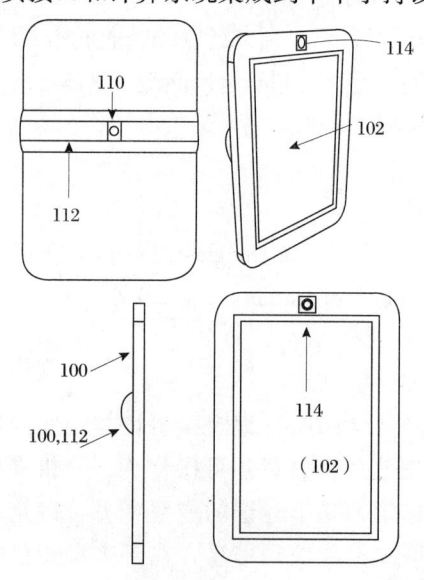

图 6-4-6 重点专利 US2009322671A1 的附图（二）

（4）专利重要性分析

该申请未获得专利授权。其公开的技术方案体现了手持式增强现实设备的思路，行业和企业可以直接用作参考。

6.4.3.2 遮挡处理和光照处理

专利5：US8941559B2

（1）著录项目

专利号：US8941559B2。

发明人：Bar-zeev A 等。

受让人：微软。

引用本申请的专利文件：116份。

法律状态：美国有效、日本授权。

同族专利数量：12件。

（2）技术方案（见图6-4-7）

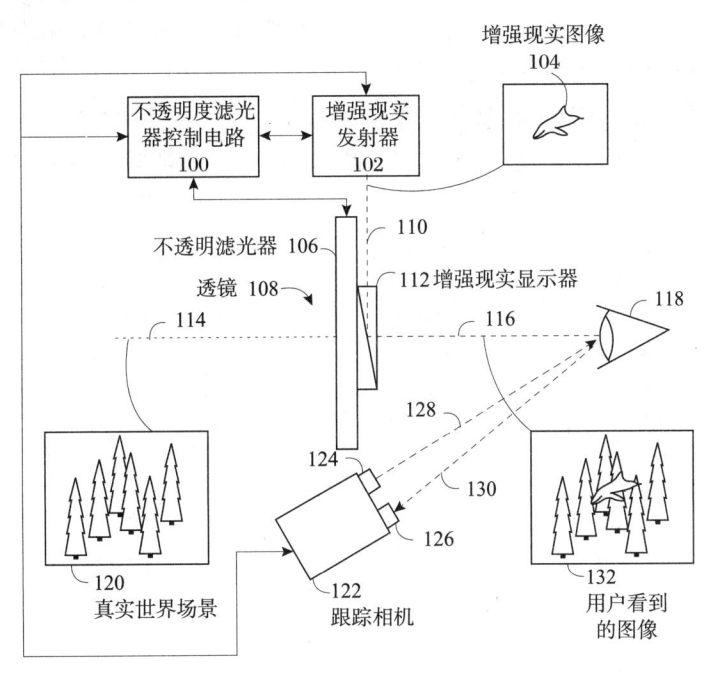

图6-4-7 重点专利US8941559B2的附图（一）

1. 一种光学透视头戴式显示设备，包括：

当所述显示设备由用户佩戴时在所述用户的眼睛（118）和真实世界场景（120）之间延伸的透视透镜（108），所述透视透镜包括具有多个像素的不透明度滤光器（106），每个像素能被控制以调整所述像素的不透明度，所述透视透镜还包括显示组件（112）；

增强现实发射器（102），所述增强现实发射器使用所述显示组件向所述用户的眼

睛发射光,所述光代表具有形状的增强现实图像;以及

至少一个控制(100),所述至少一个控制控制所述不透明度滤光器,以为所述不透明度滤光器的从所述用户的眼睛的视角看在所述增强现实图像后面的像素提供增加的不透明度,所述不透明度滤光器的在所述增强现实图像后面的像素包括沿着所述形状的周界的像素以及在所述形状的所述周界之内的像素,并且所述至少一个控制还为所述不透明度滤光器的、在所述周界周围具有一致厚度的区域内的围绕所述周界的像素提供增加的不透明度。

(3)技术分析

技术问题:透视头戴式显示器(HMD)最常使用诸如反射镜(mirror)、棱柱和全息透镜等光学元件将来自一个或两个小型微显示器的光增加到用户的视觉路径中。本质上,这些元件只能增加光,而不能除去光。这意味着虚拟显示器不能显示更深的色彩(它们在纯黑的情况下趋向于透明),而诸如增强现实图像等虚拟物品看上去半透明(translucent)或有重影(ghosted)。对于强烈的增强现实或其他混合现实情形,期望具有从视图中选择性地除去自然光的能力,从而虚拟彩色影像可以表示全范围的色彩和亮度,同时使得影像看上去更实在或真实。

为了解决该问题,HMD设备(见图6-4-8)的透镜可配备有不透明度滤光器(721,723),该不透明度滤光器能够被控制而在每像素的基础上选择性地透过或阻挡

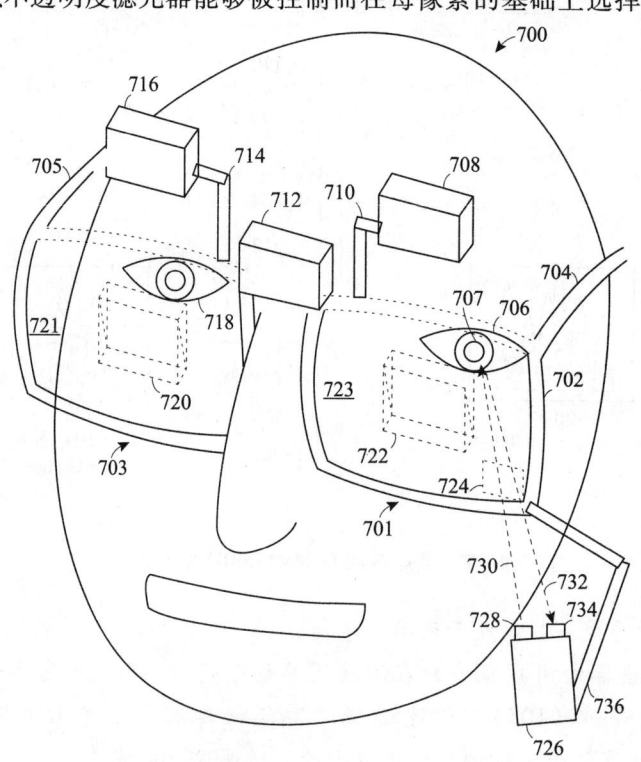

图6-4-8 重点专利US8941559B2的附图(二)

光。可以使用控制算法以基于增强现实图像来驱动不透明度滤光器的亮度和/或色彩。不透明度滤光器可物理上放置于光学显示组件（720，722）后面，光学显示组件将该增强现实图像引入用户的眼睛。通过使不透明度滤光器扩展到该增强现实图像的视野之外以向用户提供外围提示（cue），可以获得额外的优点。而且，即便在没有增强现实图像的情况下，该不透明度滤光器也可提供外围提示，或该增强现实图像的表示。

（4）专利重要性分析

该方案涉及了实现透视式增强现实系统的关键部件：透视透镜、增强现实信号发生器、控制器。为了实现透明度的控制，提供了具有多个像素的不透明度滤光器，可以实现以像素为单位控制增强现实信号的亮度和/或色彩。

该专利技术被引用 116 次，属于基础专利。

该专利同族专利数量为 12 件，在美国申请 3 件、授权 2 件，在日本授权 1 件，在中国授权 1 件，在欧洲专利局和韩国均有申请。

（5）对行业和企业专利布局的作用

该专利申请日为 2010 年 9 月 21 日。专利有效期还可以持续 13 年左右。该方案以像素为单位进行增强现实显示的精细控制，这是未来增强现实技术的发展趋势。我国技术人员在研发时，可以考虑降低技术难度和性能要求，绕过该技术方案，使用其他技术手段实现光照和遮挡的控制，或者可以在该方案的基础上予以改进，对该专利进行外围布局。

专利 6：US5491510A

（1）著录项目

专利号：US5491510A。

发明人：Robert J. Gove。

受让人：得州仪器。

引用本申请的专利文件：168 份。

法律状态：美国、日本、中国均授权；该专利于 2011 年失效。

同族专利数量：8 件。

（2）技术方案（见图 6-4-9）

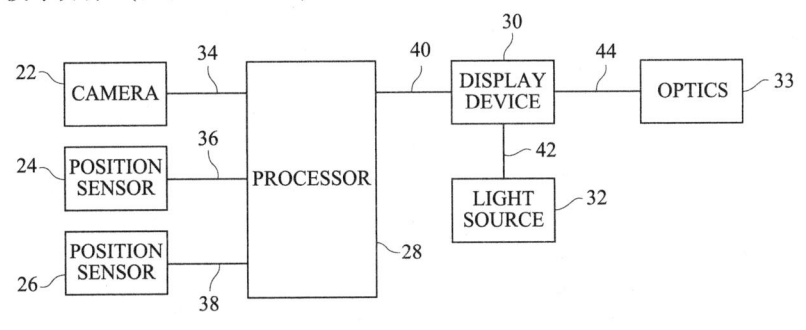

图 6-4-9　重点专利 US5491510A 的附图（一）

1. 一种成像系统,包括:

传感器,用于生成表示观看者和第一对象的距离以及观看者实时相对于第一对象的相对位置以及视角;

部件,用于存储表示第二图像(包括其非遮挡部分)的图像的第二信息;

处理器,响应于所述输出,用于利用所述信息,生成表示第二对象的图像的信号,使得第二对象与观看者的距离以及与观看者的相对位置和视角与第一物体相同;以及

显示装置,将所述信号转换为虚拟图像,允许观看者同时观看第一物体和所述虚拟图像。

2. 如权利要求1所述的成像系统,其特征在于,所述虚拟图像被叠加在所述观察者视角的所述第一对象的直接观看方向上。

(3)技术分析

图6-4-10(a)中,LCD 67使更多来自图像的光收到衰减,并降低观察者的可视度。可以用使来自感兴趣的光衰减或者感兴趣以外的所有区域的光衰减的做法标出感兴趣区域。图6-4-10(b)是外科用成像系统。观察者72通过显示系统68观看目标46。显示系统68以及观察者位置传感器26都由观察者72头戴。目标位置传感器24贴于目标46,既不妨碍观察者72的观察也不妨碍摄像机22的拍摄,处理器28接收来自摄像机22、观察者位置传感器26以及目标位置传感器24的数据,并把数据送至显示系统68。图6-4-10(c)中,外科医生试图从病人的手82中取出异物80。可以显示诸如病人的生命标志、目标之间的距离以及手术进行时间等文字信息。有关的目标以及异物80的进入路径等可加亮显示。当外科医生相对于病人移动时,被显示图像以及病人的手的透视图将一起改变。

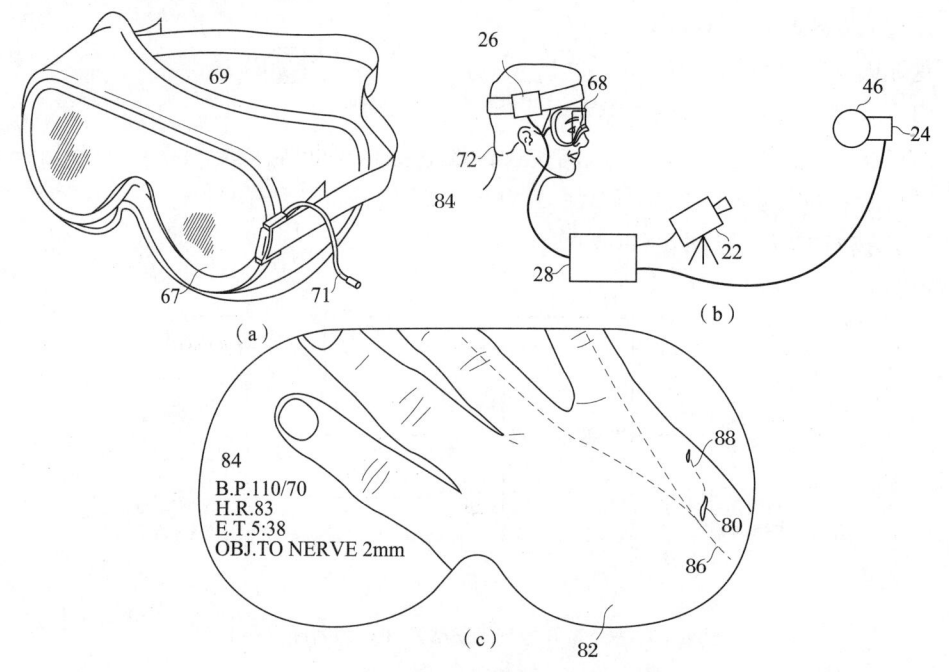

图6-4-10 重点专利US5491510A的附图(二)

（4）专利重要性分析

该申请被引用 168 次，且保护范围宽，属于基础性专利。该专利属于透视式增强现实系统的基础专利，覆盖了增强现实的众多技术：感兴趣区域定位、增强显示以及实时刷新。

（5）对行业和企业专利布局的作用

增强现实技术通常会首先在医学、工程领域有所涉及，该申请的增强现实系统正是出于外科手术辅助增强现实系统领域。这也给了本领域技术人员根据应用场景研读、了解增强现实技术专利及现状的技术启示。行业和企业应综合自身业务特长、业务需求、发展规划等选择合理的应用场景，对增强现实的关键细节予以改进，并考虑申请专利。

专利 7：US7639208B1

（1）著录项目

专利号：US7639208B1。

发明人：Yonggang Ha、Jannick Rolland、Ozan Cakmakeci。

受让人：南佛罗里达研发大学。

引用本申请的专利文件：11 份。

法律状态：美国授权，有效。

同族专利数量：1 件。

（2）技术方案（见图 6 - 4 - 11）

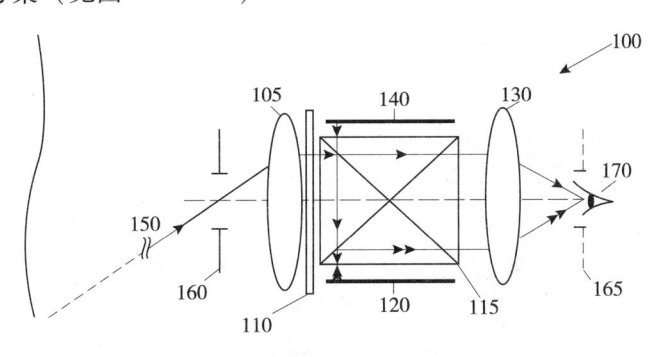

图 6 - 4 - 11　重点专利 US7639208B1 的附图

1. 用于头戴显示器的合成光透视系统，包括：

光系统，在中间空间具有电中心性（telecentricity），用于选择性阻挡和选择性通过来自原始场景图像的场景部分，生成调制后输出，所述光系统包括：

物镜，焦点位于所述光系统的入瞳，收集来自原始场景的光，用于将所述原始场景图像成像到所述光系统；

极化结构，包括极化器以及与所述目镜紧邻的 x - cube 棱镜，用于将来自所述物镜的原始场景极化，生成极化的中间图像；

3D 实时深度提取系统，用于确定遮挡掩膜；

空间光调制器，用于接收和调制所述中间图像的极化，基于所述遮挡掩膜生成调制后的图像；

微显示器，用于显示虚拟图像，使用极化结构，并反射调制后的中间图像，合并来自所述微显示器的光与所述空间光调制器的光；以及

目镜，焦点被配置为构成所述光系统的出瞳，将所述调制后的图像映射返回至所述原始场景图像，用于佩戴所述透视式头戴显示器的用户观看，其中所述透视式头戴显示器显示虚拟对象的同时遮挡真实物体，显示真实物体的同时阻挡虚拟对象。

（3）技术分析

该申请通过构建光学系统，在透视式头戴显示器中显示虚拟对象的同时遮挡真实物体，显示真实物体的同时阻挡虚拟对象，从而实现合理的遮挡效果和不冲突的视觉效果。

（4）专利重要性分析

该专利仅在美国申请，因此在其他国家或区域对该专利技术的利用不会导致专利风险。国内开发者可以直接利用该专利技术中的光学系统，特别是通过极化器结合空间光调制器的方式替代该专利中的光分路器。

专利 8：WO2013077895A1

（1）著录项目

专利号：WO2013077895A1。

发明人：Macnamara、John、Graham。

受让人：Magic Leap。

法律状态：有效。

同族专利数量：13 件。

美国授权：US8950867B2（授权日为 2015 年 2 月 10 日）。

（2）技术方案（增强现实场景见图 6-4-12）

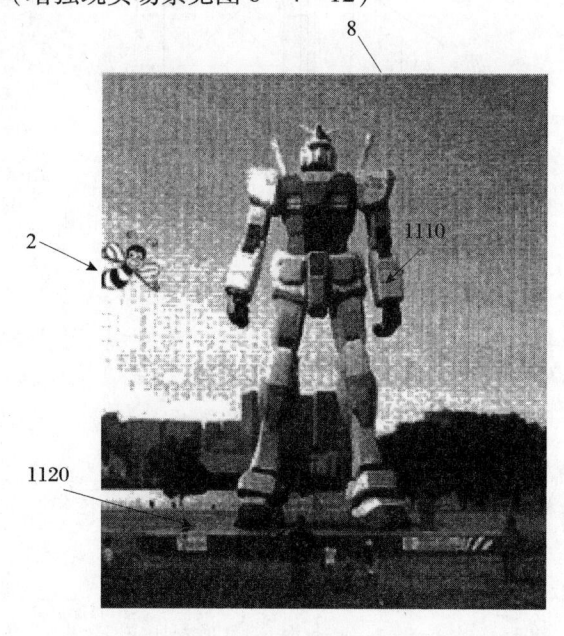

图 6-4-12 重点专利 WO2013077895A1 的附图（一）

1. 一种三维图像可视化系统，包括：

a. 选择性透明的投射装置，用于将图像从空间中相对于观察者的眼睛的投射装置位置朝向观察者的眼睛投射，所述投射装置能够在没有图像被投射时呈现基本透明的状态；

b. 遮挡掩模装置，其耦合到所述投射装置，并且被配置成以与所述投射装置投射的所述图像相关的遮挡图案，选择性地阻挡从处于所述投射装置的与观察者的眼睛相反的一侧的一个或多个位置朝向眼睛传播的光；以及

c. 波带片衍射图装置，其被置于观察者的眼睛和所述投射装置之间，并且被配置成使来自所述投射装置的光在其向眼睛传播时穿过具有可选择的几何结构的衍射图，并且以至少部分地基于所述衍射图的所述可选择的几何结构而模拟出的距离眼睛的焦距进入眼睛。

2. 如权利要求1所述的系统，还包括：控制器，其可操作地耦合到所述投射装置、遮挡掩模装置和所述波带片衍射图装置，并且被配置成协调以下操作：所述图像和相关联的遮挡图案的投射，以及以所述可选择的几何结构插入所述衍射图。

（3）技术分析

技术问题：为了让3D显示产生真实的深度感觉，并且更具体地产生模拟的表面深度的感觉，合乎期望的是，对于所述显示的视野中的每一点生成与其虚拟深度相对应的调节反应（accommodative response）。如果对显示点的调节反应不与通过会聚的双目深度线索和立体视觉确定出的该点的虚拟深度相对应，则人眼可能会经历调节冲突，从而导致不稳定成像、有害的眼疲劳、头疼，并且在没有调节信息的情况下会导致表面深度几乎完全缺失。

参见图6-4-12，通过用户所处的现实内的实际物体的用户视野（例如，包括公园环境中的混凝土台座物体（1120）的景观项目），以及被加入该视野中以产生"增强"现实视野的虚拟物体视野，来描绘增强现实情景（8）；在此，机器人雕像（1110）被虚拟地显示为站在该台座物体（1120）上，并且蜜蜂角色（2）被显示为飞翔在靠近用户头部的空中。优选地，增强现实系统是有3D能力的，在这种情况下它向用户提供以下感觉：雕像（1110）站在台座（1120）上，并且蜜蜂角色（2）在靠近用户头部的位置飞翔。这种感觉可以通过利用向用户的眼睛和大脑提供以下视觉调节线索而得到极大增强：虚拟物体（2，1110）具有不同的聚焦深度，并且针对机器人雕像（1110）的聚焦深度或焦点半径大约与台座（1120）相同。

诸如图6-4-13（a）中所示之类的传统的立体3D模拟显示系统一般具有两个显示（74，76），这两个显示各自针对一只眼睛，具有固定的径向焦距（10）。如上所述，这种传统技术漏掉了由人眼和人脑用来检测和解释三维中的深度的许多有价值线索，包括与下述相关联的调节线索：眼睛在眼睛复合体内重新定位晶状体以便用眼睛达到不同的聚焦深度。存在对调节精确的显示系统的需要，所述调节精确的显示系统考虑了人眼/人脑的图像处理复杂过程的调节方面。

图6-4-13（b）涉及调节精确的显示配置。利用两个复杂图像来向每只眼睛提供

在感知图像内分层的三维深度的感觉,所述两个复杂图像各自对应一只眼睛,针对每个图像的不同方面(14)具有不同的径向焦点深度(12)。优选地,利用多个焦平面以及所描绘的关系内的数据来定位供用户观察的增强现实情景内的虚拟元素,因为人眼不断地扫过四周来利用焦平面感觉深度。

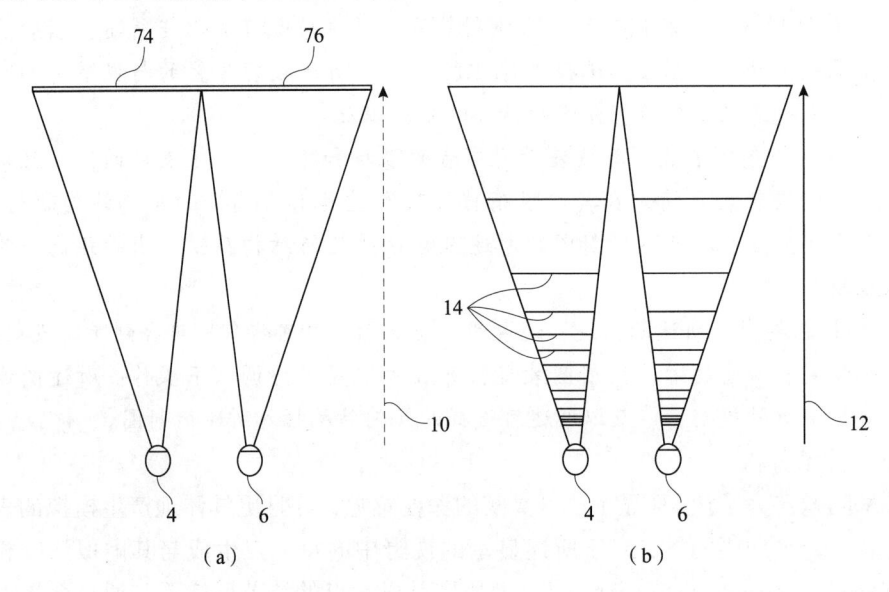

图 6-4-13 重点专利 WO2013077895A1 的附图(二)

其核心点为关键零部件波带片衍射图装置和控制器的有效组合使得显示配置被精确调节。

(4)专利重要性分析

该专利申请是 Magic Leap 的重要专利技术。在美国已获授权,在加拿大、中国、欧洲、日本、韩国、印度等国家或地区属于在审状态。

(5)对行业和企业专利布局的作用

我国研发者首先应了解该专利的技术方案,预期该专利申请在多国特别是在我国能否授权,必要时通过检索手段提交公众意见的方式进行无效处理。如果不能使该专利被宣告无效,则考虑能否规避该申请,或者通过外围布局的方式来积累专利保护。

6.5 小 结

虚实融合技术全球的申请量在 2012 年达到峰值,而中国申请量仍保持上升态势。整体而言,系统集成技术在业界已经达到了技术成熟期。

从研发角度分析,美国作为虚拟现实、增强现实技术的发源地,是申请专利最多的区域。从市场角度来看,美国、韩国和日本对中国市场的重视程度较高。中国在海外区域的专利布局明显不足。

从技术发展来看，虚实融合技术中，总体合成技术和遮挡处理技术发展开始于1993年，而光照处理技术的专利申请较晚。总体合成技术已经成熟，虚实融合技术的重点和难点是，实现精准逼真的遮挡和光照效果。北京航空航天大学、北京理工大学、上海大学等高校和科研院所，以及微软等大公司近年来均在此方面申请了较多专利。微软的专利申请直接支撑了其Hololens眼镜这一增强现实产品。

本章从总体合成、遮挡和光照处理这两个维度给出了多件重点专利，通过对这些重点专利进行专利信息情报的挖掘和技术层面的解读，以期抛砖引玉，为行业和企业研发人员提供技术跟踪和研读、专利分析和申请的基本思路。概括如下：第一，关注技术原创国，特别是行业或领域内领头羊的专利申请，尤其要关注重点专利技术；第二，对于未在中国申请的国外专利或者失效的专利，可以直接拿来采用；第三，对于国外来华申请人在中国布局的专利，视技术难度和企业自身情况，考虑技术规避或专利外围布局以提升自我竞争力。

第7章 重点申请人——微软

7.1 发展历程

7.1.1 公司简介

微软是一家总部位于美国的跨国科技公司,是世界个人计算机(Personal Computer,PC)软件开发的先导,由比尔·盖茨与保罗·艾伦于1975年创办。该公司总部设立在华盛顿州的雷德蒙德(Redmond,邻近西雅图),以研发、制造、授权和提供广泛的电脑软件服务业务为主。最为著名和畅销的产品为Microsoft Windows操作系统和Microsoft Office系列软件,目前是全球最大的电脑软件提供商。

7.1.2 发展历史及研发概况

1980年,IBM选中微软为其新PC编写关键的操作系统软件。1985年开始发行了Windows系列的第一个产品Microsoft Windows1.0。1986年,微软转为公营。1992年;微软买进Fox公司,迈进了数据库软件市场。1995年8月24日推出了在线服务MSN。1997年末,微软收购了Hotmail。1995~1999年,微软在中国相继成立了微软中国研究开发中心、微软全球技术支持中心和微软亚洲研究院这三大世界级的科研、产品开发与技术支持服务机构,微软中国成为微软在美国总部以外功能最为完备的子公司。2009年7月29日,美国雅虎和微软宣布合作。2011年5月10日,微软宣布以85亿美元收购Skype。2013年9月3日,微软宣布将以54.4亿欧元(约71.7亿美元)收购诺基亚手机业务及其大批专利组合的授权。2014年3月,微软斥资1.5亿美元收购了Osterhout公司手中的81项虚拟现实技术专利。同年9月,微软又以25亿美元收购《我的世界》游戏开发商Mojang公司。微软还在虚拟现实、增强现实技术领域与AMD、高通、HTC、宏基、Cyberpower PC、戴尔等公司达成合作。

微软开发了诸多虚拟现实技术:Photosynth软件能够让用户使用一组有相似性的照片生成一个3D场景;Silverlight插件支持3D效果,并能使用显示卡的GPU硬件加速功能来提高显示质量;3D体感摄影机Project Natal导入了即时动态捕捉、影像辨识、麦克风输入、语音辨识、社群互动等功能;World – Wide Telescope基于Web 2.0可视化环境,是Internet上的一个虚拟望远镜,用户可以对图像进行无缝缩放和平移;Virtual Earth 3D的使用者可以浏览美国主要城市的全方位3D图片。

微软在增强现实市场拥有较大的潜力。增强现实的主要应用案例在企业市场,而微软在该市场拥有广泛的用户群。当前,微软已经与Autodesk等公司合作开发一款工程增强现实应用。此外，微软还推出自己的增强现实产品 HoloLens 全息眼镜，可以完全独立使用，无须线缆连接、无须同步电脑或智能手机。2015 年 1 月 22 日，微软举办 Windows 10 预览版发布会，推出 HoloLens 全息影像头盔。HoloLens 的独特性在于它本身就是一台独立电脑，拥有自己的 CPU、GPU 和全息处理单元。2016 年 2 月 29 日，HoloLens 开发者版本已经面向开发者接收预定。HoloLens 具有的功能包括投射新闻信息流、模拟游戏功能、收看视频和查看天气、辅助 3D 建模等。

7.2 专利布局情况

为了掌握微软在虚拟现实、增强现实技术领域专利申请的布局情况，本节将重点研究其全球专利的技术主题布局和区域布局。截至检索日期，微软在全球范围内已经公开的相关专利申请总量为 575 项，在中国范围内已经公开的相关专利申请总量为 166 件。

7.2.1 微软的虚拟现实、增强现实技术领域全球专利申请分析

7.2.1.1 全球申请量发展趋势

图 7-2-1 中显示了微软在虚拟现实、增强现实技术领域的全球专利申请量趋势。2008 年之前，微软在该领域的专利申请量处于较为平稳的状态，从 2009 年开始，进入专利申请的快速增长期，2013 年达到顶峰，2014 年申请量有一定回落。

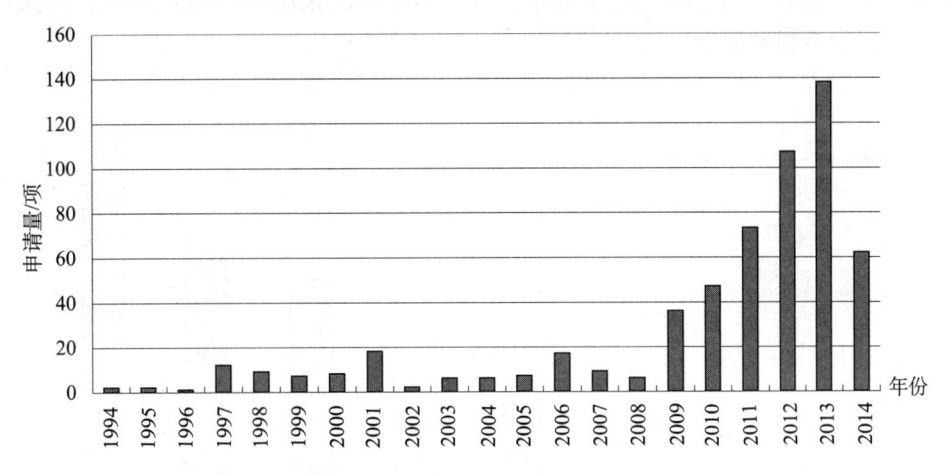

图 7-2-1 微软在虚拟现实、增强现实技术领域全球专利申请量趋势

7.2.1.2 目标国/市场专利申请量分布

我们对微软在虚拟现实、增强现实技术领域的全球专利申请主要目标国/地区进行了分析，如图 7-2-2 所示。根据专利申请的公开号进行统计，向主要目的地提交的专利申请数量分别为：美国专利商标局 557 件，占申请总量的 46%；世界知识产权组织（WIPO）313 件，占申请总量的 26%；中国国家知识产权局 127 件，占申请总量的 10%；欧洲专利局 116 件，占申请总量的 9%；日本特许厅 55 件，占申请总量的 4%；

韩国知识产权局63件，占申请总量的5%。由此可见，微软不仅在本国申请了大量的专利，还十分重视在全球的专利布局，从其向WIPO提交的专利申请量就可见一斑。除美国本土之外，微软尤为重视在中国的专利布局。

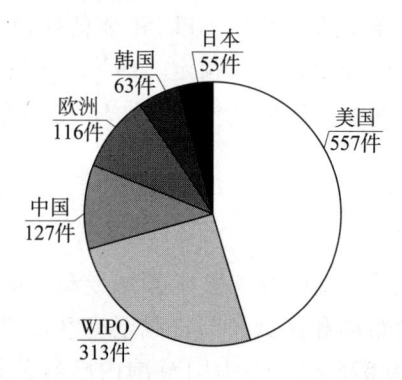

图7-2-2 微软在虚拟现实、增强现实技术领域全球专利申请主要目标国/地区分布

7.2.2 微软的虚拟现实、增强现实技术领域中国专利申请分析

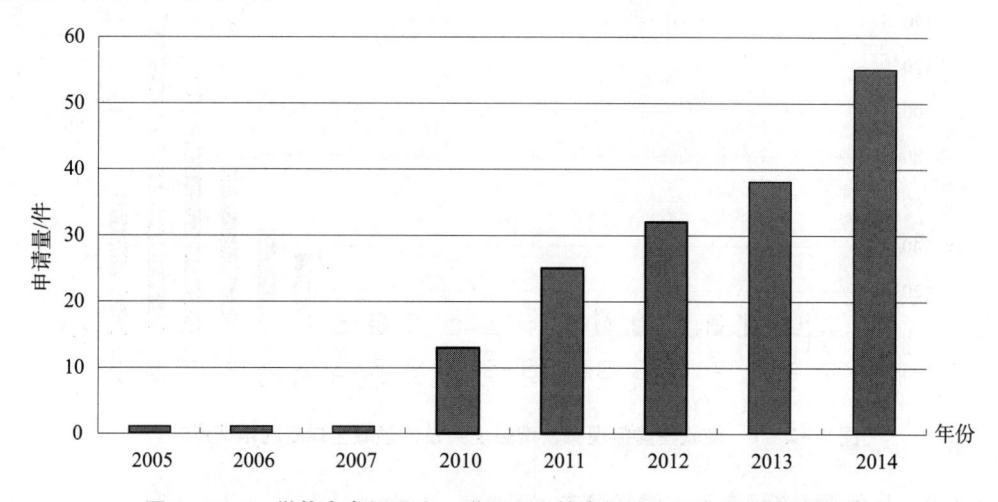

图7-2-3显示了微软在虚拟现实、增强现实技术领域中国专利申请量趋势。由此图可以看出，2005~2007年属于申请的平稳期，申请量很少，2010年开始进入快速增长期，每年持续增加。与全球申请量2014年呈现的下降趋势所不同的是，2014年中国申请量并未回落，而是继续稳步增长。这表明微软越来越重视虚拟现实、增强现实技术在中国的专利布局。

图7-2-3 微软在虚拟现实、增强现实技术领域中国专利申请量趋势

7.2.3 技术主题分析

7.2.3.1 技术主题分布

如图7-2-4所示，在微软涉及虚拟现实、增强现实技术的575项全球专利申请中，259项涉及建模和绘制技术，252项涉及交互技术，244项涉及呈现技术，26项涉及系统集成技术（说明：如果一项专利申请涉及上述技术分支中的多个，则将其归入上述的多个技术分支）。

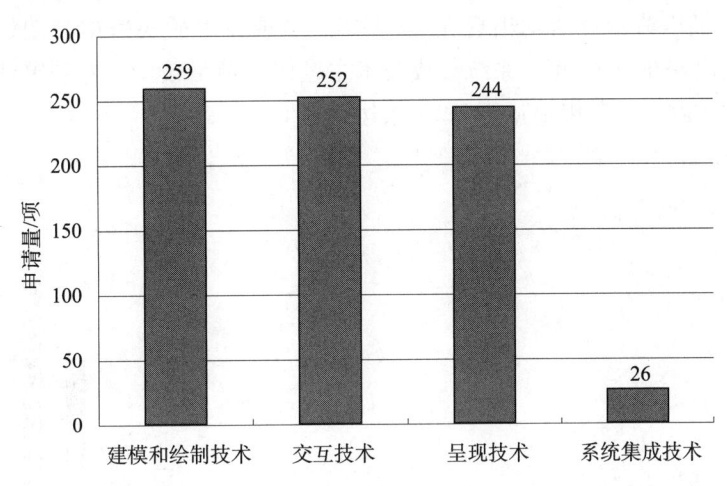

图7-2-4 微软在虚拟现实、增强现实技术领域全球专利申请技术主题分布

检索发现，微软涉及虚拟现实、增强现实技术的中国专利申请共166件，57件涉及建模和绘制技术，95件涉及交互技术，78件涉及呈现技术，3件涉及系统集成技术，比例如图7-2-5所示（说明：如果一件专利申请涉及上述技术分支中的多个，则将其归入上述的多个技术分支）。

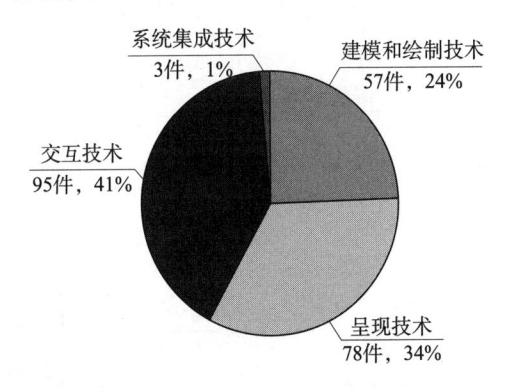

图7-2-5 微软在虚拟现实、增强现实技术领域中国专利申请技术主题分布

从全球专利申请数据可以看出，微软对于虚拟现实/增强现实技术中的四大技术主题均有涉猎，其中建模和绘制技术、交互技术以及呈现技术是其研究的重点，这三个分支的申请量较为均衡。微软在中国的专利申请数据同样支持了这一结论。通过对比微软在全球和在中国的专利申请技术主题分布可知，相较其他技术，微软更为重视交互技术在中国的专利布局。

7.2.3.2 全球技术主题发展趋势

图 7-2-6 至图 7-2-9 显示了对于各个技术主题的全球专利申请趋势进行分析的结果。建模和绘制技术、交互技术以及呈现技术这三个技术主题的研究起步较早，申请量所呈现的趋势与总体的专利申请量趋势大致相同，其中交互技术的增长趋势最为明显。建模和绘制技术申请量的快速增长期始于 2011 年，交互技术的快速增长期始于 2009 年，二者的申请量峰值均出现在 2013 年。呈现技术的快速增长期始于 2010 年，申请量峰值则出现在 2012 年。系统集成技术主题的申请量较少，专利申请的起步也比其他三个技术主题晚，其申请量于 2013 年达到峰值。

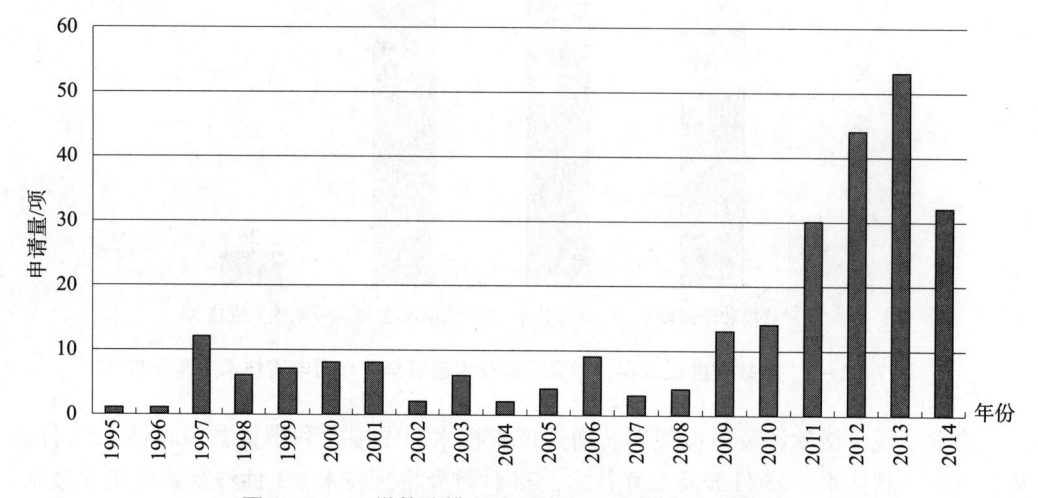

图 7-2-6 微软建模和绘制技术全球专利申请量趋势

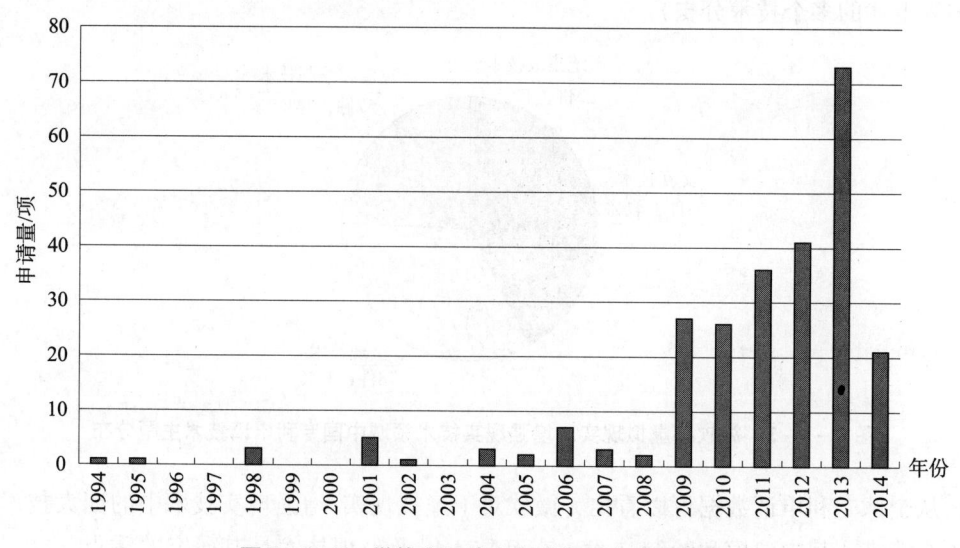

图 7-2-7 微软交互技术全球专利申请量趋势

图 7-2-8 微软呈现技术全球专利申请量趋势

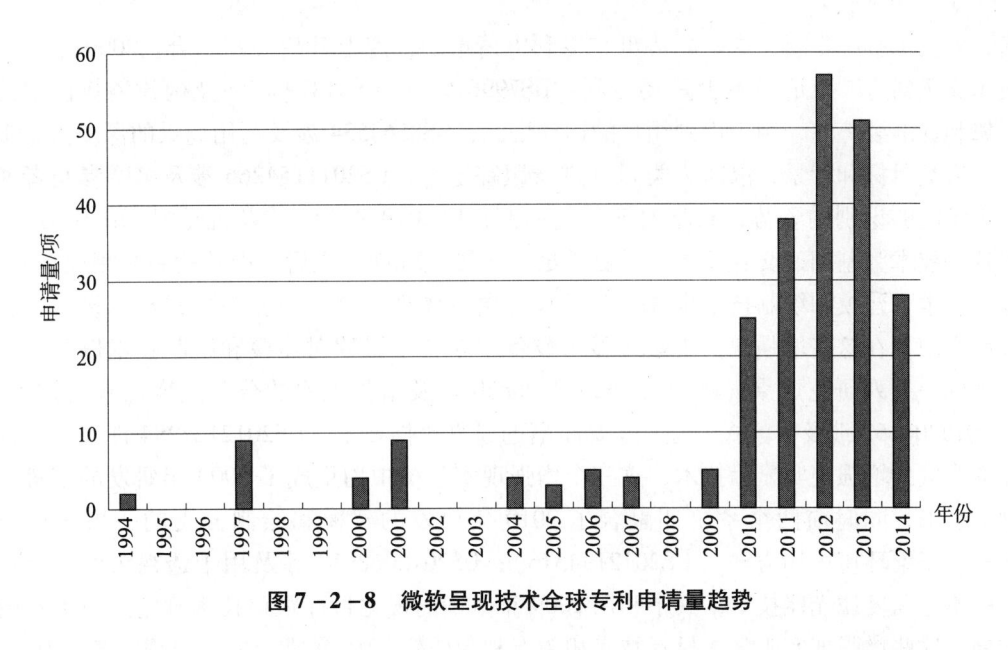

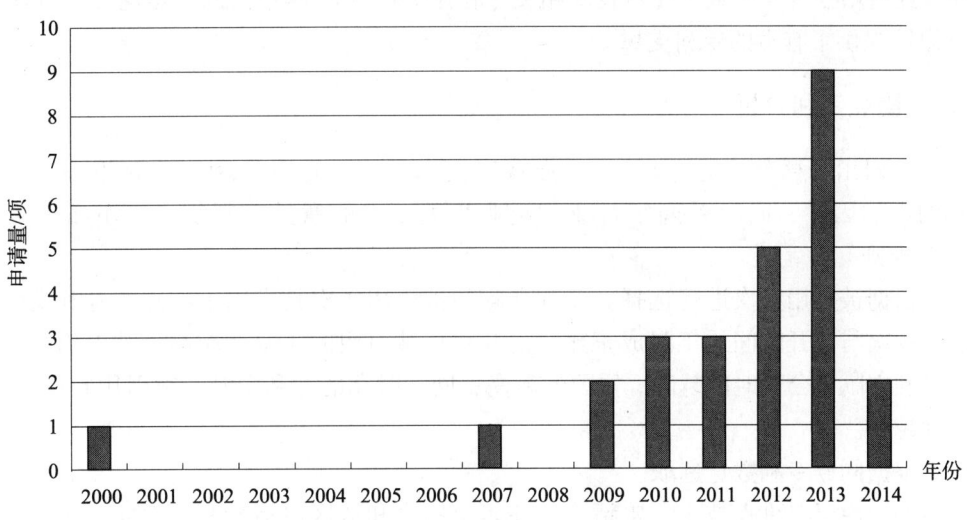

图 7-2-9 微软系统集成技术全球专利申请量趋势

7.3 微软的技术路线和重点专利分析

7.3.1 技术路线

如图 7-3-1（见文前彩色插图第 8 页）所示，从时间维度来看，微软在建模和绘制技术以及系统集成技术这两个主题较早开展深入研究，均开展于 20 世纪 90 年代末期。其中，在系统集成技术中，微软致力于将虚拟图像与真实世界进行高效融合的技术。到了 2000～2005 年，微软开始将研究重心放在交互技术和呈现技术上。自 2009 年起,各技术推陈出新,这一趋势也与专利申请量的快速上升趋势相吻合。2009年交互技术突飞猛进,申请了不少重要专利:US7996793和US8487938涉及构建姿势识别器引擎和标准姿势库,用于识别用户的运动姿态;US8564534涉及利用场景的深度信息来隔离人类目标和背景,以对人类目标进行跟踪定位;US2011154266涉及多个参与者通过系统能够识别的姿势,共享对演示的控制;US2010197399涉及视觉目标跟踪技术。以这些技术为基础,交互技术有了更长足的发展。2009年之后,微软的系统集成技术、呈现技术、建模和绘制技术也在稳步发展,主要体现在增强现实头戴式显示设备的相关研究中,在这些增强现实头戴式显示设备中融合了微软对建模和绘制技术以及交互技术的一系列研究成果。例如,US2012306850涉及增强现实的分布式离散映射技术,US2012206452涉及头戴式增强现实显示器的逼真遮挡技术,US2012127284涉及环绕视频的头戴式增强现实显示技术,这三个增强现实系统中均集成了2009年研发的姿势识别器引擎,同时前两个系统还融合了2010年研发的建模和绘制分支的一项关键技术——三维环境重构方法(US2012194516);US2012068913涉及用于透视头戴式显示器的不透明度滤光器技术,其中利用2009年申请的视觉目标跟踪技术确定用户观看的方向。这些增强现实头戴式显示技术相关专利为微软2015年推出的增强现实产品HoloLens眼镜提供了有力的专利支撑。

7.3.2 重点专利分析

本节列出了微软在虚拟现实/增强现实技术领域的重点专利。课题组根据重点专利的影响因素,同时咨询了行业、企业相关专家的意见,制定了以下重要专利的筛选规则。

①根据被引用频次进行选择。专利文献的被引用频次具有以下特点:专利文献的被引用频次与公开时间的年限成正比,公开越早被引用的频次就越高;被引用频次相同的专利文献,公开时间越晚,重要性越高;同一时期的专利文献,被引用频次越高,重要性越高。

②根据同族专利数量选取。

另外,由于对重点技术,申请人会在多个国家和地区申请专利,因此,在筛选重要专利申请时还考虑了同族专利数量。

③根据当前的法律状态(授权还是驳回)选择。

表7-3-1列出了根据上述规则筛选得到的重点专利。以下选取一些重点专利进行分析。

表7-3-1 微软在虚拟现实、增强现实技术领域的重点专利

公开号	申请日/优先权日	发明名称	申请人	发明人	被引用频次/次	法律状态	中国同族专利法律状态
US6157747	1997-08-01	用于生成图像马赛克的三维图像旋转方法和装置	微软	Shum H. 等	197	授权有效	无
US6166744	1998-09-15	用于合成虚拟图像和真实世界场景的系统	微软	Jaszlics I. J. 等	245	授权有效	无
US6674877	2000-02-03	对物体进行实时视觉追踪的系统和方法	微软	Jojic N. 等	308	授权有效	无
US7394459	2004-04-29	物体之间的交互及虚拟环境显示	微软	Andrew 等	78	授权有效	无
US2005286757	2004-06-28	基于颜色分割的立体3D重构系统和方法	微软	Iii Z. C. L. 等	78	授权有效	授权
US2007110298	2005-11-14	用于游戏的立体视频	微软	Blake A. 等	102	授权有效	授权
US7996793	2009-01-30	姿势识别器系统架构	微软	Latta S. G. 等	253	授权有效	授权
US8487938	2009-01-30	标准姿势	微软	Bennett D. 等	223	授权有效	授权
US2010197399	2009-01-30	虚拟目标跟踪	微软	Gelss R. M. 等	32	授权有效	授权
US8564534	2009-10-07	人类跟踪系统	微软	Lee J. 等	169	授权有效	授权
US2011154266	2009-12-17	用于演示的相机导航	微软	Bathiche S. 等	39	授权有效	授权
US2011175810	2010-01-15	在运动捕捉系统中识别用户意图	微软	Bennett D. A. 等	23	授权有效	授权
US2011300929	2010-06-03	来自多个视听源的信息的合成	微软	Kipman A. A. 等	71	授权有效	授权
US2012068913	2010-09-21	用于透视头戴式显示器的不透明度滤光器	微软	Alrekseu A. A. K. 等	98	授权有效	授权
US2012127284	2010-11-18	提供环绕视频的头戴式显示设备	微软	Bar-Zeev A. 等	18	授权有效	授权
US2012194516	2011-01-31	三维环境重构	微软	Butler D. A. 等	22	授权有效	授权
US8711206	2011-01-31	使用深度图进行移动相机定位	微软	Butler D. A. 等	22	授权有效	授权
US2012306850	2011-06-02	增强现实的分布式异散定位和映射	微软	Balan. A. 等	57	授权有效	无
US2012206452	2012-04-10	用于头戴式、增强现实显示器的遮真遮挡	微软	Crocco R. L. 等	25	授权有效	实审在审

专利 1：US7996793

（1）著录项目

发明名称：姿势识别器系统架构的系统和方法。

被引用数：253 次。

法律状态：美国、中国同族申请授权有效。

（2）发明内容

发明要点：公开了用于姿势识别器系统架构的系统、方法和计算机可读介质。提供了识别器引擎，识别器引擎接收用户运动数据并将该数据提供给多个过滤器。过滤器对应于姿势，可由来自姿势识别器的应用接收信息来调谐，姿势的具体参数——如投掷姿势的手臂加速度——可以按每个应用的水平或单个应用内的多次来设置。每个过滤器可向使用该过滤器的应用输出发生了对应的姿势的置信度水平，以及关于用户运动数据的进一步细节（见图 7-3-2）。

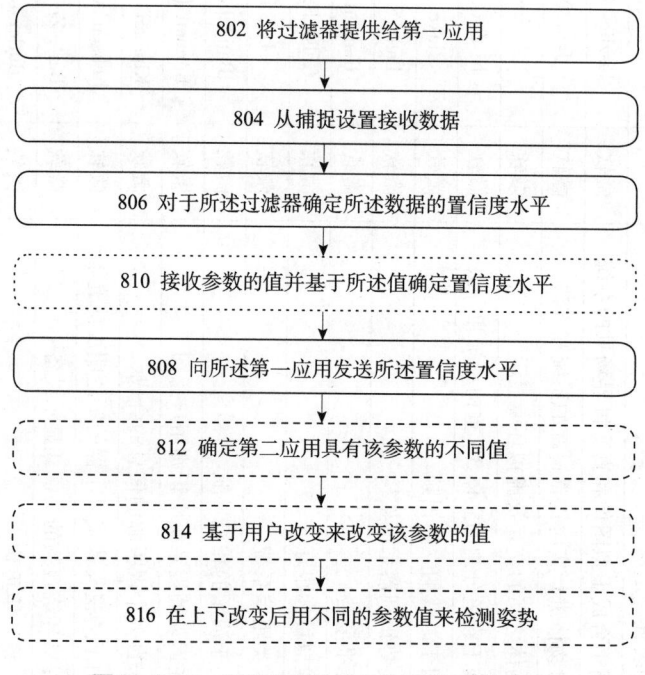

```
802 将过滤器提供给第一应用
        ↓
804 从捕捉设置接收数据
        ↓
806 对于所述过滤器确定所述数据的置信度水平
        ↓
810 接收参数的值并基于所述值确定置信度水平
        ↓
808 向所述第一应用发送所述置信度水平
        ↓
812 确定第二应用具有该参数的不同值
        ↓
814 基于用户改变来改变该参数的值
        ↓
816 在上下改变后用不同的参数值来检测姿势
```

图 7-3-2　US7996793 中文同族专利的附图

权利要求：

1. 一种用于提供对用户向第一应用作出的姿势的识别的方法，包括：

将表示姿势的过滤器提供给第一应用，所述过滤器包括关于该姿势的基本信息（802）；

接收由相机捕捉的数据，所述数据对应于所述第一应用（804）；

将所述过滤器应用于所述数据并从关于所述姿势的所述基本信息中确定输出（806）；以及

向所述第一应用发送所述输出（808）。

(3) 技术分析

该项专利属于交互技术主题中的体感识别技术,是微软在虚拟现实、增强现实技术发展路线上的重要节点。一方面,微软在这项技术的基础上又进一步衍生出了一系列交互技术并提交了相关专利申请,例如手势识别方法(US20110289455)、多模态性别识别方法(US8675981)、视觉目标跟踪方法(US8267781)、手指识别追踪方法(US20120309532);另一方面,微软在研发作为旗下重要产品的增强现实头显系统并对其中的关键技术进行一系列专利布局的过程中,以这项专利为基础的姿势识别器引擎也作为核心模块之一被集成到这些增强现实头显系统中,例如,增强现实的分布式离散映射技术(US2012306850)、头戴式增强现实显示器的逼真遮挡技术(US2012206452)、环绕视频的头戴式增强现实显示技术(US2012127284)。

微软就该技术内容提交了PCT申请,指定进入中国,当前该项专利在美国和中国均已获授权,并处于有效状态。因此若中国企业在国内实施该专利技术,则存在侵权风险。中国企业也可以考虑在该专利的基础上加以改进,并申请专利。

专利2:US2012194516

(1) 著录项目

发明名称:三维环境重构。

被引用数:22次。

法律状态:美国、日本、中国同族专利授权有效,欧洲同族专利待审,韩国同族专利申请被驳回。

(2) 发明内容

发明要点:描述了三维环境重构。在一示例中,在由存储在存储器设备上的体素组成的3D容体中生成真实世界环境的3D模型。该模型从描述相机位置和定向的数据以及具有指示相机离环境中的一个点的距离的像素的深度图像中构建。单独的执行线程被分配给容体的平面中的每一个体素。每一个线程使用相机位置和定向来确定其相关联的体素的对应的深度图像位置,确定与相关联的体素和环境中的对应位置处的点之间的距离相关的因子,并且使用该因子来更新相关联的体素处的存储值。每一个线程迭代通过容体的其余平面中的等价体素,从而重复该过程以更新存储值(见图7-3-3)。

权利要求:

1. 一种生成真实世界环境的3D模型的计算机实现的方法,包括:

在存储器设备(810、816)中创建(400)用于存储所述模型的三维容体(500),所述容体(500)包括多个体素(512、610);

接收(402)描述捕捉设备(102、204、302、306)的位置和定向的数据以及从所述捕捉设备(102、204、302、306)输出的所述环境的至少一部分的深度图像(314),所述深度图像(314)包括多个像素,每一个指示从所述捕捉设备(102、204、302、306)到所述环境中的一点(614)的距离;

将单独的执行线程(404)分配给所述容体(500)的平面中的每一个体素(512、610);

每一个执行线程使用所述捕捉设备(102、204、302、306)位置和定向来确定其

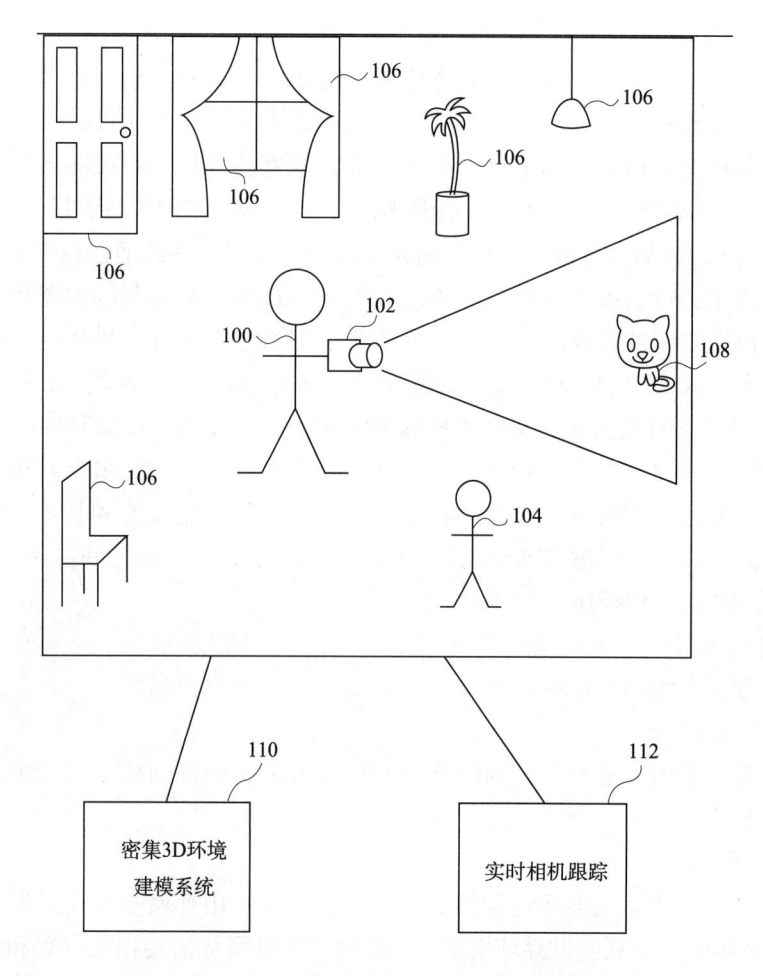

图 7-3-3 US2012194516 中文同族专利的附图

相关联的体素（512、610）在所述深度图像（314）中的对应位置，确定与所述相关联的体素（512、610）和所述环境中的所述对应位置处的所述点（614）之间的距离相关的因子，并且使用所述因子来更新所述相关联的体素（512、610）处存储的值；以及每一个执行线程迭代通过所述容体（500）的每一个剩余平面中的等价体素（512、610）并且重复确定因子和更新所述相关联的体素（512、610）处存储的值的步骤，其中所述使用所述因子来更新所述相关联的体素处存储的值的步骤包括将所述因子与存储在所述相关联的体素处的先前值求和，或者其中所述确定所述因子的步骤包括计算所述相关联的体素和所述环境中的所述对应位置处的所述点之间的带符号的距离函数，以使得如果所述相关联的体素位于所述点的第一侧，则所述因子具有正值，并且如果所述相关联的体素位于所述点的相对侧，则所述因子具有负值。

（3）技术分析

该项专利属于建模和绘制技术，是微软在虚拟现实/增强现实技术发展路线上较为重要的节点。微软在研发作为旗下重要产品的增强现实头显系统并对其中的关键技术进行一系列专利布局的过程中，以该专利为基础的三维环境重构方法被融合到增强现实头显系统中，例如增强现实的分布式离散映射技术（US2012306850）和头戴式增强现实显示器的逼真遮挡技术（US2012206452）。

微软就该技术内容提交了 PCT 申请，指定进入多个国家，包括中国。当前该项专利在美国、日本和中国均已获授权，并处于有效状态。因此若中国企业在国内实施该专利技术，则存在侵权风险。中国企业也可以考虑在该专利的基础上加以改进，并申请专利。

专利 3：US2012068913

（1）著录项目

发明名称：用于透视头戴式显示器的不透明度滤光器。

被引用数：98 次。

法律状态：美国、中国、日本同族专利授权有效，欧洲、韩国同族专利待审。

（2）发明内容

发明要点：公开了用于透视头戴式显示器的不透明度滤光器。一种光学透视头戴式显示设备，包括透视透镜，所述透视透镜将增强现实图像与来自真实世界场景的光结合，同时使用不透明度滤光器选择性阻挡该真实世界场景的部分以便该增强现实图像看上去更清晰。该不透明度滤光器可以是透视 LCD 面板，例如，基于该增强现实图像的大小、形状和位置，该 LCD 面板的每个像素能被选择性地控制为透射的或不透明的。眼睛跟踪可用于调整该增强现实图像和不透明像素的位置。不在该增强现实图像后面的该不透明度滤光器的外围区域可被激活以提供外围提示或该增强现实图像的表示。另外，在不存在增强现实图像的时刻，提供不透明像素（见图 7-3-4）。

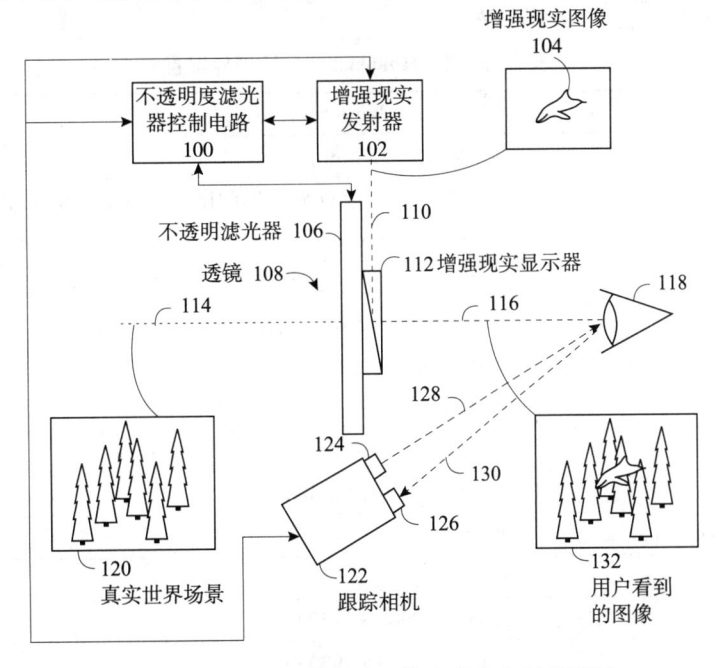

图 7-3-4　US2012068913 中文同族专利的附图

权利要求：

1. 一种光学透视头戴式显示设备，包括：

当所述显示设备由用户佩戴时在所述用户的眼睛（118）和真实世界场景（120）之间延伸的透视透镜（108），所述透视透镜包括具有多个像素的不透明度滤光器（106），每个像素能被控制以调整所述像素的不透明度，所述透视透镜还包括显示组件（112）；

增强现实发射器（102），所述增强现实发射器使用所述显示组件向所述用户的眼睛发射光，所述光代表具有形状的增强现实图像；以及

至少一个控制（100），所述至少一个控制控制所述不透明度滤光器，以为所述不透明度滤光器的从所述用户的眼睛的视角看在所述增强现实图像后面的像素提供增加的不透明度，所述不透明度滤光器的在所述增强现实图像后面的像素包括沿着所述形状的周界的像素以及在所述形状的所述周界之内的像素，并且所述至少一个控制还为所述不透明度滤光器的、在所述周界周围具有一致厚度的区域内的围绕所述周界的像素提供增加的不透明度。

（3）技术分析

该项技术属于系统集成技术，微软较为重视该项专利申请，就该技术内容提交了PCT申请，指定进入多个国家，其中包括中国。当前该项专利在美国、日本和中国均已获授权，并处于有效状态。因此若中国企业在国内实施该专利技术，则存在侵权风险。中国企业也可以考虑在该专利的基础上加以改进，并申请专利。

7.3.3 Hololens 产品及其相关专利

HoloLens（见表7-3-2）是微软开发的一款增强现实头戴式显示器，该产品于北京时间 2015 年 1 月 22 日凌晨发布。

表7-3-2 Hololens 产品的硬件配置

Hololens Hardware Specifications	
OS	Windows 10.0.11802.1033 32-bit
CPU	Intel Atom×5-Z8100 1.04GHz，Airmont 架构32位，14nm（一些报道为 Atom Cherry Trail SoC CPU）
HPU（全息处理单元）	24 个 DSP 核心，6500 万个逻辑门，8MB 的 SRAM 内存，以及1GB 的低电压 DDR3 内存，TSMC 28nm 制程
GPU Vendor ID	8086h（Intel）
Video Memory	114MB（dedicated）/980MB（Share）
RAM	2GB
Storage	64GB（54.09GB available）
App Memory Usage Limit	900MB
Battery	16500mWh
Camera Photos	2.4MP（2048×1152）
Camera Video	1.1MP（1408×792）

续表

Hololens Hardware Specifications	
Video Speed	30FPS
Sensors	1个 IMU（惯性测量单元） 4个 environment understanding cameras 1个 depth camera 2个 2MP photo/HD video camera 4个 microphones 1个 ambient light sensor
Optics	See – through holographic lenses（waveguides） 2HD 16∶9 light engines Automatic pupillary distance calibration Holographic Resolution：2.3M total light points Holographic Density：>2.5k radiants（light points per radign）

  Hololens 产品的关键技术难点包括三维注册、显示、人机交互等技术，通过摄像头获取真实环境信息，结合传感器进行定位跟踪、交互，通过显示设备生成虚拟场景，叠加到现实场景。

  在人机交互方面，Hololens 采用 Windows10 操作系统，因而同样具备自带的语音系统 cortana；Hololens 同时还采用了微软 Kinect 的手势识别技术 TOF（Time of Flight），与早期的技术相比，TOF 是三维手势识别中最简单的，不需要任何计算机视觉方面的计算，并且 TOF 技术刷新速率更快，并且有更好的扫描精度。

  三维注册过程通过实时检测用户头部位置和方向，确定要添加的虚拟内容在摄像机坐标系下的位置，包括标定（确定摄像头内部参数）、跟踪定位（确定虚拟内容相对位置）、虚实对齐等环节。其中，目前跟踪定位技术的主流研究方向是即时定位与地图构建（Simultaneous Localization and Mapping，SLAM），根据摄像头、传感器的信息，一边计算自身位置，一边构建环境地图，SLAM 能够随时扩展使用场景，并且可以保证局部的定位精度。增强现实系统采用基于视觉的 SLAM 算法，通过两帧或多帧图像估计位姿变化。微软在该领域也进行了研发。多传感器融合、优化数据关联、提升鲁棒性和重定位精度等方面都是未来关注的重点，而且头戴式设备电池、处理器、传感器等硬件性能比较低，改善算法的需求更加迫切。

  Hololens 硬件最为重要的部分就是显示/光学单元，其也是增强现实硬件的核心。Hololens 基本原理使用的是立体（Stereoscopic）近眼 3D 技术，配备两片光导透明全息透镜（See – through holographic lenses，waveguides），虚拟内容采用硅基液晶（LCos）投影技术，从前方的微型投影仪投射到光导透镜后进入人眼，同时也让现实世界的光透进来。

  微软十分重视其产品及其各项技术在全球的专利布局，表 7 – 3 – 3 列出了 Hololens 产品的相关主要专利。

表7-3-3 Hololens产品的主要相关专利

公开号	申请日/优先权日	发明名称	申请人	发明人	引用频次/次	法律状态	中国同族专利法律状态
US2012068913	2010-09-21	用于透视头戴式显示器的不透明度滤光器	微软	Alrekseu A. A. 等	98	授权	授权
US2012127284	2010-11-18	提供环绕视频的头戴式显示设备	微软	Bar-zeev A. 等	18	授权	授权
US2012229508	2011-03-10	照片表示视图的基于主题的增强	微软	Tedesco M. 等	3	待审	实审在审
US2013169683	2011-08-30	具有虹膜扫描剖析的头戴式显示器	微软	Alex A. K. 等	0	授权	视为撤回
US9286711	2011-09-30	具有全息对象的个人音频/视频系统	微软	Clavin J. 等	0	授权	授权
US2013137076	2011-11-30	基于头戴式显示器的教育和指导	微软	Clavin J. 等	3	待审	视为撤回
US9223138	2011-12-23	用于增强现实的像素不透明度	微软	Bohn D. D.	0	授权	授权
US8917453	2011-12-23	反射阵列波导	微软	Boh D. N. 等	1	授权	实审在审
US2012206452	2012-04-10	用于头戴式、增强现实显示器的逼真遮挡	微软	Crocco R. L. 等	25	授权	实审在审
US2014145914	2012-11-29	头戴式显示器资源管理	微软	Balan. A. 等	0	待审	实审在审
US2014152558	2012-11-30	使用IMU的直接全息图操纵	微软	Crocco R. L. 等	0	驳回	实审待审
US9016857	2012-12-06	眼镜上的多点触摸交互	微软	Benko H. 等	0	授权	实审待审
US2014160157	2012-12-11	由人触发的全息提醒	微软	Ambrus A. J. 等	0	驳回	实审待审
US2014168735	2012-12-19	波导显示器中经显复用全息图的小块化	微软	Bohn D. D. 等	0	待审	实审在审
US2014176528	2012-12-20	自动立体增强现实显示器	微软	Robbins S. J. 等	0	驳回	待审在审
US2014192084	2013-01-10	混合现实显示调节	微软	Kinnebrew P. T. 等	0	授权	待审
US9412201	2013-01-22	混合现实过滤	微软	Kamuda N. 等	0	驳回	实审待审
US2014237366	2013-02-19	上下文知晓增强现实对象命令	微软	Brown C. 等	0	驳回	实审待审
US2014241612	2013-02-23	实时立体匹配	微软	Blair M. 等	0	待审	实审待审

续表

公开号	申请日/优先权日	发明名称	申请人	发明人	引用频次/次	法律状态	中国同族专利法律状态
US2014253589	2013-03-08	用于生成增强现实体验的难以察觉的标签	微软	Clevenger J. 等	0	待审	实审待审
US9367136	2013-04-12	全息图对象反馈	微软	Brown C. G. 等	0	授权	实审待审
US9390561	2013-04-12	个人全息告示牌	微软	Amador-leon R. 等	0	授权	实审待审
US9245387	2013-04-12	全息图快照网格	微软	Brown C. G. 等	0	授权	实审待审
US9245388	2013-05-13	虚拟对象与表面的交互	微软	Alt G. L. 等	0	授权	实审待审
US9367960	2013-05-22	增强现实对象的身体锁定放置	微软	Ambrus T. 等	0	授权	实审待审
US9230368	2013-05-23	全息锚定和动态定位	微软	Crocco R. 等	0	授权	实审待审
US2014372944	2013-06-12	用户焦点控制的有向用户输入	微软	Burns A. 等	0	驳回	实审待审
US2014368537	2013-06-18	共享的和私有的全息物体	微软	Crocco R. L. 等	0	待审	实审待审
US9230473	2013-06-24	增强现实体验中允许对于具有恒定亮度的减少的运动模糊控制进行动态控制的双占空比OLED	微软	Corlett B. 等	0	授权	实审待审
US9129430	2013-06-25	指示视野外的增强现实图像	微软	Ambrose T. 等	0	授权	实审待审
US2015002542	2013-06-28	增强现实体验的重投影OLED显示	微软	Chan C. 等	0	授权	实审待审

7.4 小　　结

微软的研究覆盖了虚拟现实、增强现实技术中的四大技术主题，重点关注的是建模和绘制技术、交互技术以及呈现技术。与其他几个技术主题相比，微软更为重视交互技术在中国的专利布局。重要专利主要分布在建模和绘制技术、交互技术这两大主题。微软重视在全球的专利布局，特别是在中国和欧洲的专利布局。微软在中国的专利申请在 2009 年左右进入快速增长期，在 2014 年全球专利申请量有所回落的情况下，在中国的申请量仍然稳步增长，这表明微软越来越重视虚拟现实、增强现实技术在中国的专利布局。

从时间维度来看，微软在建模和绘制技术以及系统集成技术这两个主题较早开展深入研究，均开展于 20 世纪 90 年代末期。到了 2000～2005 年，微软开始将研究重心放在交互技术和呈现技术上。自 2009 年起，各技术推陈出新，这一趋势也与专利申请量的快速上升趋势相吻合。2009 年交互技术突飞猛进，申请了不少重要专利，以这些技术使基础交互技术有了更长足的发展。2009 年之后，系统集成技术、呈现技术、建模和绘制技术也在稳步发展，主要体现在增强现实头戴显示设备的相关研究中，并且在这些增强现实头戴显示设备中还引入了微软对交互技术以及建模和绘制技术的一系列研究成果。这些增强现实头戴显示技术相关专利为微软 2015 年推出的增强现实产品 HoloLens 眼镜提供了有力的专利支撑。

国内相关企业应高度重视微软等虚拟现实、增强现实领域重点企业的技术发展路线和专利申请情况，及时跟踪重点技术的发展动向及其专利布局动态，有效利用这些产业巨头的专利技术，在技术研发和专利申请上有所侧重，在提高技术研发起点的同时有针对性地规避专利风险。借鉴微软的经验，国内相关企业可以在部分技术领域尝试与国内外企业进行技术合作，或者与国内外部分高校和科研机构进行联合创新。对于在该领域起步较晚但经济实力雄厚的企业，还可以考虑收购其他技术公司或相关专利。同时，国内各相关企业可以积极建立产业联盟，产业联盟是行业内的攻守同盟，可以在联盟之内实现技术共享和专利互授，通过专利共享和交叉许可，联盟成员可以共同应对联盟之外的专利诉讼。最后，建议国内相关企业积极在虚拟现实、增强现实领域参与标准制定，增强企业在整个技术和产业发展中的话语权。

第8章 头戴显示器专利分析

提到虚拟现实、增强现实,人们最先想到的就是头戴显示器。头戴显示器不单是虚拟现实、增强现实呈现技术下的一个重要分支,也是虚拟现实、增强现实体系最直观的体现。头戴显示器是在观看者双眼前各放置一个显示屏,观看者的左右眼只能分别观看到显示在对应屏上的左右视差图,从而提供给观看者一种沉浸于虚拟世界的感觉。虚拟现实头戴显示器是利用仿真技术、计算机图形学、人机接口技术、多媒体技术、传感技术、网络技术等多种技术集合的产品,是借助计算机及最新传感器技术创造的一种崭新的人机交互手段。广义的虚拟现实头戴显示器不仅包括各种外接式头戴设备、一体式头戴设备、移动端头戴设备、虚拟现实或增强现实眼镜等产品,也包括划时代的虚拟现实隐形眼镜。本章通过对头戴显示器技术全球和中国的专利申请数据进行分析,了解头戴显示器技术的发展趋势、申请人构成、重点功效,并尝试分析头戴显示器技术针对虚拟现实晕动症的技术应对。

8.1 头戴显示器全球专利申请分析

8.1.1 专利技术趋势分析

经过检索,获得全球范围内头戴显示器技术的专利申请2797项,图8-1-1是头

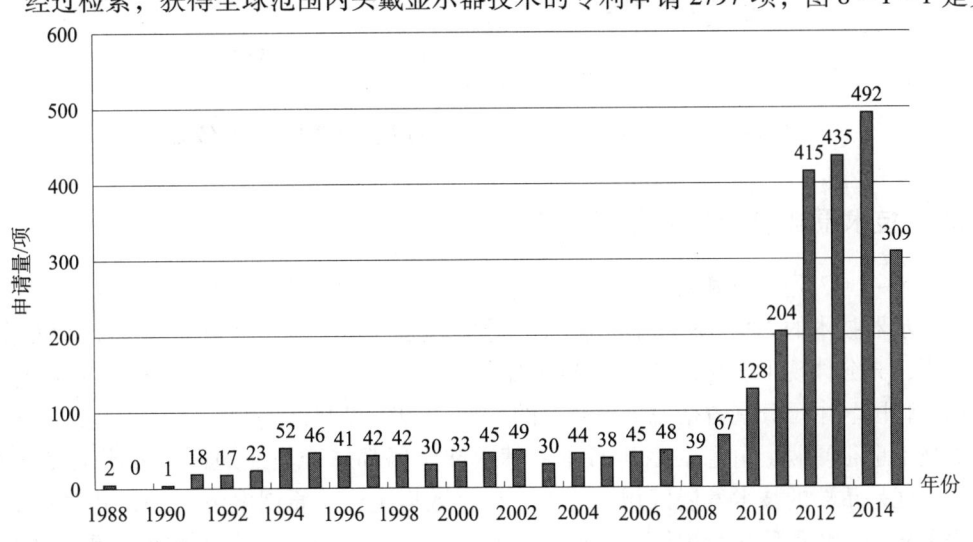

图 8-1-1 头戴显示器技术在全球范围申请量趋势

戴显示器技术在全球范围申请量趋势。数据显示，2008年以前头戴显示器技术的申请量一直保持稳定，2009年起，该技术下的专利申请量开始迅猛增长，从2009～2012年，每年的专利申请量相对前一年几乎都翻了一番；2012年以来，该技术下的专利申请量又进入了平稳增长阶段，到2014年达到最大的年申请量492项，由于部分申请还未公开，2014年和2015年的申请量统计不完全。

8.1.2 主要申请人分析

图8-1-2示出了头戴显示器技术全球专利主要申请人的排名情况。如图8-1-2所示，排名第一位的谷歌，其申请量为186项，该公司的谷歌眼镜等产品得到了头戴显示器技术方面的专利支持；排名第二位的索尼，其申请量为127项，该公司的PlayStation VR头戴显示器也得到了一定的专利支持；排名第三位至第五位的三星电子、Osterhout、Magic Leap的申请量分别为65项、63项和62项，这三家公司也都是虚拟现实、增强现实领域非常有影响力的公司。

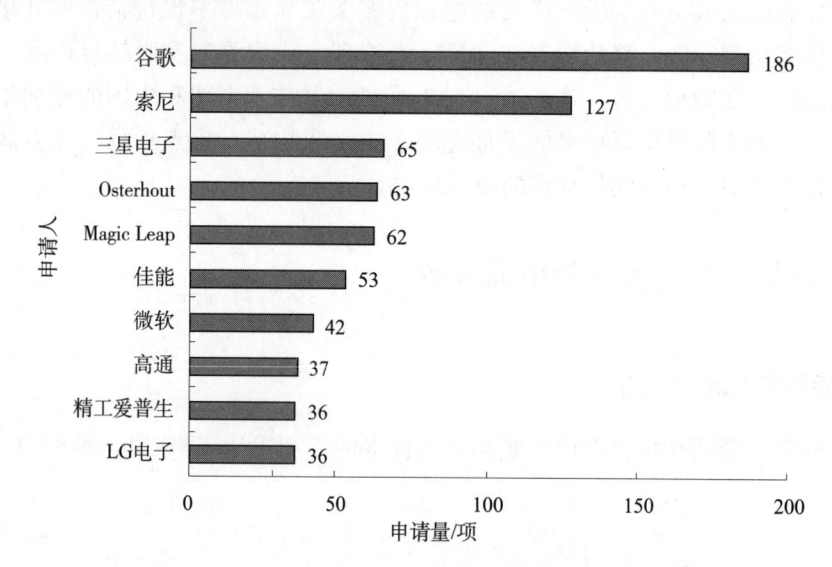

申请人	申请量/项
谷歌	186
索尼	127
三星电子	65
Osterhout	63
Magic Leap	62
佳能	53
微软	42
高通	37
精工爱普生	36
LG电子	36

图8-1-2 头戴显示器技术全球专利主要申请人的排名情况

8.1.3 技术原创国或地区申请量分布分析

图8-1-3是头戴显示器技术全球范围内技术原创国或地区申请量分布情况。在头戴显示器技术的2797项专利申请中，原创国为美国的专利申请有1378项，约占总量的一半，充分体现了美国对于头戴显示器技术发展的前瞻性以及对专利保护的重视。日本、韩国、中国分别占据原创申请量的15%、10%和4%，表明这三个国家对头戴显示器技术也很重视。并且，由于日本、韩国和中国都属于东亚地区，表明除美国外，东亚地区是重要的技术发展区域。此外，根据数据统计，原创申请为PCT申请的数量占到了9%，比重不小，说明头戴显示器技术是一项热点技术，各国均较为重视其专利布局，因此许多发明将PCT申请作为首次申请。

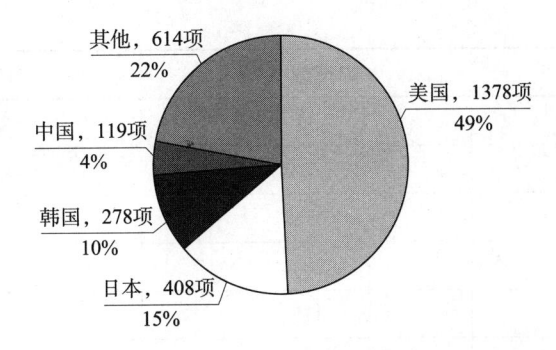

图 8-1-3 头戴显示器技术全球范围内技术原创国申请量分布情况

8.1.4 技术生命周期分析

表 8-1-1 和图 8-1-4 显示了头戴显示器技术所经历的技术生命周期。

表 8-1-1 头戴显示器技术在全球范围内的申请量和申请人数量

年份	申请量/项	申请人数量/个
1988	2	2
1990	1	1
1991	18	15
1992	17	16
1993	23	17
1994	52	41
1995	46	36
1996	41	29
1997	42	32
1998	42	33
1999	30	23
2000	33	28
2001	45	33
2002	49	34
2003	30	18
2004	44	30
2005	38	27
2006	45	30
2007	48	35

续表

年份	申请量/项	申请人数量/个
2008	39	28
2009	67	41
2010	128	56
2011	204	96
2012	415	204
2013	435	260
2014	492	258
2015	309	159

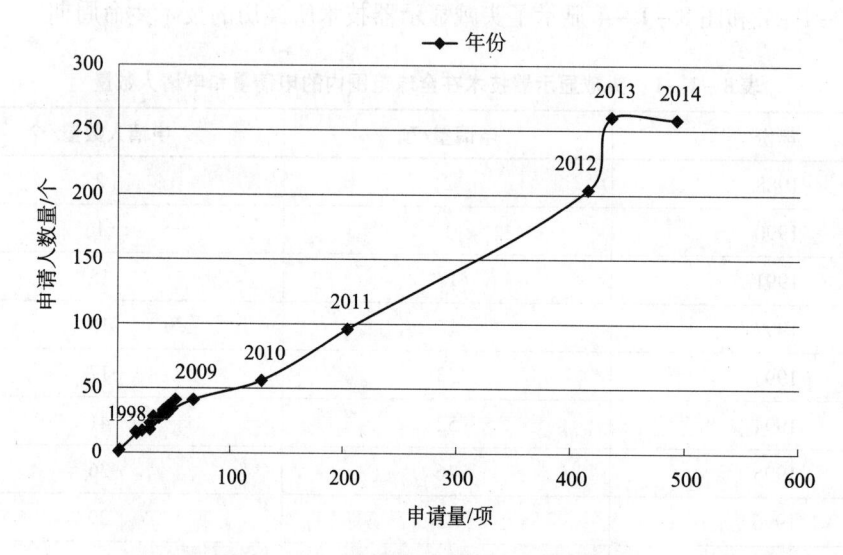

图 8-1-4 头戴显示器技术生命周期图

（1）技术萌芽期（1988~2008年）

2008年以前头戴显示器技术在全球范围内的申请量和申请人数量一直保持稳定，说明这一期间，头戴显示器技术并没有特定的针对市场，企业对该技术的投入意愿不高。

（2）技术成长期（2009年至今）

2009~2012年，头戴显示器技术下的专利申请量开始迅猛增长，每年的专利申请量相对前一年几乎都翻了一番，伴随着申请量的急速增长，申请人数量也经历了快速增长，申请人数量由2009年的41个上升为2012年的204个；2013年和2014年，尽管申请量的增幅有所放缓，但申请人数量仍然持续增长，由于部分申请还未公开，2014年和2015年的统计不完全。可见，在这一阶段，随着技术的不断发展、市场不断扩张，进入该技术领域的企业也不断增多。目前，头戴显示器技术仍处于技术成长期阶段，这对头戴显示器技术的相关企业而言是一个机遇。

8.1.5 小　　结

在全球范围内，虚拟现实、增强现实头戴显示器技术仍处于技术成长期阶段，这对头戴显示器技术的相关企业而言是一个机遇。美国作为最大的技术原创国，对于头戴显示器技术发展具有较高的前瞻性。作为一项热点技术，各国均较为重视头戴显示器技术专利布局，因此许多发明将PCT申请作为首次申请。

8.2　头戴显示器中国专利申请分析

8.2.1　专利技术趋势分析

经过检索，在中国涉及头戴显示器技术的专利申请共计1112件，其中，发明专利有807件，占总申请的72%，实用新型专利占总申请量的24%，外观设计专利很少，占4%。

图8-2-1是头戴显示器技术中国国内的历年申请量趋势。数据显示，1995~2008年，该技术下的专利申请基本保持稳定，除2007年申请量为26件以外，其他年份的申请量均未超过20件。2009年的申请量较2008年翻了一番，并带来了专利申请量的第一个小高峰——2009~2011年，此后，专利申请量飞跃增长，到2015年达到最高的年申请量308件。可见，近几年来，中国在头戴显示器技术领域中发展速度较快，与全球趋势基本同步。

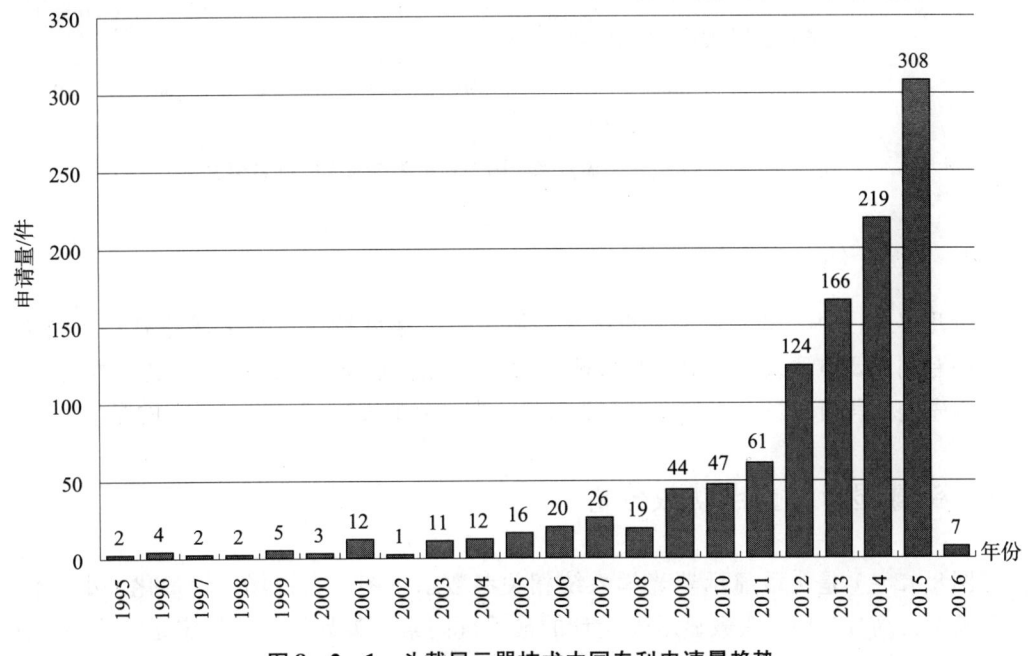

图8-2-1　头戴显示器技术中国专利申请量趋势

8.2.2 主要申请人分析

图8-2-2是头戴显示器技术中国专利主要申请人的排名情况。如图8-2-2所示，排名前两位的是索尼和微软，申请量分别为62件和58件，这与呈现技术中国专利排名中排名前两位是相同的。排名第三位的是谷歌，申请量为36件，然而谷歌在头戴显示器技术全球专利申请人中的排名是首位，可见，谷歌虽然对头戴显示器技术的全球专利布局非常重视，然而针对中国市场的专利布局要稍弱一些。排名第四位和第五位的申请人是LG电子和精工爱普生，这两家公司对头戴显示器技术的专利布局也都比较重视。排名第六位的是北京理工大学，可见，作为国内先进的科研力量，国内高校在头戴显示器技术的研发方面具有了一定的竞争力。

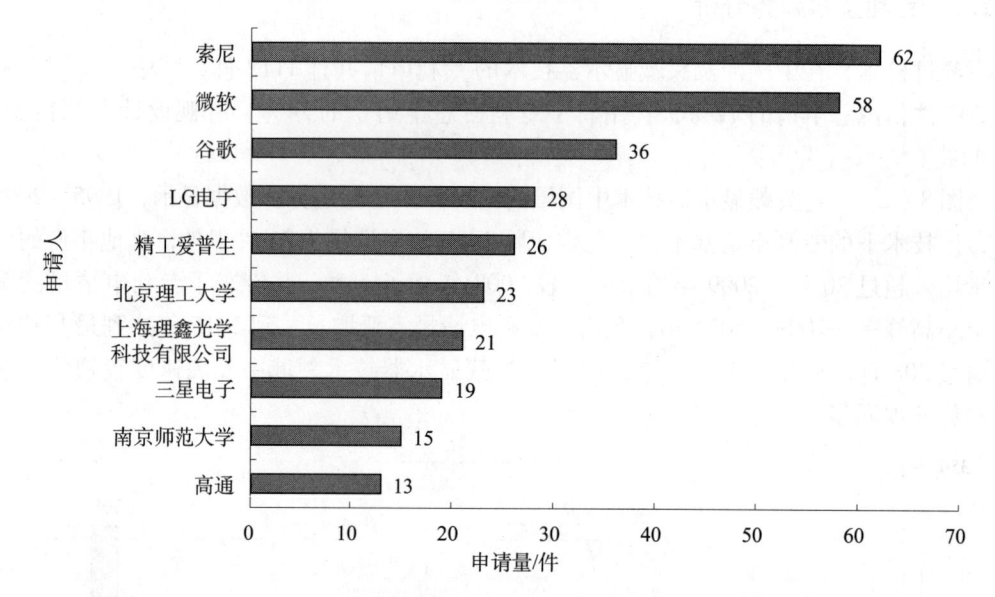

申请人	申请量/件
索尼	62
微软	58
谷歌	36
LG电子	28
精工爱普生	26
北京理工大学	23
上海理鑫光学科技有限公司	21
三星电子	19
南京师范大学	15
高通	13

图8-2-2 头戴显示器技术中国专利主要申请人的排名情况

8.2.3 小　结

近几年来，中国在头戴显示器技术领域中发展速度较快，与全球趋势基本同步。在中国专利主要申请人排名中，北京理工大学、南京师范大学也榜上有名，可见，作为国内先进的科研力量，国内高校在头戴显示器技术研发方面具有了一定的竞争力。

8.3 头戴显示器重点功效分析

图8-3-1是头戴显示器光学系统相关参数示意图。大视场，轻量化、小型化、可移动性，高分辨率是头戴显示器设计的最关键因素。头戴显示器标定是指头戴显示器显示的虚拟图像和真实世界的对准，跟踪主要包括头位跟踪与视线跟踪。除了标定技术外，头戴显示器还存在其他一些虚实融合的问题，归入虚实融合功效类目中。降

低系统时延是解决虚拟现实晕动症的最主要、最直接的手段。由于呈现的是立体图像，畸变和双目竞争也是头戴显示器需要克服的困难。此外，与其他光学系统一样，散热、出瞳直径、瞳距、出瞳距离、光能利用率等都是头戴显示器需要考量的因素。

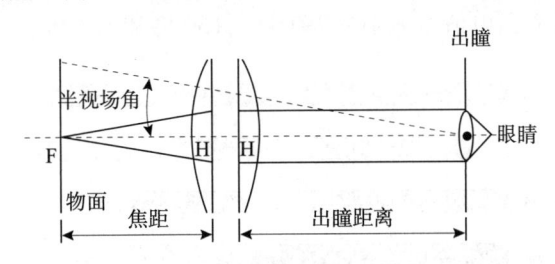

图 8-3-1　头戴显示器光学系统相关参数示意图

综合以上因素考虑，课题组将头戴显示器技术的重点功效划分为：大视场，轻量化、小型化，高分辨率，准确标定、跟踪，小畸变，虚实融合，消除双目竞争影响，低时延，大出瞳直径，散热，瞳距匹配，大出瞳距离，高光能利用率以及其他减轻晕动的因素等方面。

图 8-3-2 示出在全球范围的头戴显示器技术各重点功效分布情况，如图 8-3-2 所示，涉及头戴显示器轻量化、小型化的申请量为 763 项，排在第二位、第三位的是高分辨率和小畸变，分别为 574 项和 568 项，之后是大视场，准确标定、跟踪以及低时延，申请量分别为 475 项、452 项和 412 项。

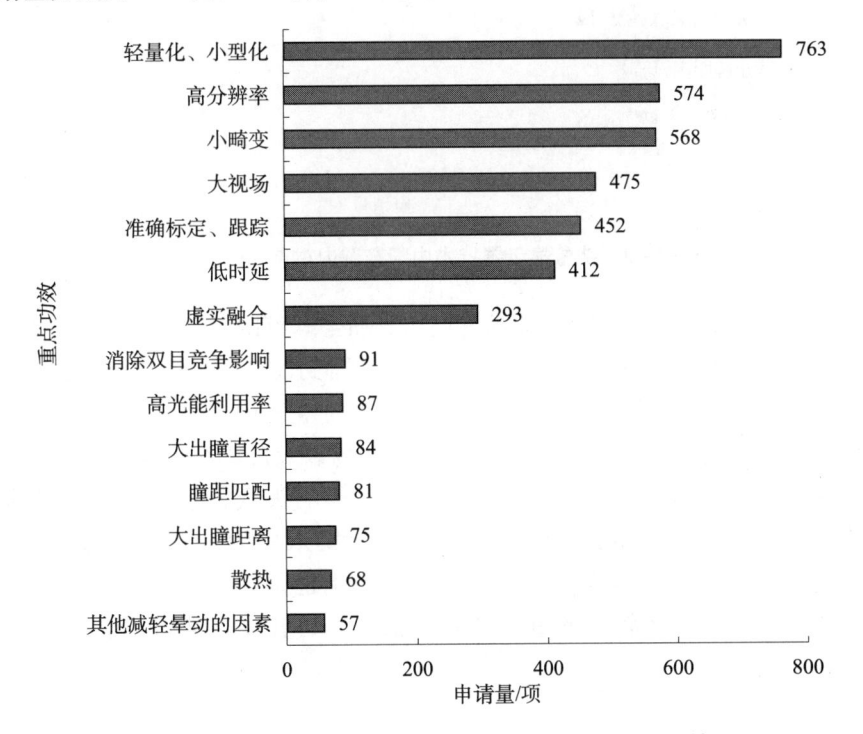

重点功效	申请量/项
轻量化、小型化	763
高分辨率	574
小畸变	568
大视场	475
准确标定、跟踪	452
低时延	412
虚实融合	293
消除双目竞争影响	91
高光能利用率	87
大出瞳直径	84
瞳距匹配	81
大出瞳距离	75
散热	68
其他减轻晕动的因素	57

图 8-3-2　头戴显示器技术全球范围内重点功效分布情况

图 8-3-3 示出在中国范围内的头戴显示器技术各重点功效分布情况。如图 8-3-3 所示，涉及头戴显示器大视场功效的申请量最多，为 257 件，排在第二位的功效是轻量化、小型化，申请量为 211 件，排在第三位至第五位的功效分别是高分辨率，准确标定、跟踪以及小畸变，申请量分别为 191 件、169 件和 131 件。

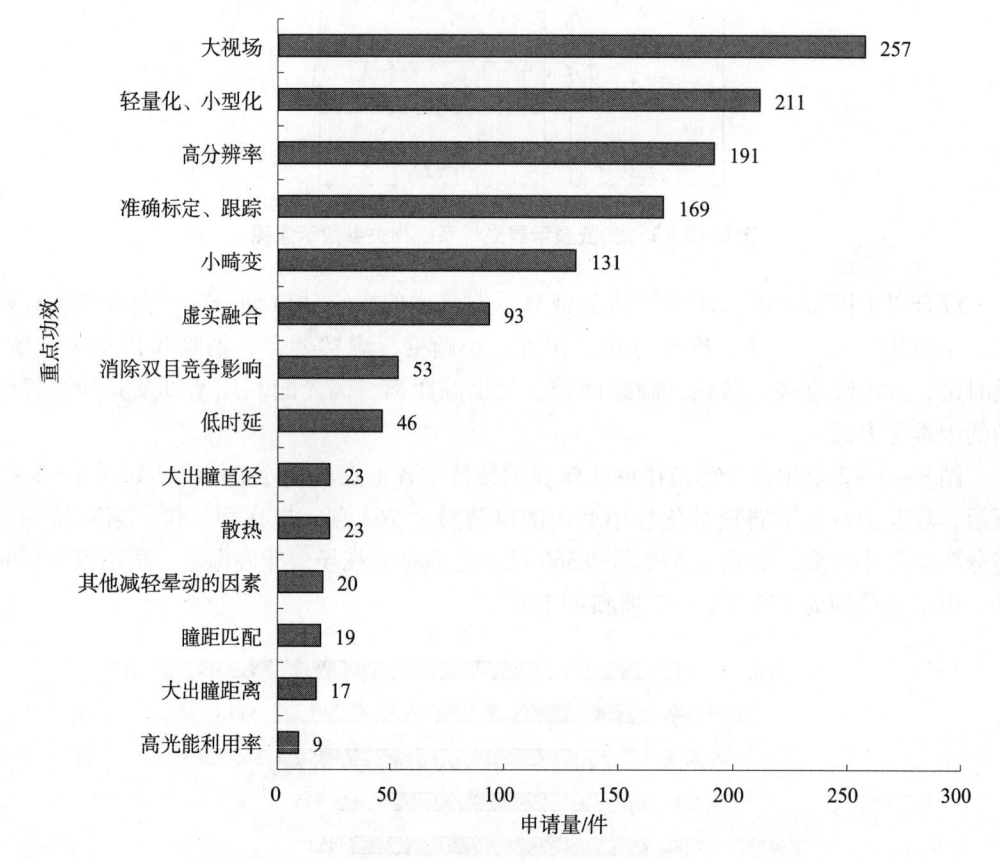

重点功效	申请量/件
大视场	257
轻量化、小型化	211
高分辨率	191
准确标定、跟踪	169
小畸变	131
虚实融合	93
消除双目竞争影响	53
低时延	46
大出瞳直径	23
散热	23
其他减轻晕动的因素	20
瞳距匹配	19
大出瞳距离	17
高光能利用率	9

图 8-3-3 头戴显示器技术中国范围内重点功效分布情况

图 8-3-4 示出了头戴显示器技术重点功效在全球范围与中国范围的申请量比对。结合图 8-3-2 和图 8-3-3 可以发现，尽管头戴显示器技术重点功效的排名有些许不同，但该技术在全球范围和中国范围的专利布局申请量排名前五位的重点功效都包括轻量化、小型化，高分辨率，小畸变，大视场以及准确标定、跟踪，由此可见，以上功效类别是该领域申请人普遍关注的，也是影响头戴显示器佩戴效果的最重要因素。在全球范围和中国范围内，排在第六位至第八位的重点功效都包括低时延，虚实融合与消除双目竞争影响，可见这些功效类别也是较为重要的。在全球范围与中国范围申请量比重差距较大的重点功效是低时延，我国企业可以尝试对此加大专利布局。

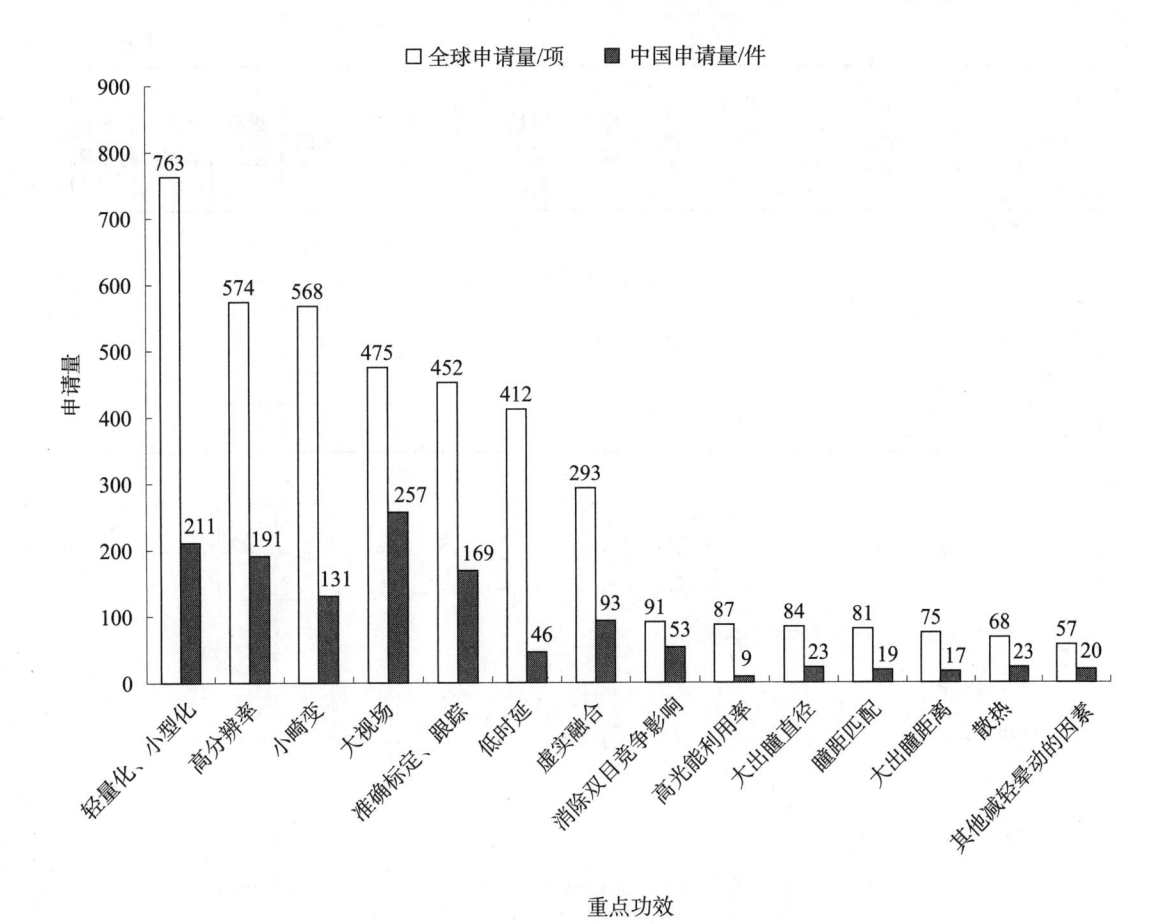

图 8-3-4 头戴显示器技术重点功效全球范围及中国范围的申请量比对

表 8-3-1 及图 8-3-5 示出头戴显示器技术中国专利主要申请人在重点功效方面的专利布局数量。可见，排名前三位的申请人索尼、微软和谷歌，专利布局较为均衡。值得一提的是，北京理工大学不单是申请量最多的国内申请人，在专利布局平衡方面也紧跟国际大公司的步伐，表现出全面的科研创新能力。

表 8-3-1　头戴显示器技术中国专利主要申请人在重点功效方面的专利布局　　单位：件

申请人	大视场	轻量化、小型化	高分辨率	准确标定、跟踪	小畸变	虚实融合	消除双目竞争影响	低时延	大出瞳直径	散热	瞳距匹配	大出瞳距离	高光能利用率
索尼	17	4	22	10	7	0	1	2	0	2	1	0	0
微软	23	2	19	17	9	1	4	4	0	0	0	0	0
谷歌	8	10	3	3	4	0	0	0	0	0	0	0	0
LG 电子	4	0	0	6	0	0	1	1	0	0	0	0	0
精工爱普生	14	11	1	0	8	1	1	0	0	1	0	0	0

续表

申请人	大视场	轻量化、小型化	高分辨率	准确标定、跟踪	小畸变	虚实融合	消除双目竞争影响	低时延	大出瞳直径	散热	瞳距匹配	大出瞳距离	高光能利用率
北京理工大学	15	11	6	2	8	7	1	0	8	0	0	9	4
上海理鑫光学科技有限公司	7	7	1	1	0	3	0	0	0	0	0	0	0
三星电子	0	1	2	3	0	0	0	0	0	1	0	0	0

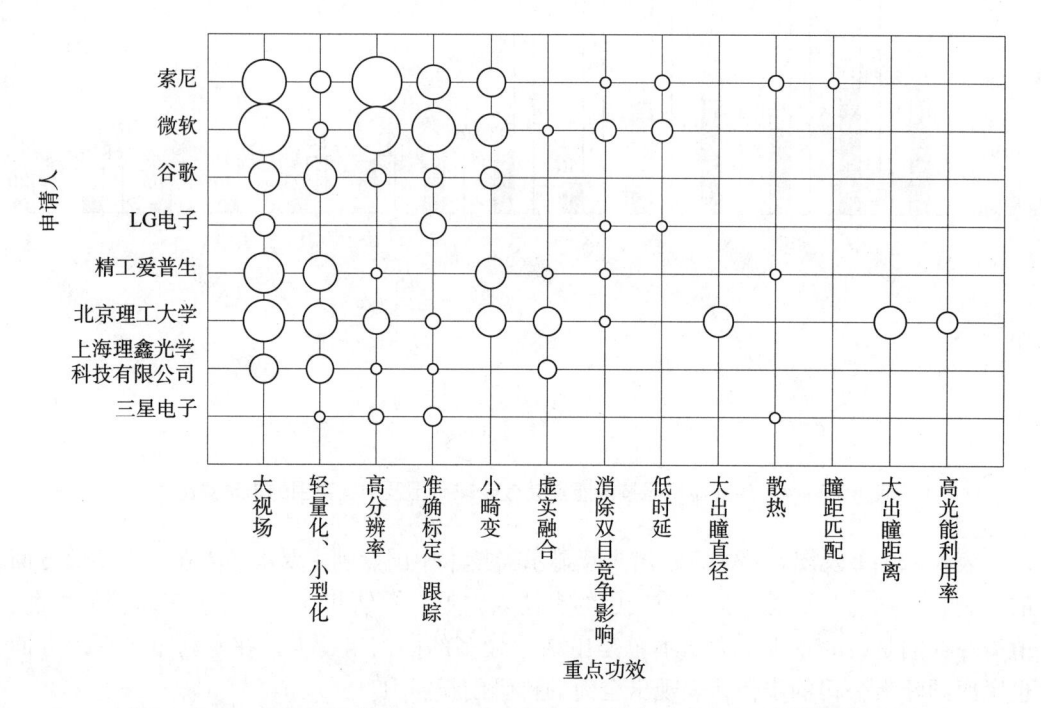

图 8-3-5 头戴显示器技术中国专利主要申请人在重点功效方面的专利布局

注：图中圆圈大小表示申请量多少。

8.4 虚拟现实晕动症

目前，体验完虚拟现实内容之后，用户可能会有强烈的眩晕感、疲劳、眼花、恶心等症状，这些都是虚拟现实晕动症的症状。在头戴显示器的重要功效中，与虚拟现实晕动症相关的主要包括大视场，高分辨率，瞳距匹配，大出瞳距离，轻量化、小型化，低时延准确标定、跟踪，小畸变，消除双目竞争影响等。其中，视场角越大越容易导致晕眩，大视场所带来的沉浸感与晕动症是一对矛盾的命题。高分辨率，瞳距匹配，恰当的出瞳距离、轻量化、小型化、低时延以及准确标定、跟踪、小畸变、消除双目竞争影响都能在一定程度上减轻虚拟现实晕动症。硬件方面导致晕动症的最主要的一个原因是系统延迟，这一参数与显示器件刷新率、交互系统延迟、跟踪系统延迟和运算性能限制密切相关。因此，课题组重点针对头戴显示器技术中的低时延功效进行了分析。

表8-4-1示出了头戴显示器技术中针对低时延功效的全球专利主要申请人历年申请量。除科比恩外，其他公司都在近几年较为活跃，尤其是Magic Leap公司，在2015年的申请量达到了56项，由于部分申请还未公开，2014和2015年的统计不完全，因此上述公司在近几年的实际活跃度要更高。

表8-4-1 头戴显示器技术低时延功效的全球专利主要申请人历年申请量　　单位：项

年份	Magic Leap	Osterhout	索尼	谷歌	科比恩	Apx Labs	高通
1994	0	0	0	0	2	0	0
1995	0	0	0	0	1	0	0
1997	0	0	0	0	2	0	0
2001	0	0	1	0	1	0	0
2002	0	0	1	0	1	0	0
2004	0	0	0	0	0	0	0
2006	0	0	0	0	0	0	0
2007	0	0	0	0	1	0	0
2008	0	0	0	0	0	0	0
2009	0	0	0	0	0	0	0
2010	0	0	0	0	0	0	0
2011	0	3	0	4	0	0	0
2012	0	19	4	8	0	0	0
2013	0	0	1	5	0	0	1
2014	3	8	10	2	0	7	5
2015	56	5	4	1	0	0	0
合计	59	35	21	20	8	7	6

由于现阶段缓解虚拟现实晕动症的最有效方式是降低头戴显示器的系统延迟，因此课题组针对头戴显示器技术中的低时延功效分析实现的技术手段。头戴显示器的系统延迟与头戴显示器跟踪系统延迟、头戴显示器交互系统延迟、头戴显示器运算性能限制和头戴显示器的显示器件刷新率密切相关。跟踪系统延迟和交互系统延迟是指头戴显示器的交互系统在跟踪人体动作信息（例如，头部姿态、头部位置、头部位移、

视线跟踪、视线移动等)时的误差和延迟;这些延迟进入运算之后,又受运算设备性能的限制被进一步放大;最终在头戴显示器的显示器件上呈现的其实是整个虚拟现实系统延迟的累积。要降低整体的延迟,就必须从这个过程的各个阶段进行优化。因此,从产生头戴显示器系统延迟的原因着手分类,实现头戴显示器的低时延功效主要有以下四种手段:提高头戴显示器跟踪交互精度、减少头戴显示器交互系统延迟、提高头戴显示器运算性能以及提高头戴显示器的显示器件刷新帧率。

(1) 提高头戴显示器跟踪交互精度

提高跟踪交互精度能够减轻在跟踪人体动作信息时的误差和延迟,尤其是减轻头部姿态、头部位置、头部位移、视线跟踪、视线移动等的误差和延迟。例如,微软的 US2013285885A1 中,固态发光二极管(LED)可被用于基于头戴显示器 HMD 用户所测得的头部姿态的快速图像生成,以便减少和最小化物理头部运动和所生成的显示图像之间的延迟。微软的 US20160266386A1 根据地理区域确定显示位置,减少了延迟。Oculus VR 的 US20160238841A1 对头戴显示器执行预测跟踪。

(2) 减少头戴显示器交互系统延迟

减少交互系统延迟是指减少头戴显示器与其相关的交互系统的误差和延迟。例如,索尼的 US2014364209A1 减少头戴显示器与网络之间和/或手持式控制器与网络之间的网络设备的数目,从而减少了交互系统延迟。

(3) 提高头戴显示器运算性能

提高头戴显示器运算性能是通过提高硬件运算设备的运算性能来降低时延。例如,奥林巴斯的 WO2004021699A1 减少了生成显示图像的算数处理时间,从而提高了运算性能。Oculus VR 的 US20160267884A1 针对不同的像素区域使用不同的像素分辨率。

(4) 提高头戴显示器的显示器件刷新帧率

达到一定的显示器件刷新帧率是虚拟现实、增强现实呈现技术在显示器件方面的硬性要求。例如,霍尼韦尔的 US2016110919A1,其增强现实系统以第一较缓慢的速率生成图像数据,但以第二较高的速率更新增强现实系统的显示器。

尽管只有在各个阶段进行优化才能从整体上达到低时延功效,目前而言,在以上四种手段中,相较于其他三种手段,提高头戴显示器跟踪交互精度所带来的产品整体成本上涨相对较小,可开拓算法却较多,是当下的研发热点。在这方面,国内申请人,尤其是国内的高校申请人也有所涉及。例如,南京航空航天大学的 CN101034308A 中,计算机首先进行初始标定程序,由语音提示对头部典型动作进行初始学习,然后运行头部运动预测程序,对头盔显示器中的虚拟视觉信号进行时延补偿。

课题组在研究中发现,在全球范围与中国范围申请量比重差距较大的重点功效是低时延,这是我们的一个研发弱点。并且在国内的相关领域申请人的专利申请中,许多专利申请在其有益效果方面虽宣称具有低时延效果,却没有记载具有针对性的技术方案,与国外申请人的研发能力具有一定的差距。由于我国的头戴显示器技术领域中创新主体为高校,而算法精度又是高校科研的优势,因此,相关企业可以尝试产学研合作，充分利用高校和科研院所的研发资源，重点针对提高头戴显示器跟踪交互精度这一技术手段，找寻头戴显示器研发方向中的突破口，提升行业的整体竞争实力。

8.5　头戴显示器重点专利分析

综合考虑专利的被引用频次、同族专利数量、保护范围大小、申请人重要程度、在技术发展路线中的地位等因素，课题组筛选了头戴显示器技术分支下的部分重点专利。

专利1：US8096654

（1）著录项目

发明名称：Active contact lens。

被引用频次：51次。

法律状态：有效。

中国同族专利：无。

其他同族专利：无。

（2）技术方案

功效：轻量化、小型化。

图8-5-1示出US8096654的摘要附图。

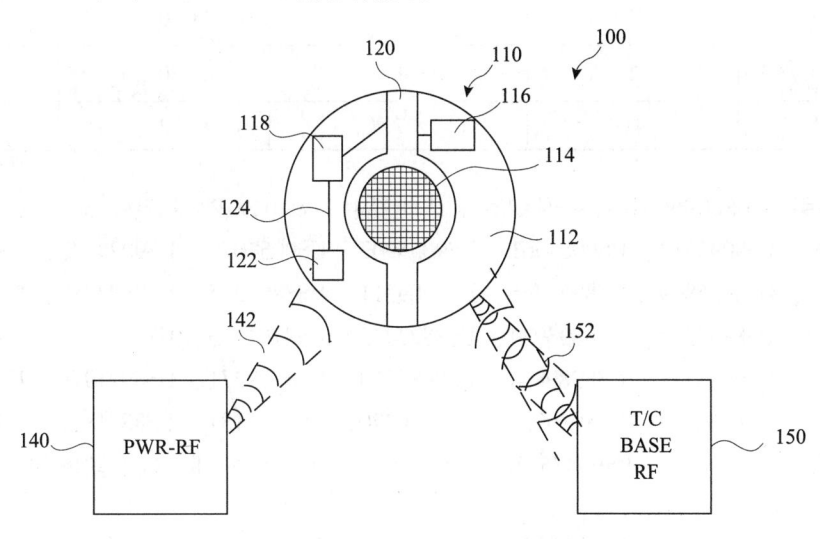

图8-5-1　US8096654的摘要附图

技术方案：该专利涉及一种可用于虚拟现实训练和/或用于游戏应用的有源隐形眼镜，以取代传统的头戴显示器。

授权文本权利要求1的中文译文内容如下：

1. 一种有源隐形眼镜系统，包括：形状为直接佩戴于人的眼球表面的透明基片；部署于基片上的能量转移天线；部署于基片上的通过能量转移天线供电的显示驱动电路；部署于基片上的通过能量转移天线供电的数据通信电路，该数据通信电路与显示驱动电路进行信号通信；装配在透明基片之上的发光二极管阵列，该发光二极管阵列通过能量转移天线供电并由显示驱动电路控制。

(3) 专利重要性分析

该专利申请人为华盛顿大学，被引用数量为51次，引用公司数为4家，同族专利2件。表8-5-1是引用US8096654的公司在各年份的引用数量。从表8-5-1中可以看到，从2012年以来，该专利被持续引用，尤其是谷歌，2012年引用量为17次，2013年达到了22次，可见该专利的技术与谷歌的技术密切相关，这也的确被谷歌的市场动向所验证。目前，谷歌已经与全球最大的制药公司之一诺华（Novartis）达成合作协议，它们合作的第一个项目就是推出测量血糖的隐形眼镜，这两家公司合作的另一个项目是用智能隐形眼镜来解决老花眼问题。随着智能隐形眼镜的发展，相信有朝一日也能产业化应用于虚拟现实、增强现实中。

表8-5-1 引用US8096654的公司在各年份的引用数量　　　　单位：次

年份	谷歌	Verily Life Sciences	华盛顿大学	联想
2009	0	0	1	0
2012	17	2	1	0
2013	22	4	0	0
2014	2	1	0	1
合计	41	7	2	1

谷歌引用US8096654的系列专利申请包括：US9161712、US9128305、US9113829、US9101309、US9095312、US9084561、US9055902、US9054079、US9028772、US9009958、US8950068、US8926809、US8922366、US8909311、US8886275、US8884753、US8880139、US8874182、US8864305、US8833934、US8827445、US8764185、US9176332、US9158133、US9111473、US9063351、US8989834、US8985763、US8979271、US8971978、US8965478、US8960899、US8960898、US8919953、US8870370、US8857981、US8821811、US8820934、US8798332、US9184698、US9047512。上述系列专利申请中的部分摘要附图如图8-5-2所示。

下面介绍部分系列专利申请的技术方案。

① US8960899提供了集成有薄硅片的隐形眼镜，以及用于将该硅片组装在该隐形眼镜内的方法。一种方法包括在镜片衬底上创建多个镜片接触垫并且在芯片上创建多个芯片接触垫。该方法还包括向多个镜片接触垫或芯片接触垫中的每一个施加组装接合材料，将多个镜片接触垫与多个芯片接触垫对齐，利用倒装芯片接合经由组装接合材料将芯片接合到镜片衬底，并且利用镜片衬底形成隐形眼镜。

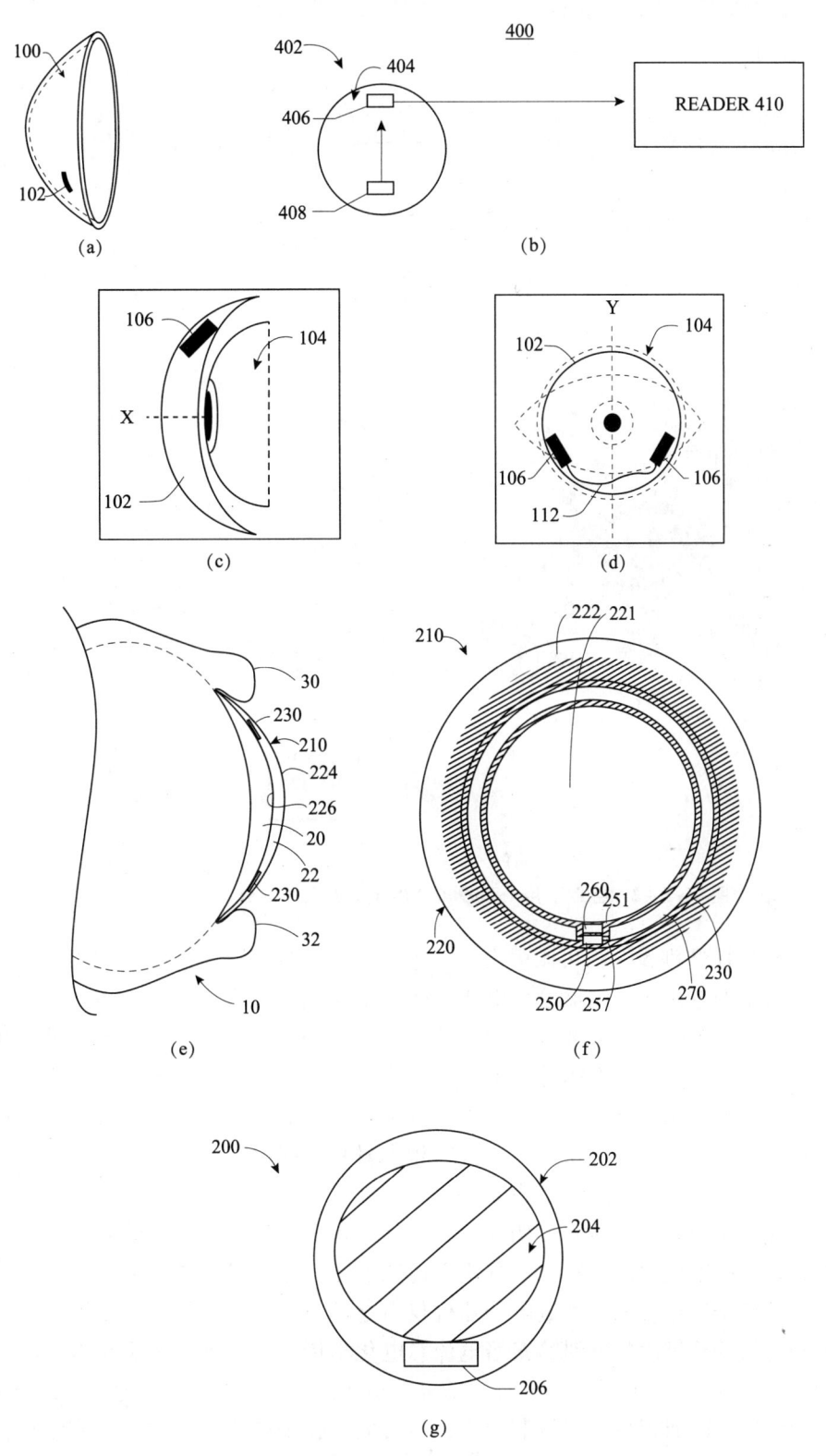

图 8-5-2 谷歌引用 US8096654 的系列专利的部分摘要附图

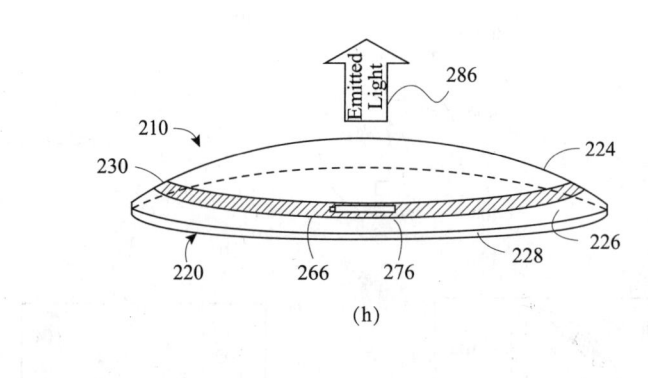

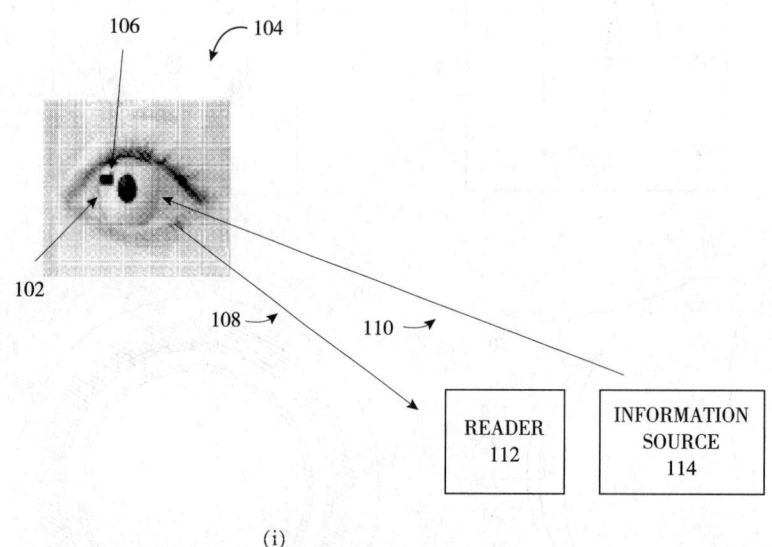

图 8-5-2 谷歌引用 US8096654 的系列专利的部分摘要附图（续）

② US8874182 涉及一种可眼戴设备，包括嵌入在被配置用于安装到眼睛的表面的聚合物材料中的电化学传感器。该电化学传感器包括工作电极和参比电极，其与分析物反应以生成与可眼戴设备被暴露的液体中的分析物的浓度有关的传感器测量值。一种示例组装过程包括：在工作基板上形成牺牲层；在牺牲层上形成第一层生物相容材料；在第一层生物相容材料上提供电子器件模块，形成第二层生物相容材料以覆盖电子器件模块；以及将第一层和第二层生物相容材料一起退火以形成具有被生物相容材料完全封装的电子器件模块的封装结构。

③ US8926809 涉及一种可眼戴设备，包括嵌入在被配置用于安装到眼睛的表面的聚合物材料中的电化学传感器。该电化学传感器在工作电极和参比电极之间施加稳定化电压以允许安培电流在对测量电子器件供电之前稳定化，该测量电子器件被配置为测量安培电流并且传达测量到的安培电流。电化学传感器在施加稳定化电压时比在测量期间消耗更少电力。响应于在可眼戴设备中的天线处接收到测量信号而发起测量。

④ US9161712 涉及一种可安装器件，包括嵌入在聚合物中的生物相容结构，该聚合物限定至少一个安装面。生物相容结构具有由第一层的生物相容材料限定的第一侧、

由第二层的生物相容材料限定的第二侧、电子元件以及限定传感器电极的导电图案。第二层的生物相容材料的一部分通过蚀刻被去除以在第二侧中产生至少一个开口,传感器电极在第二侧中的至少一个开口中被暴露。蚀刻还去除第一层的生物相容材料的一部分从而在第一侧中产生至少一个开口,第一侧中的该至少一个开口连接到第二侧中的至少一个开口。采用这样的开口布置,被分析物可以从生物相容结构的第一侧或者第二侧中的任一个到达传感器电极。

⑤ US8880139 涉及一种可眼戴设备,包括嵌入在被配置用于安装到眼睛的表面的聚合物材料中的电化学传感器。该电化学传感器包括工作电极、参比电极和选择性地与分析物反应的试剂以生成与可眼戴设备被暴露的液体中的分析物的浓度有关的传感器测量值。工作电极可具有第一侧边缘和第二侧边缘。参比电极可被定位成使得工作电极的第一侧边缘和第二侧边缘的至少一部分与参比电极的相应区段相邻。

⑥ US8922366 提供了一种用于与可眼戴设备和显示设备两者通信的读取器。读取器可向作为可眼戴设备的一部分的标签传送射频电力。读取器可使用第一协议与标签通信。与标签通信可包括使读取器从标签请求数据并且从标签接收所请求的数据。读取器可处理接收到的数据。读取器可存储经处理的数据。读取器可使用第二协议与显示设备通信,其中,第一协议与第二协议可不同。与显示设备通信可包括使读取器向显示设备传送所存储的数据。显示设备可接收所传送的数据,处理所传送的数据,并且生成包括所传送的数据和/或经处理的数据的一个或多个显示。

可见,围绕着 US8096654 这件基础专利,谷歌从材料、组装方法、传感器工作方式、数据通信方法等多方面进行外围专利布局,整体布局全面有效。这种围绕基础专利进行专利布局的方式值得国内企业借鉴。

专利 2:US7369101

(1) 著录项目

发明名称:Calibrating real and virtual views。

被引用频次:37 次。

法律状态:有效。

中国同族专利:CN100416336C。

中国同族专利法律状态:授权。

其他同族专利:DE112004000902(失效)、WO2004113991(公开)。

(2) 技术方案

功效:准确标定、跟踪。

图 8-5-3 示出 US7369101 的摘要附图。

技术方案:一种用于校准真实和虚拟视图的方法,包括:跟踪校准屏幕,其中现实参考点发生器产生的现实参考点被投影在校准屏幕上;使虚拟参考点的视图对准显示器中现实参考点的视图,其中现实参考点发生器和显示器具有固定的相对位置;确定虚拟参考点和现实参考点之间的点对应;以及确定用于在现实场景中渲染虚拟对象的一个或多个参数。

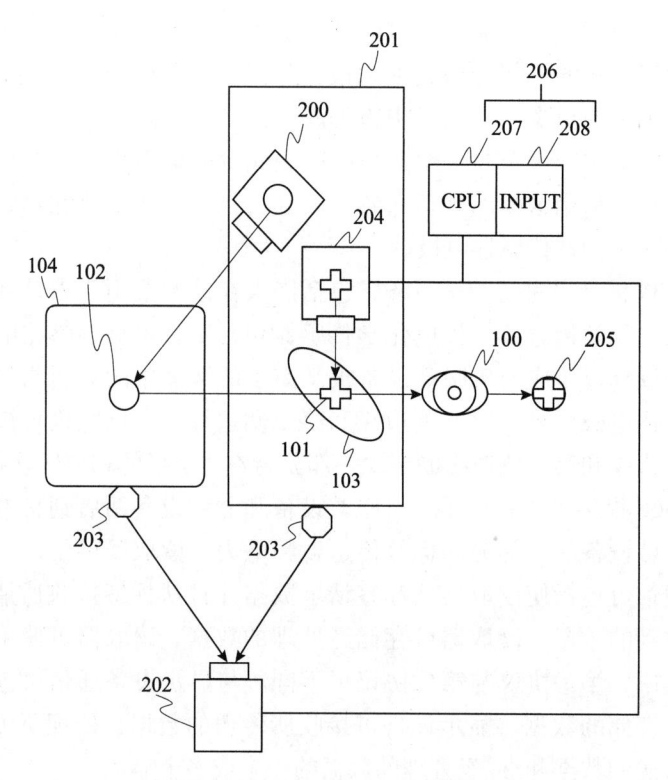

图 8-5-3　US7369101 的摘要附图

中国同族专利 CN100416336C 的权利要求 1 内容如下：

1. 一种增强现实系统，包括：

现实参考发生器，其用于在校准屏幕上显示现实参考；

光学透明显示器，其具有相对于所述现实参考发生器的固定位置；

虚拟参考发生器，其用于在所述光学透明显示器上显示虚拟参考；

输入设备，其用于通过所述光学透明显示器使所述虚拟参考的视图对准所述现实参考的视图，其中在所述光学透明显示器上移动所述虚拟参考；

处理器，其用于确定渲染虚拟对象作为通过所述光学透明显示器看到的一部分现实场景的一个或多个参数；以及

跟踪装置，其用于实现现实参考和虚拟参考的对准。

（3）专利重要性分析

该专利被引用数量为 37 次，被引用公司数为 7 家，被引用国家或地区数 4 个，同族专利 4 件，同族专利所在国家或地区数 3 个。该专利是头戴显示器技术中涉及准确标定、跟踪功效的重点专利，企业可以参考该专利及引用该专利的文件，了解相关技术发展的情况，进而在这些文件的基础上予以改进，并考虑申请专利。

该专利在美国的法律状态为授权有效，该专利的中国同族专利 CN100416336C 法律状态也为授权。因此在中国范围内以及在美国范围内使用和实施时，都要防范专利侵权风险。

专利 3：US20130044042

（1）著录项目

发明名称：Wearable device with input and output structures。

被引用频次：88 次。

法律状态：在审。

中国同族专利：CN103748501A。

中国同族专利法律状态：在审。

其他同族专利：EP2745163（在审）、JP2014529098（在审）、KR20140053341（在审）、WO2013025672（公开）。

（2）技术方案

功效：轻量化、小型化，其他减轻晕动的因素。

图 8-5-4 示出 US20130044042 的摘要附图。

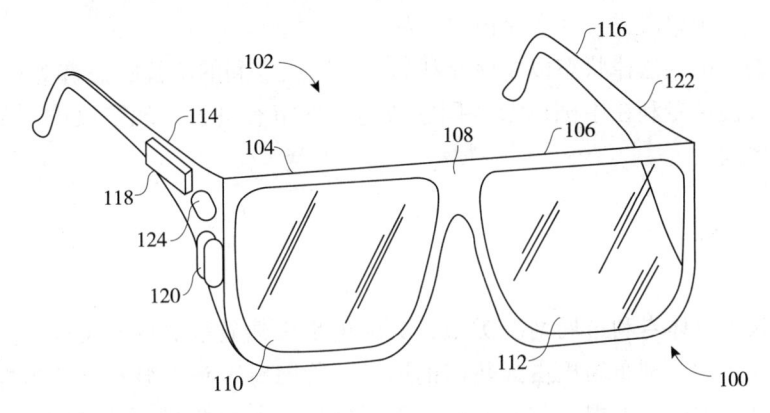

图 8-5-4　US20130044042 的摘要附图

技术方案：公开了一种电子设备，其包括被配置为佩戴在用户头部上的框架。该框架可以包括被配置为要支撑在用户鼻子上的梁部以及耦合至该梁部并远离其延伸并且被配置为位于用户一侧眉毛上方的眉部。该框架可以进一步包括耦合至眉部并且延伸至自由端的臂部。第一臂部能够被定位在用户太阳穴上而使自由端被部署在用户耳朵附近。该设备还可以包括邻近该眉部被附着到框架的透明显示器以及附着到框架并且被配置为从用户接收与功能相关联的输入。与功能相关的信息能在显示器上呈现。

中国同族专利 CN103748501A 的权利要求 1 内容如下：

1. 一种电子设备，包括：

被配置为佩戴在用户头部上的框架，所述框架包括被配置为要支撑在用户鼻子上的梁部、耦合至所述梁部并从所述梁部延伸至与所述梁部远离的第一端并且被配置为位于用户的眉毛的第一侧上方的眉部、以及具有耦合至所述眉部的所述第一端的第一端并且延伸至自由端的第一臂部，所述第一臂部被配置为被定位在用户的第一太阳穴上而使所述自由端被部署在用户的第一耳朵附近，其中所述梁部能调节以便相对于用户的眼睛对所述眉部进行选择性定位；

总体上透明的显示器；

器件，所述器件用于将所述显示器附着至所述框架以使得该显示器能通过绕平行于所述第一眉部延伸的第一轴线的旋转而关于所述框架移动；和

输入设备，所述输入设备附着到所述框架并且被配置为用于从用户接收与功能相关联的输入的，其中与功能相关的信息能在所述显示器上呈现。

（3）专利重要性分析

该专利公开于2013年，被引用数量为88次，被引用公司数为40家，被引用国家或地区数5个，同族专利6件，同族专利所在国家或地区数为5个，可见，该专利在公开的短短几年内被多个国家或地区的多个公司多次引用，具有重要参考价值。该专利是头戴显示器技术中涉及轻量化、小型化功效以及其他减轻晕动的因素功效的重点专利，企业可以参考该专利及引用该专利的文件，了解相关技术发展的情况，进而在这些文件的基础上予以改进，并考虑申请专利。

该专利在美国的法律状态以及该专利的中国同族专利的法律状态都为在审。因此，相关企业可关注该专利在中国以及各国家或地区的审查进程。现阶段内，要预防性防范专利侵权风险。

8.6 小　　结

与呈现技术整体专利布局情况类似，美国也是头戴显示器技术发展最为前沿的国家，也是该技术的专利布局抢占最热门的国家。美国对于头戴显示器技术发展具有前瞻性，对专利保护极为重视；与此同时，美国也是最大的专利布局目标市场国家或地区。以中、日、韩为代表的东亚地区也是重要的技术发展区域和目标市场国家或地区。在技术上，国内企业应跟随美、日、韩企业的先进技术，在产品方面，要重点防范面向美、日、韩出口产品的专利侵权风险。此外，原创申请为PCT申请的数量占到了9%，比重不小，说明头戴显示器技术是一项热点技术，各国均较为重视其专利布局，因此许多发明将PCT申请作为首次申请。

头戴显示器技术的申请人排名方面，从全球范围来看，谷歌和索尼占有绝对优势；而中国范围内的排名稍有不同，与呈现技术在中国范围的申请人排名情况类似，索尼、微软、谷歌三分天下。

头戴显示器技术中国专利的主要国内申请人仍为高校，例如北京理工大学和南京师范大学，值得庆幸的是，上海理鑫光学科技有限公司跻身进入申请人排名榜。北京理工大学不单是申请量最多的国内申请人，在专利布局平衡方面也紧跟国际大公司的步伐，表现出全面的科研创新能力。政府职能部门以及行业协会应引导行业内企业的技术协同研发，改善企业研发资源分散的现状，进行资源适度整合，同时倡导产学研合作，充分利用高校和科研院所的研发资源，提升行业的整体竞争实力。

头戴显示器技术在全球范围和中国范围的专利布局申请量排名前五位的重点功效

都包括：轻量化、小型化、高分辨率、小畸变、大视场、准确标定、跟踪。由此可见，以上功效类别是该领域申请人普遍关注的，也是影响头戴显示器佩戴效果的最重要因素。在全球范围与中国范围申请量比重差距较大的重点功效是低时延，这也恰是我们的研发弱点。并且，在国内的相关领域申请人的专利申请中，许多专利申请在其有益效果方面虽宣称具有低时延效果，却没有记载具有针对性的技术方案，与国外申请人的研发能力具有一定的差距。从产生头戴显示器系统延迟的原因着手分类，实现头戴显示器的低时延功效主要有以下四种手段：提高头戴显示器跟踪交互精度、减少头戴显示器交互系统延迟、提高头戴显示器运算性能以及提高头戴显示器的显示器件刷新帧率。由于我国的头戴显示器技术领域中创新主体为高校，而算法精度又是高校科研的优势，因此，相关企业可以尝试产学研合作，充分利用高校和科研院所的研发资源，重点针对提高头戴显示器跟踪交互精度这一技术手段，找寻头戴显示器研发方向中的突破口，提升行业的整体竞争实力。

　　头戴显示器技术分支下的重点专利也都为美国专利，与呈现技术总体重点专利情况类似。围绕着华盛顿大学的有源隐形眼镜基础专利 US8096654，谷歌从材料、组装方法、传感器工作方式、数据通信方法等多方面进行外围专利布局，整体布局全面有效。这种围绕基础专利进行专利布局的方式值得国内企业借鉴。

第9章　虚拟现实、增强现实产业并购和投资分析

9.1　虚拟现实、增强现实产业并购和投资整体情况

虽然虚拟现实、增强现实的巨大市场潜力目前还未被充分挖掘出来，但是由于业内普遍认同虚拟现实、增强现实设备将成为下一代计算平台，Facebook的扎克伯格也表示虚拟现实将成为社交平台的下一个风口。在这样的背景下，2015年以来，国际国内的各大通信企业，特别是以移动通信和手机业务为主的通信企业基本上都已经宣布在虚拟现实、增强现实领域有所布局，以期在未来的竞争中占尽先机。比如，阿里巴巴、腾讯、百度、小米、乐视、华为都不甘落后，确定了自身在虚拟现实、增强现实领域的发展方向。这一时期，国际国内在虚拟现实、增强现实产业中的并购和投资也显得异常活跃。很多大型的并购和投资项目吸引了大家的眼球，也有很多中国企业在悄悄地向海外虚拟现实产业投资，从而优化自身在某些方面的不足。

2016年，国内虚拟现实领域的投资进入更火热的阶段。比如，暴风魔镜2016年1月又获得2.3亿元人民币的融资，这其中天神互动、暴风科技、华谊兄弟、天音控股、爱施德等上市公司均有投资。而兰亭数字是一家从事虚拟现实内容制作的公司，它曾于2015年打造了中国首部虚拟现实电影《活到最后》、首部虚拟现实版MV《敢不敢》，也曾为李宇春成都演唱会进行虚拟现实直播。2016年3月，华策影视、康得新、百合网三家公司共同向兰亭数字投资，共计3150万元人民币，持股15%。随后，涉及游戏、建筑、影视等各行业的公司都纷纷开始向虚拟现实产业进行投资。除了进行虚拟现实产品的投资之外，像腾讯、乐视、小米这样的互联网企业也在积极寻求借助其资源的优势构建虚拟现实直播和分发平台。这样的企业投资其他公司一般是考虑结合自身优势进一步扩大其业务领域和市场规模。

实际上，虚拟现实和增强现实技术本身现在并没有完全发展成熟，专家预测虚拟现实、增强现实产品的真正市场化还需要3~5年的发展期。而虚拟现实、增强现实领域技术的基础研究以及内容开发都需要雄厚的资本作后盾，因此各个投身于这一领域的高科技中小企业也纷纷寻求各类资本的支持，从而保证企业能够在市场的春天到来前生存下去。

一方面，有资金的企业需要投资有技术潜力和内容制作能力的企业，以占据未来的前沿，完善自身的发展领域；另一方面，有技术能力的企业要吸引投资方为自己做大做强提供资金支持。那么，摆在准备进行并购和投融资的企业面前的很重要的问题就是：这家企业是不是值得我投资？如果值得我投资，它到底值多少钱？

在进行一项重大的投资项目前，投资人可能会考虑该企业从事的技术领域、商业

模式和发展前景，但被投资企业的专利拥有水平也是不应被忽视的一个重要方面。一般来讲，商业模式和服务水平是容易被模仿且不能得到知识产权的保护的，而获得授权的专利则会成为竞争对手不可逾越的障碍，至少能够成为企业自我保护的有效盾牌。因此，在并购和投融资的过程中，将企业拥有的专利数量和专利技术重要性作为重要的考量因素是非常必要的。

在从事增强现实领域的企业中，微软的HoloLens无疑是很有竞争力的的产品，而Meta也是增强现实领域最有潜力与微软抗衡的企业之一。2016年，我国的互联网巨头企业腾讯也已参与投资Meta。在此之前，李嘉诚旗下的维港投资和京东方旗下的BOEO也曾为Meta注资。Meta目前市场估值约为3亿美元。而国内另一家互联网企业阿里巴巴也是投资了另一个市场黑马Magic Leap，在此之后迅速推出了"Buy+"概念。当然，腾讯和阿里巴巴的投资必然有其市场发展的全盘计划，但是我们也希望能够引导准备在虚拟现实、增强现实领域投资的企业，从专利的角度思考一下这些国际知名的企业背后到底有什么样的技术支撑它们，才能有价值获得这样巨额的投资。

在本章的后面两节，我们就选择了Oculus VR和Magic Leap作为研究的对象，浅析一下这两家公司为什么能够获得投资商的青睐。

9.2 Oculus VR 并购及重点专利情况分析

9.2.1 Oculus VR 并购情况介绍

2014年3月，Facebook宣布，已经就收购沉浸式虚拟现实技术厂商Oculus VR达成了最终协议。收购交易总额约为20亿美元，其中包括4亿美元的现金，以及2.31亿股Facebook普通股票。这份协议还包含盈利能力支付计划条款，实现特定的目标可以获得现金和股票。Facebook的这一举动引起了舆论的一片哗然，也使得虚拟现实技术走进了社会公众的视野。从2014年至今，虚拟现实技术都是国内外投资者追捧的焦点。为什么Oculus VR能够吸引高达20亿美元的收购金额，Oculus VR本身在并购其他公司扩展自身技术水平上做了哪些工作，也都是广大创业者和投资者关心的内容。下面将会从Oculus VR开展的并购活动的角度以及从Oculus VR自身申请的重点专利出发，研究Oculus VR在虚拟现实技术领域的布局。

Oculus VR成立于2012年，当年Oculus VR登陆美国众筹网站Kickstarter，总共筹资近250万美元；2013年6月，Oculus VR宣布完成A轮1600万美元融资，由经纬创投领投。2014年3月Facebook宣布收购Oculus VR以后，为Oculus VR提供了巨大的资金支持，也使得Oculus VR能够逐步完善Oculus VR在产品线上某些环节的不足。

2014年6月末，Oculus VR宣布将收购位于西雅图的Carbon Design工作室。Carbon Design工作室在消费者产品、工业级产品和医疗产品的概念设计到最终实现上拥有超过20年的经验。Carbon Design工作室的理念是设计驱动，而这一理念得以实现的依据是高质量的工艺、人类工程系、深度用户研究和快速迭代。即便社会公众对这家公司一无所知,但几乎肯定会见过它的产品。例如,微软 Xbox 360 手柄就是 Carbon Design 的杰作,而第一代 Kinect 也是由它设计。除了微软的产品外,Carbon Design 工作室还设计了从钟表、医疗设备到宠物追踪器等一系列产品。在此之前 Oculus VR 尚未宣布 Rift 将搭载的输入方式。在收购 Carbon Design 工作室以后,Carbon Design 工作室将为 Oculus VR 打造一款定制版控制器。也就是说 Carbon Design 工作室将帮助 Oculus VR 填补其战略中的一个重要空白——虚拟现实产品的输入方式。这也将有助于 Oculus VR 将 Oculus Rift 头戴式装置推向消费级市场。

2014 年 7 月初,Oculus VR 又宣布收购开源 C++游戏代码引擎 RakNet。RakNet 是一款 C++游电子游戏网络引擎。RakNet 的 C++游系统专门瞄准跨平台软件开发者,支持 iOS、Mac、Android 和 Xbox 360 等多个平台,其客户包括《我的世界》(*Minecraft*)和 *Lego Universe* 等热门游戏的开发商。索尼在线娱乐和 3D 游戏引擎 Unity 也都使用了该公司的技术。在收购 RakNet 以后,Oculus VR 公开了 RakNet 的源代码,允许所有人使用这项技术。Oculus VR 的这一举动也被视为为消费级产品上市做准备,该公司希望在面向消费市场发布产品前为其这款设备开发更多软件,也让全球的众多软件开发者能够利用该款软件为 Oculus VR 的产品开发更多为消费者使用的软件。

2014 年 12 月,Oculus VR 宣布,已收购两家虚拟现实手势和 3D 技术创业公司 Nimble VR 和 13th Lab。Nimble VR 总部位于旧金山,是一家成立于 2012 年的手势识别技术公司,创始人 Robert 2011 年从麻省理工学院(MIT)的计算机系博士毕业。此前被外界熟悉的 3Gear Systems,可以通过固定在 Oculus Rift 设备顶部的微小 3D 摄像头进行手势追踪。该公司已通过众筹平台 Kickstarter 以及英特尔资本、Crunch Fund 等投资方融资。瑞典创业公司 13th Lab 的研究重心是实时 3D 模型,即通过精密摄像头实现多种物理环境的 3D 化,从而为用户提供虚拟现实体验,比如模拟参观埃及金字塔或者罗马斗兽场等。北欧风投公司 Creandum 已经对 13th Lab 进行了投资。手势识别早已成为各大巨头角逐未来的战场。因为巨头们正逐渐看清(手势识别)体感技术对传统操作方式的重要改变——使用人体动作取代传统的鼠标或触屏操作方式来管理电脑和其他设备。体感技术不仅使完成很多现有的日常琐事变得更加便捷,而且还能够在无需触碰的情况下处理诸如创建 3D 模型、查看衣着是否搭配、训练运动员以及在手术过程中浏览医疗图像等任务。它就是代表未来人机交互的输入方式,或者也可以称为未来的人机交互操作系统。从现有对手那里获得研发未来操作系统的解决方向,这应该是 Oculus VR 开展收购 Nimble VR 的原动力。可以说,Oculus VR 对 Nimble VR 的收购代表 Oculus VR 从根本上认清了自己的问题所在,通过收购弥补自身缺陷。接下来,Oculus VR 将不断完善自己的生态链,打造出适合 Oculus VR 的操作系统。可以预见,手势识别也将是 Oculus VR 产品未来的主要输入方式。

在收购完上述两家公司以后,Oculus VR 还聘请了动作追踪方面的专家 Chris Bregler。Chris Bregler 还是动作捕捉领域的专家,其在纽约大学当了近 11 年的计算机科学教授。在去纽约大学当教授之前,他还在斯坦福大学教过书并在多家计算机公司工作过,其中包括 HP、Interval、迪士尼特效动画,以及卢卡斯电影公司。他做过的项目包括为电影《星际迷航：暗黑无界》和《独行侠》做视觉跟踪，这两部影片获得了 2014 年奥斯卡最佳视觉效果的提名。在加入 Oculus VR 之后，Chris Bregler 将领导 Oculus VR 的视觉研究团队。

2015 年 5 月，根据 Oculus VR 在官网上公布的消息，其收购了一家视觉初创公司 Surreal Vision。这家视觉公司位于英国的伦敦，由三位计算机视觉博士在 2014 年 10 月创立，他们擅长的领域是和虚拟现实技术非常接近的增强现实技术，通过专业摄像头拍摄，利用 3D 场景重建算法，把周围环境信息转换成逼真的视觉成像模型，可以将现实世界精准地呈现在虚拟现实场景中。此次收购，Surreal Vision 毫无疑问会将实时三维场景重建技术带给 Oculus VR，让 Oculus Rift 头盔在虚拟视觉成像中也融入现实场景元素。也就是说，Oculus VR 有可能让未来的虚拟现实头盔实现这样的功能：当用户使用虚拟现实头盔时，周围的现实环境可以被虚拟化投射到虚拟现实中。将真实环境引入虚拟现实，好处是显而易见的：用户戴着头盔也可以自由移动，不怕担心碰撞到周围的障碍物。这使虚拟现实和增强现实的融合向前迈出了一大步。Oculus VR 在收购 Surreal Vision 之后，可以继续扩大自己在虚拟现实领域的号召力，并且进一步与微软 HoloLens 及谷歌的 Project Tango 项目进行对抗。

2015 年 7 月，Oculus VR 宣布，该公司已经收购以色列手势识别技术开发商 Pebbles Interfaces，但收购金额并未披露。Pebbles Interfaces 将加入 Oculus VR 的硬件工程和计算机视觉团队，进一步促进虚拟现实技术、追踪系统和人机交互界面的发展。Pebbles Interfaces 基于光学元件、通过摄像头前跟踪用户的手部动作，提供高品质的手势识别，进而把这些手势转换成用户输入的命令，提供一种新的人机交互体验。从基础层面上来看，Pebbles Interfaces 的硬件跟厉动（Leap Motion）体感控制器相似，其在 Leap Motion 的基础上作了改进，实实在在建了一个手部模型而不是仅仅录入动作。通过深度传感器，其产品还能详细地提供周遭环境的信息。这次并购会进一步坚定 Oculus VR 对计算器视觉作为追踪方案的计划。有四家专注计算机视觉的公司（Surreal Vision、Nimble VR、13th Lab 和 Pebbles Interfaces）提供技术支持，加上和微软的合作，这样看来，如果问谁能提供一套完美的手部、手指追踪和物体探测解决方案，那就非 Oculus VR 莫属了。

Oculus VR 的母公司 Facebook 也通过公司并购为 Oculus VR 进一步铺路。2016 年 5 月，一家不是十分知名的音响设备公司 Two Big Ears（TBE）名声大噪，因为它被大名鼎鼎的 Facebook 收购，并且与 Oculus 开发有密切关系。这家公司成立于 2013 年，总部在爱丁堡，主要方向是 mono、立体声环绕音频，结合后期制作或交互式的音频制作。这家公司的 CEO Abesh Thakur 之前从事大型软件开发，并且是个狂热的游戏爱好者，曾获得爱丁堡大学音效与音乐技术的硕士学位。3Dception 一直是该公司主推的游戏音频开发平台。同时这家公司也做设计游戏音乐的相关工作。这与 Facebook 未来在 Oculus Rift 开发的内容有必然联系。沉浸式 3D 音响对于 Rift 等高端虚拟现实设备非常重要，对于 Facebook 目前提供的基础型虚拟现实体验尤为重要。某些光学技术挑战需要对硬件进行大幅升级，而音响技术方面的改进对于吸引用户而言却是一种颇具成本

161

效益的方法。可以预见，未来的 Oculus Rift 将为消费者提供视觉和听觉双重非凡体验。

从上述的 Oculus VR 的并购行为我们可以看出，Oculus VR 致力于为消费者提供全方位的设备支持。Oculus VR 的收购重点在于补足自身技术的不足，例如，Oculus VR 在成立之初，主要致力于设计研发虚拟现实头盔，为用户提供沉浸式的视觉体验，但是由于 Oculus VR 成立较晚，在人机交互方式、手势识别以及虚拟场景建模方面技术积累不足。在获得大量资金支持以后，Oculus VR 开始通过公司并购的方式来补足自身的这些不足。从被并购的公司类别可以看出，Oculus VR 尤为关注手势识别和虚拟环境建模两个领域。其中，在手势识别方面，Oculus VR 并购了 Nimble VR 和 Pebbles Interfaces；在虚拟环境建模方面，Oculus VR 收购了 13th Lab 和 Surreal Vision。

9.2.2　Oculus VR 重点专利分析

Oculus VR 在专利申请方面一直秉持着少而精的战略，从其成立之初，Oculus VR 就没有大规模地申请专利，而是选取其研发成果中比较关键的创新点申请专利，所以从其成立至今，Oculus VR 仅仅申请了 10 多件专利。本节从 Oculus VR 申请的这些专利中选取几件有代表性的专利来介绍，希望通过这些重点专利的介绍，能够帮助国内本行业的企业了解 Oculus VR 的研发方向，并对自己公司的科研工作有所启发。

专利1：CN1054 52935A

（1）著录项目

公开号：CN105452935A。

发明名称：用于头戴式显示器的基于预测跟踪的感知。

法律状态：实质审查中。

（2）技术方案

发明要点：该发明涉及用于头戴式显示器的预测运动跟踪。公开了一种用于头戴式显示器的预测跟踪的方法和装置。该方法包括：从监测头戴式显示器的传感器获得一个或多个三维角速度测量值；以及基于一个或多个三维角速度测量值设置预测区间，使得在头戴式显示器基本静止时，预测区间基本为零，并且当头戴式显示器以预定阈值的角速度或大于预定阈值的角速度运动时，预测区间增加至预定延迟区间。该方法进一步包括：预测用于头戴式显示器的三维方位以创建对应于预测区间的时间的预测的方位；以及生成用于在头戴式显示器上呈现的对应于预测的方位的渲染图像。该发明的说明书主要附图如图 9-2-1 所示。

（3）权利要求

此处列举该发明的独立权利要求：

1. 一种用于头戴式显示器的预测跟踪的方法，包括：

从监测所述头戴式显示器的传感器获得一个或多个三维角速度测量值；

基于所述一个或多个三维角速度测量值设置预测区间，使得在所述一个或多个角速度测量值表示所述头戴式显示器基本上静止时，所述预测区间基本为零，并且当所述一个或多个角速度测量值表示所述头戴式显示器以预定阈值的角速度或大于所述预

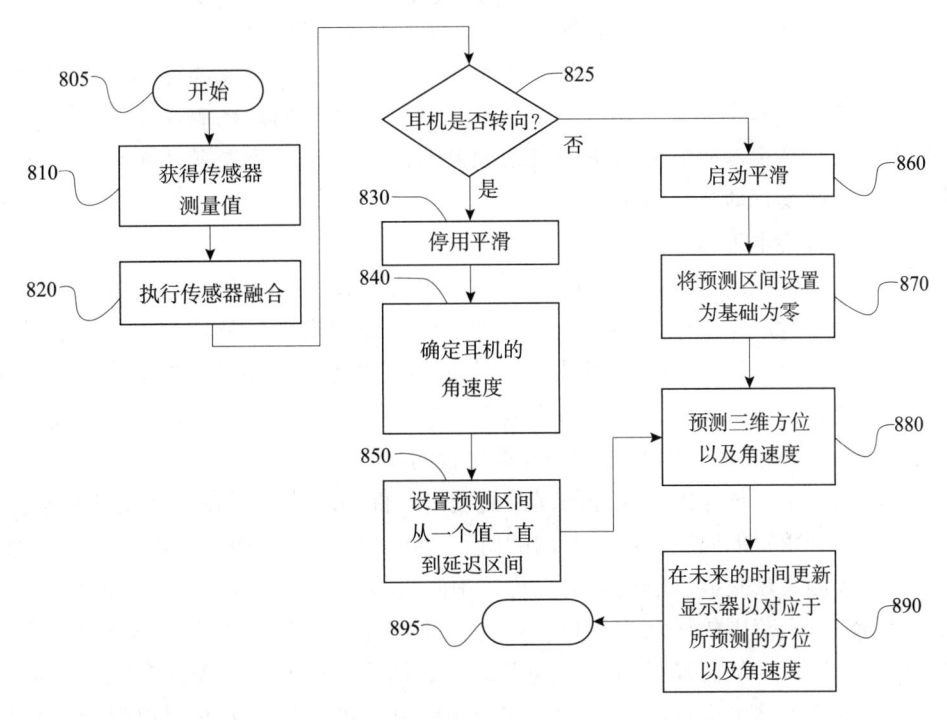

```
805 ──[开始]
          │
810 ──[获得传感器测量值]
          │
820 ──[执行传感器融合]
          │
          ▼
825 ──<耳机是否转向?>── 否 ──▶ 860 ──[启动平滑]
          │ 是                        │
830 ──[停用平滑]              870 ──[将预测区间设置为基础为零]
          │                             │
840 ──[确定耳机的角速度]        880 ──[预测三维方位以及角速度]
          │                             │
850 ──[设置预测区间从一个值一直到延迟区间]
          │                             │
          └──────────▶ 890 ──[在未来的时间更新显示器以对应于所预测的方位以及角速度]
                              │
                          895 ─(结束)
```

图 9-2-1 CN105452935A 的说明书主要附图

定阈值的角速度运动时，所述预测区间增加至预定延迟区间；

使用在整个所述预测区间推断的所述一个或多个三维角速度测量值预测用于所述头戴式显示器的三维方位以创建对应于所述预测区间的时间处的预测的方位；以及生成用于在所述头戴式显示器上呈现的对应于所述预测的方位的渲染图像。

9. 一种包括存储具有指令的程序的存储介质的装置，当通过处理器执行所述指令时，将使得所述处理器：

从监测头戴式显示器的传感器获得一个或多个三维角速度测量值；

基于所述一个或多个三维角速度测量值设置预测区间，使得在所述一个或多个角速度测量值表示所述头戴式显示器基本上静止时，所述预测区间基本为零，并且当所述一个或多个角速度测量值表示所述头戴式显示器以预定阈值的角速度或大于所述预定阈值的角速度运动时，所述预测区间增加至预定延迟区间；

使用在整个所述预测区间推断所述一个或多个三维角速度测量值预测用于所述头戴式显示器的三维方位以创建对应于所述预测区间的时间处的预测的方位；以及生成用于在所述头戴式显示器上呈现的对应于所述预测的方位的渲染图像。

18. 一种头部运动的预测跟踪的方法，包括：

从监测头戴式显示器的传感器获得一个或多个三维角速度测量值；

基于所述一个或多个三维角速度测量值设置预测区间，使得在所述一个或多个角速度测量值表示所述头戴式显示器基本上静止时，所述预测区间基本为零，并且当所述一个或多个角速度测量值表示所述头戴式显示器以预定阈值的角速度或大于所述预定阈值的角速度运动时，所述预测区间增加至预定延迟区间；

使用在整个所述预测区间推断的所述一个或多个三维角速度测量值预测用于所述头戴式显示器的三维方位以创建对应于所述预测区间的时间处的预测的方位；以及在用于所述头戴式显示器的更新的下一可用帧处生成对应于用于在所述头戴式显示器呈现的所述预测的方位的渲染图像。

（4）对企业专利布局的作用

当前，制约虚拟现实设备普及的一个十分重要的技术难题就是如何减少用户在使用虚拟现实设备时产生的晕眩感。业界普遍认为，要想避免晕眩感，虚拟现实设备的显示刷新率至少要达到20毫秒。但是由于虚拟现实设备自身硬件性能的限制，在显示的场景内所要显示目标较多，显示的场景深度较深的时候，目前的虚拟显示设备都很难达到20毫秒的刷新率，因此晕眩感也都比较明显。

该专利致力于不依靠硬件性能的提升而通过软件的方式，提高显示设备的刷新率，从而解决用户晕眩感的问题，为行业内的研发人员提供了一个很好的解决问题的思路。该专利通过预测头戴式显示器的运动趋势，预测头戴式显示器接下来可能的显示范围，从而提前将该显示范围的显示内容进行图像渲染和存储，在需要的时候直接提取预先渲染好的显示图片，从而降低显示处理器的运算压力，提升刷新率。我国的行业研发人员可以在这个思路下进行深入研发。该专利所要保护的技术方案仅仅保护一种预测头戴式显示器运动趋势的方法，本行业的研发人员可以对头戴式显示器的运动趋势的预测方式作进一步的创新，从而绕开该专利的保护范围，获得具有自主知识产权的降低用户晕眩感的解决方案。

专利2：CN105659106A

（1）著录项目

公开号：CN105659106A。

发明名称：使用动态结构光的三维深度映射。

法律状态：实质审查中。

（2）技术方案

发明要点：该发明涉及使用结构光的三维深度映射，涉及用于追踪的系统以便提供至计算机或者类似装置的输入。用于产生用于在三维空间中的光学追踪的动态结构光图案的设备，包括激光器的阵列，如VCSEL激光器阵列，以按图案透射光至三维空间中；以及布置在单元中的光学元件或者多个光学元件。该单元与该激光器阵列的子集对齐，并且每个单元单独地对来自该子集的激光器或多个激光器的光施加调制，特别是强度调制，以提供动态结构光图案的能区别和能分离控制的部分。公开了产生结构光图案的方法，其中，从激光器的阵列提供光，并且从激光器的阵列的子集单独地投射光以提供结构光图案的区分部分。该发明的说明书主要附图如图9-2-2所示。

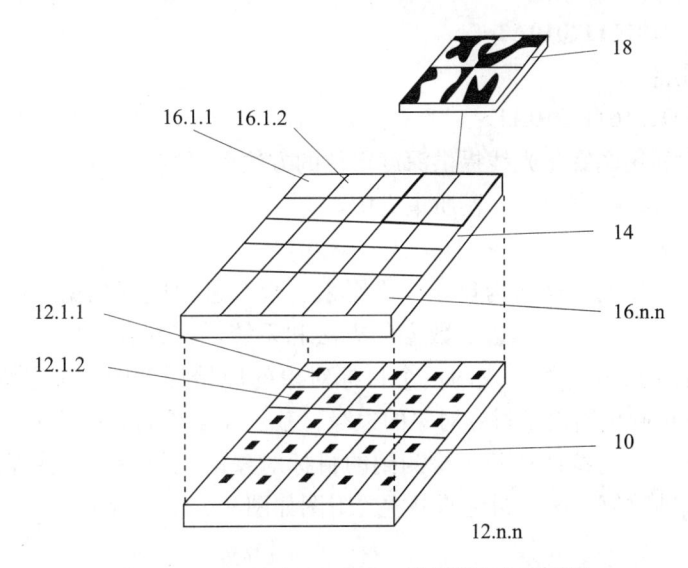

图 9-2-2　CN105659106A 的说明书主要附图

（3）权利要求

此处列举该发明的独立权利要求：

1. 一种用于产生结构光图案的设备，包括：

激光器的阵列，被布置为按图案透射光至三维空间中；以及

多个光学元件，各光学元件限定单元，所述单元与各所述激光器的阵列的子集对齐，每个单元的所述光学元件对穿过所述光学元件的来自各所述子集的光单独地施加调制，以提供所述结构光图案的能区别的部分。

19. 一种产生用于三维追踪的结构光图案的方法，所述方法包括：

从激光器的阵列提供光；以及

从所述激光器的阵列的子集单独地投射光，以提供所述结构光图案的能区别的部分。

27. 一种用于产生结构光图案的设备，包括：

激光器的阵列，被布置为按图案透射光至三维空间中；以及

多个光学元件单元，所述单元与所述激光器的阵列的各子集对齐，每个单元对穿过所述元件的来自各所述子集的光单独地施加强度调制，以提供所述结构光图案的能区别的部分。

（4）对企业专利布局的作用

该专利的核心是使用 VCSEL 激光器阵列进行三维深度映射，从而用于追踪对象的运动。该专利有别于传统的利用可见光以及其他波段的光线进行三维深度映射，而是采用 VCSEL 激光器阵列提供结构光。我国企业的研发人员可以进一步探索使用 VCSEL 激光器阵列进行三维深度映射的方式方法，利用 VCSEL 激光器阵列提供结构光源的优势，研发自己的用户追踪的方法。

专利3：WO2016112019A1

（1）著录项目

公开号：WO2016112019A1。

发明名称：利用图案化光线提供深度定位的方法和系统。

法律状态：进入国家阶段，实质审查中。

（2）技术方案

发明要点：该发明通过结构化光线投影来实现改进深度图数据。该发明公开了一种用于图案化光线分析中估算边缘数据的方法和系统。该方法包括：获取基于图案比较条纹的结构化光线分析而生成的一个目标对象的原始深度图；确定深度图的部位，其中 z 轴数值不精确地给出了目标对象的边缘；基于深度图的邻近部位，检测该目标对象相关确定部分的几何特征；基于检测到的目标对象的几何特征，估算沿着目标对象边缘的缺失的 z 轴数值。该发明说明书主要附图如图 9-2-3 所示。

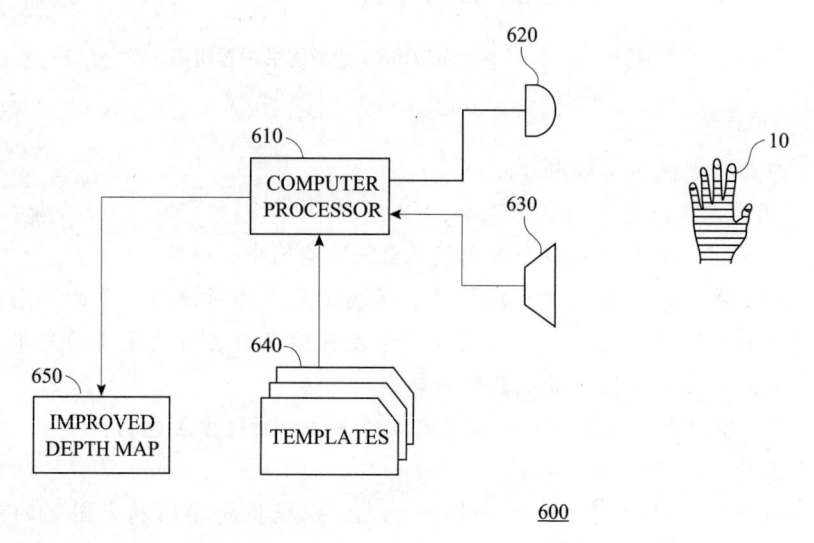

图 9-2-3　WO2016112019A1 的说明书主要附图

（3）权利要求

此处列举该发明的独立权利要求的中文译文：

1. 一种方法，包括：

获取基于图案比较条纹的结构化光线分析而生成的一个目标对象的原始深度图；

确定深度图的部位，其中 z 轴数值不精确地给出了目标对象的边缘；

基于深度图的邻近部位，检测该目标对象相关确定部分的几何特征；

基于检测到的目标对象的几何特征，估算沿着目标对象边缘的缺失的 z 轴数值。

（4）对企业专利布局的作用

该发明提供了一种利用结构光进行三维深度映射的具体方案，这是目前一种比较普遍的追踪对象的方案。我国企业的研发人员可以在充分了解该专利的基础上，对深度映射的各个细节作出改进，从而得到与该发明保护范围不同的对象追踪方法。

专利 4：WO2016100931A1

（1）著录项目

公开号：WO2016100931A1。

发明名称：用于在虚拟显示环境中导航的方法、系统和装置。

法律状态：进入国家阶段，实质审查中。

（2）技术方案

发明要点：该发明涉及虚拟显示环境，涉及一个虚拟现实环境中导航的方法、系统和装置。公开了一种利用身体部位手势和姿态来在一个虚拟现实场景中导航的方法、系统和装置。该方法包括：通过近眼显示器在用户的双眼前投影一个 3D 场景，从而为用户提供一个虚拟显示视角；识别所述用户的至少一个身体部位作出的至少一个手势或姿态；测量所述检测到的手势或姿态的矢量的至少一个计量；基于该测量出的计量，在虚拟现实环境中应用所述用户的一个运动或动作；基于该用户在虚拟现实环境中的该运动或动作，修改用户的虚拟现实视角。该发明的说明书主要附图如图 9-2-4 所示。

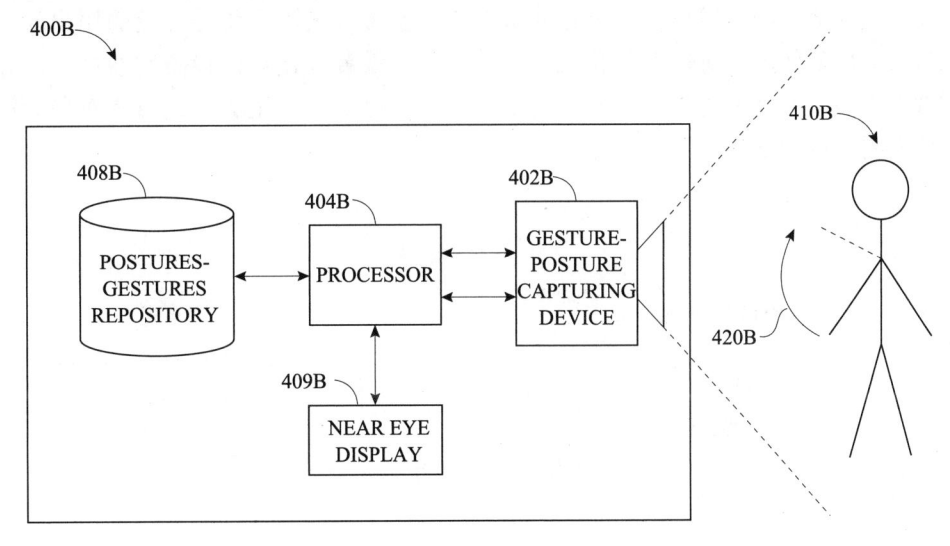

图 9-2-4 WO2016100931A1 的说明书主要附图

（3）权利要求

此处列举该发明的独立权利要求的中文译文：

1. 一种方法，包括：

通过近眼显示器在用户的双眼前投影一个 3D 场景，从而为用户提供一个虚拟显示视角；

识别所述用户的至少一个身体部位作出的至少一个手势或姿态；

测量所述检测到的手势或姿态的矢量的至少一个计量；

基于该测量出的计量，在虚拟现实环境中应用所述用户的一个运动或动作；

基于该用户在虚拟现实环境中的该运动或动作，修改用户的虚拟现实视角。

（4）对企业专利布局的作用

该发明提供了一种基于用户的运动改变用户当前显示视角的方法。这类方法是虚拟现实领域十分常见的一种显示方法。该专利的重点在于如何检测用户的运动和动作。我国企业的研发的人员可以在检测用户运动这个环节进行创新，可以充分利用其他行业比较成熟的用户运动检测方法，将这些方法运用到虚拟现实领域的显示中来。

专利5：WO2016100933A1

（1）著录项目

公开号：WO2016100933A1。

发明名称：为虚拟现实环境提供用户接口的系统、装置和方法。

法律状态：进入国家阶段，实质审查中。

（2）技术方案

发明要点：该发明涉及用身体姿势作为虚拟现实环境的自然接口的装置和方法。该发明公开了一种可以连接到近眼显示器、虚拟现实头盔或便携式计算平台的装置，该装置具有处理器。该装置包括：一个照明器，设置成用图案化光线照射邻近的穿戴着头盔或近眼显示器的用户；一个红外摄像机，设置成获取从位于邻近的用户身上的目标对象上反射回来的所述图案化光线；处理器，设置成建立该设备和便携式计算平台或者近眼显示器之间的数据和能量连接，基于该反射光线生成所述目标对象的深度图。该发明的说明书主要附图如图9-2-5所示。

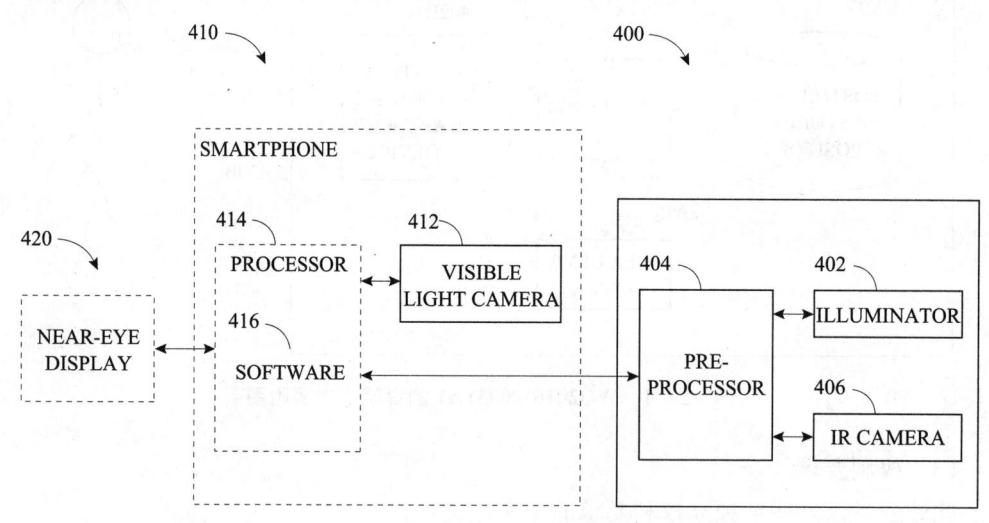

图 9-2-5　WO2016100933A1 的说明书主要附图

（3）权利要求

此处列举该发明的独立权利要求的中文译文：

1. 一种可以连接到近眼显示器、虚拟现实头盔或便携式计算平台的装置，该装置具有处理器。该装置包括：

一个照明器，设置成用图案化光线照射邻近的穿戴着头盔或近眼显示器的用户；

一个红外摄像机，设置成获取从位于邻近的用户身上的目标对象上反射回来的所述图案化光线；

处理器，设置成建立该设备和便携式计算平台或者近眼显示器之间的数据和能量连接，基于该反射光线生成所述目标对象的深度图。

（4）对企业专利布局的作用

该发明提供一种利用红外摄像机获取用户身上反射的结构化光线，从而进行三维深度映射的方法。其有效地解决用可见光进行三维深度映射的局限。我国企业研发人员，可以在该发明的基础上，在如何利用红外摄像机获取结构化光线反射光线进行三维深度映射的方向上进行创新，得到自己的红外光三维深度映射方法。

专利6：US20160203642A1

（1）著录项目

公开号：US20160203642A1。

发明名称：用于虚拟现实头盔的被动定位器。

法律状态：实质审查中。

（2）技术方案

发明要点：该发明涉及虚拟现实头盔，尤其涉及虚拟现实头盔上的被动定位器。该发明公开了一个虚拟现实头盔，虚拟现实头盔包括：多个标记组，每个标记组对应虚拟现实头盔上的一个不同的位置。每个标记组都包括一个或多个具有彼此相对位置的定位器。包含在一个标记组中的被动定位器被设置成反射由光源设备发射的一束或多束光束。一个虚拟现实系统确定一个标记组中的被动定位器的位置以及被该被动定位器反射的光束从而确定该虚拟现实头盔的方位。基于该虚拟现实头盔的方位，该虚拟现实系统确定该虚拟现实头盔的位置，并将识别内容提供给虚拟现实头盔。该发明的说明书主要附图如图9-2-6所示。

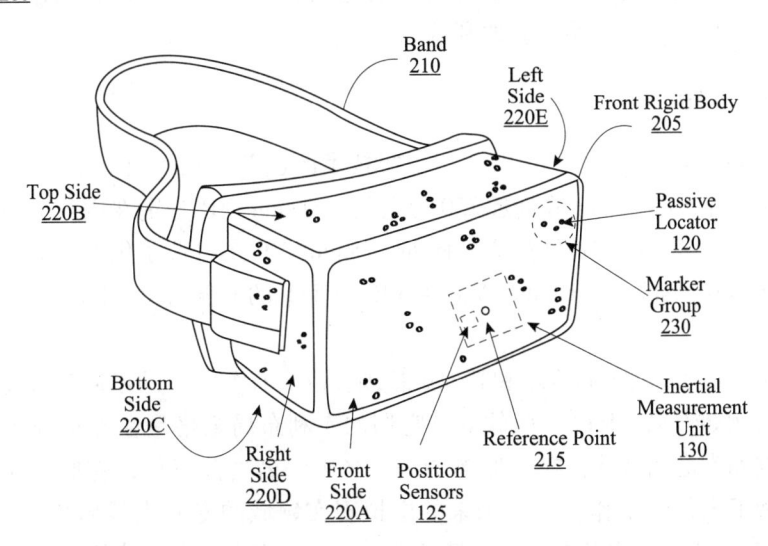

图9-2-6 US20160203642A1的说明书主要附图

（3）权利要求

此处列举该发明的独立权利要求的中文译文：

1. 一个虚拟现实系统包括：

一个虚拟现实头盔，包括：

电子显示器，用于为虚拟现实头盔的用户呈现可视内容，以及

多个标记组，每一个标记组对应虚拟现实头盔的一个方位，每个标记组都包括一个或多个具有彼此相对位置的被动定位器，每一个被动定位器具有一个反射类型；

一个光源装置，用于照射该虚拟现实头盔；

一个成像设备，用于获取该虚拟现实头盔的一系列图像；

一个虚拟现实控制台，包括一个处理器和耦合于该处理器的存储器，存储器包含指令，通过执行该指令，处理器能够实现如下步骤：

接收发自成像设备的一系列图像，这一系列图像中的至少一个包括被光源装置照射的一个标记组，

确定虚拟现实头盔上包括一系列图像中至少一个图像的标记组的方位，

至少部分地基于确定的虚拟现实头盔上的标记组的方位，确定虚拟现实头盔的位置，

基于虚拟现实头盔的位置为虚拟现实头盔提供内容。

（4）对企业专利布局的作用

该发明提供一种虚拟现实头盔定位并基于该定位结果进行内容显示。该发明的定位方法定位精度较高，不仅可以确定头盔的具体方位，还能确定头盔当前的旋转角度，以及俯仰角度，为虚拟现实头盔提供精确的和头盔动作相对应的显示内容提供了有力支撑。我国企业的研发人员，可以深入学习该头盔的定位方法，在专利的基础上作二次开发，在获得一定的研发成果以后，谋求和Oculus VR的交叉许可。另外，该发明只在美国进行了专利申请，在其他国家并没有布局，我国企业可以利用这一漏洞，至少可以在我国市场应用该发明，获取利益。

9.2.3 小　　结

Oculus VR是一家致力于开发虚拟现实技术的创新公司，成立于2012年，当年登陆美国众筹网站Kickstarter筹资近250万美元。Oculus VR分别在内容、应用、终端和平台上布局，形成完整产业链生态。此外，Oculus VR还打造了供开发商开发内容和应用的平台Oculus Platform。Oculus VR在VR产业上的布局全面且业内处于绝对领先地位。

Oculus VR的专利布局策略和其他虚拟现实巨头有着明显的不同。首先，其他的虚拟现实巨头例如索尼、HTC、微软等，它们的专利布局策略是在虚拟现实的全领域广泛布局，例如索尼和微软，在全球申请量排名中都名列前三位，它们在虚拟现实专利布局方面做了大量的工作，也为未来的虚拟现实领域的专利大战做好了充足的准备。而反观Oculus VR，首先其在专利申请的数量上总量不多，在全球的专利申请量不足20

件。其次，Oculus VR 的专利申请的领域也相对狭窄，其专利申请主要集中在显示和用户追踪领域。Oculus VR 的专利申请策略走的是少而精的策略。但是从 Oculus VR 专利申请的技术领域来看，它的专利申请主要集中在显示和用户追踪领域，这两个领域也是和用户体验最直接相关的两个领域，也是相对来说比较容易确权的领域。在这两个领域申请专利可以最直接、最容易地获得收益。但是，目前 Oculus VR 的专利申请量和它在产业中的地位是严重不符的，这在未来很可能成为其发展道路上一个重大隐患。目前，虚拟现实行业还没有真正迎来产业爆发期，市场上的各种虚拟现实产品或多或少都存在这样或那样的不足。各大厂家目前的主要精力放在产品研发和技术积累阶段，真正的市场竞争还没有开始。但是可以预期，在不久的将来，虚拟现实行业的各个技术难题必将被攻克，虚拟现实产品也必将被广大消费者接受，那时虚拟现实行业必将带来巨额的经济利益。到那个时候，各个厂家必将全力争夺市场份额。就像当前的移动互联领域频频爆发专利大战一样，那时虚拟现实领域也必将掀起专利争夺战的狂潮。到那时，Oculus VR 也必将面临巨大的专利诉讼风险。

对于我国的企业来说，尤其是资金充裕，致力于打造未来在虚拟现实领域具有国际影响力的龙头企业，在专利布局方面应着眼于全技术领域，应该在系统建模、交互、呈现和系统集成方面进行专利布局。目前全球各大厂商已经在这些领域有了大量的专利申请。我国企业应该发挥后发优势，充分分析当前已经申请的专利，制定自己的专利布局策略，在现有专利基础上作二次开发，或者绕开现有专利进行布局，以期在将来频发的专利大战中占得有利地位。如果企业资金不是十分充足，企业实力无法支撑企业在全领域进行专利布局，企业可以效仿 Oculus VR 的专利申请策略，选取行业热点的研究领域，加大研发力度，申请专利，使企业拥有一批质量高、确权容易的核心专利。掌握这样的核心专利，也有利于企业在和其他竞争对手的专利争夺中掌握有力筹码。另外，Oculus VR 的并购策略也值得中国的企业学习。通过收购并购其他企业，可以快速增强企业自身的技术实力和市场份额，在企业并购过程中，被并购企业的专利也可以提升企业自身的专利攻防实力。

9.3 Magic Leap 并购及重点专利情况分析

9.3.1 Magic Leap 并购情况简介

Magic Leap 于 2011 年 5 月 5 日在美国成立，是一家世界知名的增强现实公司，其采用的数字光场增强现实技术是增强现实领域的最前沿技术。其主要研究方向是将立体 3D 图像无缝整合到真实场景，通过电子光波传输到眼睛和大脑，让用户在真实场景的基础上能看到虚拟场景并与之互动。

该公司迄今为止经历了三次比较重大的融资事件，见表 9-3-1。

表9-3-1　Magic Leap 全球融资事件

时间	投资者	投资额
2014年10月22日	高通、谷歌风投、Andreessen Horowitz、KPCB	54200万美元
2016年2月2日	阿里资本、华纳兄弟、摩根大通、摩根士丹利、谷歌风投、高通	80000万美元
2016年8月16日	银江股份	500万美元

　　Magic Leap 被人们所知的乃是两段"视频"：一个是在篮球场上出现了鲸鱼的视频（见图9-3-1），另一个是人们能通过这个技术将银河系投射在手掌之间的视频（见图9-3-2）。据称，Magic Leap 推出的产品从芯片到硬件将会全部由该公司研发制造。但是，到2016年为止，Magic Leap 还没有真正的产品上市。除了上述宣传视频外，若想对 Magic Leap 的技术有进一步了解，唯有通过其已经申请的相关技术专利进行分析。

图9-3-1　Magic Leap 宣传视频图（一）

图9-3-2　Magic Leap 宣传视频图（二）

9.3.2　Magic Leap 重点专利分析

9.3.2.1　专利检索

　　截至2016年10月10日，在国家知识产权局专利检索与服务系统（S系统）的 VEN 数据库中，通过申请人字段"Magic leap"结合关键词"virtual reality""VR" "augmented reality""AR",共检索到116项(不包含同族专利)。结合Patentics软件中的技术分组功能对其进行机器去除噪声和人工筛选相结合的办法,得到申请人包含"Magic Leap"并且涉及虚拟现实、增强现实领域的申请共计104项(由于专利申请文件从申请到公开之间最长需要18个月,同时各个数据库的更新时间不同,本检索数据仅供参考)。经过与本报告中第一次检索截止日期2016年4月26日的检索结果的抽样对比,结果显示,上述104项中已覆盖截止日期为2016年4月26日的检索结果中有关Magic Leap的75项专利申请。

9.3.2.2 技术分组

对上述104项专利申请在Patentics中进行技术分组后结合人工分组,得到Magic Leap的申请主要涉及Augmented reality system(增强现实系统)、Graphical feedback(图形响应)、Optical arts(光学效应技术)、Physical world(物理世界)、Real world object(真实世界建模)、Wide field-of-view(宽视角)、Mixed reality environment(混合现实环境)七个方面的技术,其申请的技术分布如表9-3-2所示。

表9-3-2 Magic Leap专利申请技术分组与申请量关系

技术分组	申请量/项
Real world object	32
Mixed reality environment	27
Optical arts	24
Physical world	11
Wide field-of-view	7
Graphical feedback	2
Augmented reality system	1
共计	104

由表9-3-2可以看出,Magic Leap申请的发明专利技术主要集中在真实世界建模、混合现实环境和光学效应技术三个方面。

9.3.2.3 重点专利

对上述三个方面的83项申请按照被引用量进行排名,分别选取每个领域中被引用量排名最靠前的申请作为重点专利,如表9-3-3所示。

表9-3-3 Magic Leap的重点专利

技术分组	公开号	被引用数/次
Optical arts	US20140003762A1	61
Real world object	US20130117377A1	22
Mixed reality environment	US20130128230A1	1

由表9-3-3可以看出,光学效应技术应该是Magic Leap最擅长的技术,被引用

数最高为 61 次（其中自引用 56 次）；第二是真实世界建模技术，被引用数为 22 次（其中自引用 0 次）；第三是混合现实环境技术，被引用数为 1 次（其中自引用 0 次）。

下面分别对上述三个方面的重点专利（被引用数排名最高）进行分析。

(1) 光学效应技术

1) 著录项目

专利公开号：US20140003762A1。

发明名称：Multiple depth plane three-dimensional display using a wave guide reflector array projector（使用波导反射器阵列投射器的多深度平面三维显示器）。

被引用次数：61 次。

法律状态：已授权。

授权公告号：US9310559B2。

授权公告日：2016 年 4 月 12 日。

2) 授权文本的技术方案

线性波导的二维阵列包括多个 2D 平面波导组件、列、集合或层，其中每个产生相应深度平面以用于模拟 4D 光场。线性波导可具有矩形圆柱形状，并且可被堆积为行和列。每个线性波导至少部分地内部反射，例如，通过至少部分地反射的平面侧壁的至少一个相对的侧，以沿着所述波导的长度来传播光。弯曲微反射器可反射光的一些模式而使其他的通过。所述侧壁或面可反射光的一些模式而让其他的通过。任意给定的波导的所述弯曲微反射器在限定的径向距离处贡献于球面波前，各层在相应径向距离处产生图像平面。

3) 授权文本的附图（见图 9-3-3）

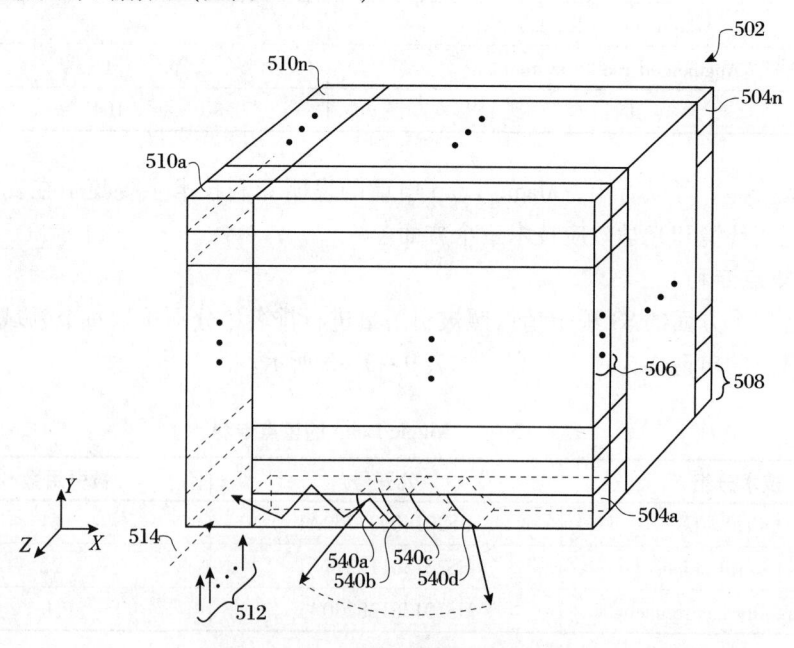

图 9-3-3 US20140003762A1 的附图

独立权利要求1、30的中文翻译：

1. 一种波导反射器阵列投射器设备，包括：

多个矩形波导的第一平面集合，所述第一平面集合中的每个所述矩形波导具有至少第一侧、第二侧、第一面和第二面，所述第二侧沿着所述矩形波导的长度与所述第一侧相对，至少所述第一和所述第二侧沿着所述矩形波导的所述长度的至少一部分而形成至少部分地内部反射的光路，并且所述第一平面集合中的每个所述矩形波导包括被沿着所述相应矩形波导的所述长度的至少一部分、在相应位置处在所述第一和所述第二侧之间放置的相应多个弯曲微反射器，以从所述相应矩形波导的所述第一面向外部分地反射球面波前的相应部分；以及

至少多个矩形波导的第二平面集合，所述第二平面集合中的每个所述矩形波导具有至少第一侧、第二侧、第一面和第二面，所述第二侧沿着所述矩形波导的长度与所述第一侧相对，至少所述第一和所述第二侧沿着所述矩形波导的所述长度的至少一部分而形成至少部分地内部反射的光路，并且所述第二平面集合中的每个所述矩形波导包括沿着所述相应矩形波导的所述长度的至少一部分、在相应位置处在所述第一和所述第二侧之间放置的相应多个弯曲微反射器，以从所述相应矩形波导的所述第一面向外部分地反射相应部分，

所述矩形波导的所述第二平面集合被沿着第一横轴（Z）横向于矩形波导的所述第一平面集合而布置，所述第一横轴与纵轴（X）垂直，所述纵轴（X）平行于至少所述第一和所述第二平面集合的所述矩形波导的所述长度。

30. 一种光学设备，包括：

在多个行和列中布置的多个波导的二维阵列，每个所述波导具有第一端、沿着所述波导的长度与所述第一端间隔开的第二端、至少第一对相对的侧，所述相对的侧至少部分地朝着所述波导内部反射，以沿着所述波导的所述长度来反射光，所述长度限定了所述相应波导的主轴，每个所述波导具有多个弯曲微反射器，所述弯曲微反射器被放置在沿着所述相应波导的所述长度的相应位置，并且所述弯曲微反射器至少部分地反射至少限定的波长，所述弯曲微反射器被以相对于所述相应波导的所述面的相应角度而定向，以和至少所述第一对相对的侧结合来提供在所述波导的所述面和所述第一端之间延伸的光路；

列分布耦合器的线性阵列，相应列分布耦合器用于所述多个矩形波导的所述二维阵列中的每一列，每个所述列分布耦合器具有第一端、沿着所述列分布耦合器的长度与所述第一端间隔开的第二端，每个所述列分布耦合器具有多个元件，所述多个元件提供列在所述耦合器的所述第一端和所述多个波导的所述二维阵列的所述相应列中的所述波导的相应波导之间的光路。

4）用途：属于增强的现实装置领域，用于可穿戴三维显示器中，产生投射光以模拟可通过从真实三维物体或场景反射的光来产生四维（4D）光场。

5）提示：虽然该申请在中国的同族申请CN104737061A仍在审查中，尚未结案，但鉴于其在美国的申请已被授权，因此想在国内范围使用该技术的国内企业需要谨慎。

（2）真实世界建模技术

1）著录项目

专利公开号：US20130117377A1。

发明名称：System and method for augmented and virtual reality（用于增强和虚拟现实的系统和方法）。

被引用次数：22 次。

法律状态：已授权。

授权公告号：US9215293B2。

授权公告日：2015 年 12 月 15 日。

2）授权文本的技术方案

一种用于使得两个或更多的用户能够在包括虚拟世界数据的虚拟世界内进行交互的系统，所述系统包括计算机网络，所述计算机网络包括一个或多个计算设备，所述一个或多个计算设备包括：存储器、处理电路和至少部分地存储在所述存储器中并且可以由所述处理电路执行以处理所述虚拟世界数据的至少一部分的软件；其中所述虚拟世界数据的至少第一部分来源于第一用户本地的第一用户虚拟世界，以及其中所述计算机网络可操作地向用于向第二用户呈现的用户设备传输所述第一部分，使得所述第二用户可以从所述第二用户的位置来体验所述第一部分，使得所述第一用户的虚拟世界的方面被高效地传送给所述第二用户。

3）授权文本的附图（见图 9-3-4）

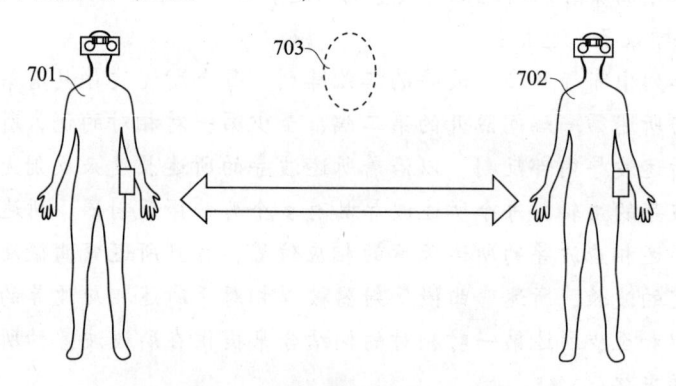

图 9-3-4　US20130117377A1 的附图

独立权利要求 1 的中文翻译：

1. 一种用于使得两个或更多的用户能够在包括虚拟世界数据的虚拟世界内进行交互的系统，包括：

计算机网络，其包括一个或多个计算设备，所述一个或多个计算设备包括：存储器、处理电路和至少部分地存储在所述存储器中并且由所述处理电路执行以处理所述虚拟世界数据的至少一部分的软件；

具有可穿戴用户显示组件的用户设备，其中所述用户设备可操作地耦合到所述计算机网络，

其中所述虚拟世界数据的至少第一部分包括从第一用户本地的物理对象渲染的虚拟对象，而且所述虚拟对象呈现所述物理对象，

所述计算机网络可操作地向与第二用户相关联的所述用户设备传输所述虚拟世界数据的所述第一部分，而且

所述可穿戴用户显示组件向所述第二用户可视地显示所述虚拟对象，以使得所述第一用户本地的所述物理对象的虚拟呈现被在所述第二用户的位置可视地提供给所述第二用户。

4）用途：属于虚拟现实、增强现实的呈现、感知和交互领域，适用于通过各种视觉、触觉和听觉构件来感知虚拟和增强现实环境并于所述环境进行交互的系统。

5）提示：在中国的同族申请 CN104011788A 已授权，授权的独立权利要求保护范围与 US9215293B2 中权利要求 1 的保护范围相同。国内企业在产品研发、专利申请中需要予以重视，谨慎使用，注意规避。

（3）混合现实环境

1）著录项目

专利公开号：US20130128230A1。

发明名称：Three dimensional virtual and augmented reality display system（三维虚拟和增强现实显示系统）。

被引用次数：11 次。

法律状态：已授权。

授权公告号：US8950867B2。

授权公告日：2015 年 2 月 10 日。

2）授权文本的技术方案

一种系统可以包括：选择性透明的投射装置，用于将图像从空间中相对于观察者眼睛的投射装置位置朝向观察者的眼睛投射，该投射装置能够在没有图像被投射时呈现基本透明的状态；遮挡掩模装置，其耦合到投射装置，并且被配置成以与投射装置投射的图像相关的遮挡图案，选择性地阻挡从处于投射装置的与观察者的眼睛相反的一侧的一个或多个位置朝向眼睛传播的光；以及波带片衍射图装置，其被置于观察者的眼睛和投射装置之间，并且被配置成使来自投射装置的光在其向眼睛传播时穿过具有可选择的几何结构的衍射图。

3）授权文本的附图（见图 9-3-5）

独立权利要求 1 的中文翻译：

1. 一种三维图像可视化系统，包括：

a. 选择性透明的投射装置，用于将图像从空间中相对于观察者的眼睛的投射装置位置朝向观察者的眼睛投射，所述投射装置能够在没有图像被投射时呈现基本透明的状态；

b. 遮挡掩模装置，其耦合到所述投射装置，并且被配置成以与所述投射装置投射的所述图像相关的遮挡图案，选择性地阻挡从处于所述投射装置的与观察者的眼睛相

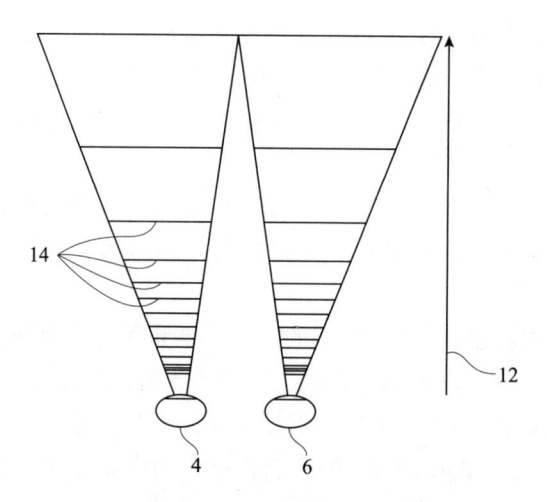

图 9-3-5　US20130128230A1 的附图

反的一侧的一个或多个位置朝向眼睛传播的光；以及

c. 波带片衍射图装置，其被置于观察者的眼睛和所述投射装置之间，并且被配置成使来自所述投射装置的光在其向眼睛传播时穿过具有可选择的几何结构的衍射图，并且以至少部分地基于所述衍射图的所述可选择的几何结构而模拟出的距离眼睛的焦距进入眼睛。

4）用途：属于虚拟现实、增强现实成像和可视化系统，适用于呈现装置，结合了人眼/人脑对图像处理的复杂过程，从而更精确地调节显示点，减少成像的不稳定现象，减轻眼疲劳和头晕，佩戴更舒适。

5）提示：该申请目前仅在美国被授权，在中国的同族申请 CN201280067730A 仍在审查中，目前还未结案，国内企业如想使用该发明也需谨慎。

9.3.3　小　　结

Magic Leap 申请的上述三项重点专利分别覆盖了光学效应技术、真实世界建模和混合现实三个技术领域中的显示、交互和防眩晕技术。这一现象给了虚拟现实、增强现实行业一个明确的指引，即如何更好更逼真地进行 3D 显示，如何提高用户与虚拟现实、增强现实系统的交互以及如何提升用户的佩戴舒适度（包括减轻视觉疲劳、头晕和进一步轻便等）将是下一阶段的研发热点。其中，显示是基础，交互和防眩晕是提升用户体验的两个重要因素。鉴于交互技术和防眩晕技术尚未成熟，国内企业和研发机构应趁机抓住机遇，借助国内庞大的消费市场，加大资金投入，通过与高校、科研机构的合作，在已公开的现有关键技术基础上进行进一步的利用或更新，加大国内专利的申请，加强专利的海外布局，争取在虚拟现实、增强现实行业早日成为领跑者。

虽然 Magic Leap 到 2016 年为止尚没有真正的产品问世，但是从其专利申请的目标国/地区分布来看，已经遍布了五大洲，例如，美国、欧洲、加拿大、中国、澳大利亚、韩国、日本、以色列、新西兰和俄罗斯等，并提交了部分 PCT 申请。可以预测的是，如果

Magic Leap 推出自己的产品，其销售的目标区域很有可能与上述专利布局国/地区的分布一致；即使在没有正式产品问世时，其仍可以凭借专利授权对这些地区落入其权利要求书保护范围的技术的所属公司进行专利侵权诉讼。

对于企业和研究机构来说，可以从专利布局的深度和广度来考虑。例如，在借鉴该公司交互、防眩晕技术的同时，对其进行改进、提升，以得到与其在技术方面的区别，获得更好的用户体验感，并申请相关技术的专利，进行及时保护；又如，在研究该公司有关显示的重点专利的基础上，可在相同国家或地区申请能包围该重点专利的外围专利或相关的配套/衍生专利，形成坚实的保护网，使之与 Magic Leap 的相关专利形成相互牵制、相互约束的局面，为日后专利的相互共享/谈判增加筹码；必要时还可以通过检索手段提交公众意见的方式进行无效处理。

总之，国内企业需要对 Magic Leap 申请的专利引起足够的重视，随时关注仍处于审查进程中的专利申请的动态变化，结合别国授权专利的保护范围，提前对未来有可能在本国授权的专利的保护范围进行预测，及时调整研发方向，使自己尽快由被动转为主动，由防御转为进攻。

第 10 章 虚拟现实、增强现实产业专利分析主要结论和建议

10.1 虚拟现实、增强现实产业专利分析主要结论与启示

从 2016 年虚拟现实、增强现实产业发展现状来看，整体上还处于技术成长期，各大企业还在攻城略地，不断壮大自己，同时进一步培育市场、扩大用户群，而真正的虚拟现实、增强现实产品的春天还远未到来。因此，从目前的阶段看似乎专利并没有成为企业在这一领域是否领先的决定因素。况且，在各大企业还没有实现大面积盈利的情况下，专利侵权诉讼之争离企业还很遥远。但是，从通信行业的发展进程中，我们可以看到，从 DVD 播放机之争、手机滑动解锁技术之争到 4G、5G 标准之争，每一次通信行业阶段性的进步，笑到最后的都是专利技术领先的那些企业。我们相信，虚拟现实、增强现实这一产业也会遵循通信行业的普遍规律。因此，目前涉足这一产业发展的企业都应当有意识地通过专利布局来保护自己的技术成果，这样才能占据未来市场竞争中的有利地位。

通过本书前面的章节我们也总结了一些对于虚拟现实、增强现实产业整体态势的分析结论，希望能够给虚拟现实、增强现实产业的从业者以启示。

第一，我国创新主体在虚拟现实、增强现实领域的专利布局尚需优化。

中国企业目前普遍缺乏自身专利申请的海外布局，特别是关键技术在海外的专利布局，在未来产品走向国际市场时必然受到极大制约。与之相反，美、日、欧的技术领先企业均已悄然在中国不断布局其核心专利技术，为其未来打入中国市场做足了准备。国内该领域创新主体仍以高校为主，企业创新能力不足，产学研不能有效互动，也还未形成该领域有实力的龙头企业。国内专利申请文件撰写水平低也在一定程度上限制了国内创新主体的专利申请质量。

中国企业在了解了上述现状的基础上，应当在企业发展的过程中，充分考虑上述因素，找准自身的市场定位和发展方向。在虚拟现实、增强现实行业的竞争真正到来的时候，没有专利权在手的企业将会寸步难行。而在申请专利的过程中，国内创新主体也应当重视授权专利的质量，对专利申请工作进行有序筹划和科学管理，确保核心技术成果能够得到有效的专利保护。

第二，虚拟现实、增强现实领域核心技术主要掌握在美、日、欧等发达国家手中，国内企业专利含金量不高。

从虚拟现实、增强现实领域国内企业专利申请量看并不明显落后，但在建模和绘

制技术、交互技术这些虚拟现实、增强现实技术的基础理论方面，很明显核心技术均掌握在美、日、欧的企业手中。国内企业在虚拟现实、增强现实这一领域的创新能力明显不足，国内企业普遍注重短期效益，跟随市场的步伐研发了大量低端头戴式显示设备，而国际上 HTC vive 等产品的效果、质量远远好于国内企业的产品，整体上看国内产业发展明显后劲不足。国内企业在专利申请质量和数量之间要找到一种平衡，仅仅有专利数量的优势，而没有过硬的高水平授权专利，也是不可能获得长远利益的，掌握真正的核心技术才是王道。

第三，虚拟现实、增强现实产业机遇与挑战并存，国内企业有超越的机会。

到 2016 年为止，虚拟现实、增强现实产业还处在投资泡沫期，产业本身发展空间很大，而这仅仅是这一产业发展的起步阶段，只要抓住机会，国内企业也很可能乘风破浪，一路高歌。虚拟现实、增强现实行业的主要发展瓶颈在于用户体验、技术局限、内容和应用的开发以及价格等方面。国际、国内企业都还在酝酿和等待虚拟现实、增强现实产业真正的产品和市场的爆发期，技术的发展也在不断地进步和完善的过程中，谁最先克服技术瓶颈、找准市场痛点攻坚克难，谁就会成为未来的赢家。现在也有很多手机行业的知名企业还没有把自身在虚拟现实、增强现实领域的底牌亮出来，很多长远规划还在摸索和酝酿当中，国内企业如果能够在这一阶段抓住机会增强自身实力，还是很可能在未来超越国际知名企业，占据虚拟现实、增强现实产业先机的。

第四，虚拟现实、增强现实产业国内市场和投资前景看好，未来国内市场将成为兵家必争之地。

我们要看到虚拟现实、增强现实产业的发展也是与移动互联网产业的发展密不可分的，美、日、欧虽然在技术上略胜一筹，但中国由于互联网用户普及率高，市场前景不可忽视，未来真正将虚拟现实、增强现实产品应用得好的非常可能是中国市场。国内企业一定要利用我们的市场优势和用户优势，一方面在培育市场上再下功夫，另一方面在技术创新上迎头赶上，相信虚拟现实、增强现实产业在中国的发展会有美好的前景。当然，我们强大的市场潜力不能只为国外企业提供跑马圈地的机会，我们的企业也要在保证本国市场份额的基础上确保自己的竞争优势，至少也要争取得到与国外企业平分秋色的机会。

根据对虚拟现实、增强现实产业四个主要的技术分支的专利分析，我们可以发现我国在各个技术分支均有技术发展的瓶颈，或者是技术发展的突破点。通过我们的专利分析，也希望在各个技术分支上帮助国内发现技术发展的突破口，从而保证在这一行业的投资都能取得预期的效益。下面，就各个技术分支方面的可选择的技术路径进行一下总结。

第一，在建模和绘制技术分支方面，可以学习和借鉴已经失效的早期核心专利技术和未申请中国专利的国外技术，避免重复投入。

建模和绘制技术发展起步较早，对于已经授权的早期核心专利，常常会对国内企业造成侵权风险。但虚拟现实领域的一大批建模和绘制技术分支的核心专利已经期满终止，而国内企业在这一技术分支方面实力非常薄弱，只有国内高校和科研机构才有涉足这一技术分支。由于这一技术分支实际上也是虚拟现实、增强现实领域的底层技术，或者说是核心技术，从事这一行业的国内企业不可避免地要使用建模和绘制技术来实现三维空间内容的构造。因此，国内企业应当积极追踪这一技术分支的国外核心专利的法律状态，当专利由于未缴年费或保护期届满失效时，国内企业可以免费使用。而对于没有申请中国专利保护的国外企业的核心专利技术，国内企业可以放心地在国内使用，或者是以围绕其核心专利发展外围专利的策略使用其核心技术。

第二，在交互技术分支方面，体感识别技术最热门，神经系统交互、面部表情交互和气味感知方面技术发展空间大。

在交互技术方面，体感识别技术申请量最大，其包括身体动作输入、手戴输入、视觉轨迹输入、神经系统活动。其中的身体动作输入、手戴输入技术和视觉轨迹输入技术相对已经发展比较成熟，技术发展向着进一步精细化和准确化的方向演进。例如，应用了眼球跟踪技术的头戴式显示设备已经面世，而面部表情、神经系统活动等分支的研究起步较晚，技术还不成熟，因此在产品上应用还不多见，有很大的发展空间。眼球跟踪方面已经有很多的解决方案了，可以考虑再深入细节，让识别效果更准确。气味、声音感知方面相关专利技术非常少，属于相对技术盲点。然而，能让机器感知周围的气味对于虚拟现实和增强现实产品来说，必然是个锦上添花的功能，也会成为一个吸引人眼球的卖点。国内企业可以寻找一个可行、有效的路径来实现该功能，剑走偏锋，赢得先机。

同时，早期的设备，通常只涉及单个交互技术，而最新的增强现实设备则将多个交互技术集成在一起，比如在增强现实眼镜上增加了识别脑电波的功能，功能更加集成，设备更加轻便，实现与用户更好的交互。我国企业可以从这些角度进行交互技术的研究与开发，进一步提高用户的使用体验效果。

总之，在交互技术发展方向上，神经系统交互、面部表情交互和气味感知方面技术发展空间大；而在技术比较成熟的眼球跟踪和手势识别技术领域，企业要注重技术细节，从提高效果的准确性方向发展；另外，要重视多种交互技术的集成，从而提高产品的综合性能。

第三，在呈现技术分支方面，头戴显示器的防眩晕技术是最为热点的技术，其中低时延技术是国内企业可以选择的突破口，具体可以从提高跟踪交互精度、减少系统延迟、提高刷新帧率、提高运算性能方面入手研发。

头戴显示器领域最关键的技术难题就是如何突破晕动症的障碍，提高防眩晕性能，延长头戴式显示器的使用时间，只有这样才能有进一步的市场前景。而在能够克服头戴显示器晕动症的各个技术功效方面，我国在低时延功效方面与国外差距最为悬殊。进一步分析低时延功效的实现手段，我们发现头戴显示器的系统延迟与跟踪系统延迟、交互系统延迟、运算性能限制和显示器件刷新率密切相关。因此，实现头戴显示器的低时延功效主要有以下四种手段：提高头戴显示器跟踪交互精度、减少头戴显示器交互系统延迟、提高头戴显示器运算性能以及提高头戴显示器的显示器件刷新帧率。这

第 10 章 虚拟现实、增强现实产业专利分析主要结论和建议

四种技术手段中，提高头戴显示器跟踪交互精度所带来的产品整体成本上涨相对较小，可开拓算法却较多，是最重要的研发方向。

另外，国内企业的头戴显示器产品主要集中在虚拟现实类头戴显示器产品，在增强现实类产品领域很少涉及，技术上也相对更为薄弱。而从国外领先企业，如微软、Magic Leap 等均选择增强现实作为产品主攻方向上可以获得启示，国内企业也可以选择与其他企业差异化竞争，将增强现实产品作为技术盲点来主攻突破。

第四，在系统集成技术方面，虚实融合技术最为关键，而虚实融合技术的重点和难点是实现精准逼真的遮挡和光照效果。

在系统集成技术方面，微软公司有较多的专利布局，其申请的专利申请直接支撑了其 Hololens 眼镜这一增强现实产品。而 Magic Leap 这家在增强现实技术领域较为领先的企业，其光场技术以及光照遮挡方面的技术也是较为领先的。国内企业要关注追踪国际领先企业的技术发展动态，和国内在系统集成技术方面领先的北京航空航天大学等高校和科研机构多多交流，联合开发先进的增强现实领域系统集成技术，为系统集成领域的技术突破积蓄力量。

从另一个角度看，国际、国内在虚拟现实、增强现实产业中的并购和投资也显得异常活跃。很多大型的并购和投资项目吸引了大家的眼球，也有很多中国公司在悄悄地向海外虚拟现实、增强现实产业投资，从而填补自身在某些方面的不足。在进行一项重大的投资项目前，投资人可能会考虑该企业从事的技术领域、商业模式和发展前景，但被投资企业的专利拥有水平也是不应被忽视的一个重要方面。因此，在并购和投融资的过程中，将企业拥有的专利数量和专利技术重要性作为重要的考量因素是非常必要的。通过对虚拟现实、增强现实领域国外投资并购热点企业的发展模式的研究可以发现，在企业考虑投资并购时，一定要注重以下几点：

（1）关注该企业是否有核心技术专利。比如，Oculus VR 在专利申请方面一直秉持着少而精的战略，从其成立至 2016 年，Oculus VR 自身仅仅申请了 10 多件专利。具体分析可以发现，其专利涉及的提高刷新率、运动检测、高精度定位等都是头显领域的关键技术，可见该公司的专利数量虽然少，但技术水平较高。借助于其拥有的核心技术专利就可以制造出业界领先的头戴显示器产品。而从 Magic Leap 申请的专利技术分布中可以看出其研发的技术主要集中在真实世界建模、混合现实环境和光学效应三个方面。对这些专利深入分析发现，其中热点技术核心专利的比例很高，特别是业界关注的光场技术方面，如何产生立体显示光场是增强现实头戴显示器产品的关键，也是未来对其产品最为期待的一个方面。从这些分析可以看出，Magic Leap 之所以能够吸引众多投资，其拥有的核心专利技术，是最重要的因素。

（2）在考虑投资的技术领域时，要考虑自身的技术优势和需要补充的技术短板，使投资并购能够起到补短扬长的作用。从 2014 年 6 月到 2015 年 7 月，Oculus VR 主要是通过收购的方式填补了自己生态链中在输入方式、手势识别、实时三维场景重建、视觉追踪技术方面的不足。2016 年 5 月，Oculus VR 又通过被 Facebook 收购的 TBE 合作提升自身的沉浸式 3D 音响技术。业界普遍的共识是虚拟现实、增强现实产业中涉及

的技术非常庞杂，一家企业想要在各个技术分支上都领先于竞争对手需要投入的研发成本是非常巨大的，而借助于并购的方式，可以使企业快速填补技术上的短板，完善自身的产品。可以预见，未来在虚拟现实、增强现实领域，投资和并购仍然会是企业发展的重要形式。

（3）考虑到以投资并购换取市场的考虑，也要考虑投资对象专利在全球哪些国家和地区有所布局。从微软针对增强现实产品进行专利布局的经验我们可以学习到，针对一款上市的产品，一定要先行进行专利布局，这其中很重要的一点是在全球重点市场国家和地区进行专利布局。从 Magic Leap 的重点专利布局也可以看出，该公司的专利布局已经遍布了美、中、日、韩、欧、俄、加等多个专利大国和地区，足见该公司已经开始着手开辟专利战场，一方面为自身产品上市扫清障碍，另一方面也很可能正在酝酿一场没有硝烟的专利大战。

10.2 虚拟现实、增强现实产业和企业发展主要建议

基于之前分析的数据和虚拟现实、增强现实产业发展现状，我们对于虚拟现实、增强现实行业发展提出以下主要建议。

第一，加快制定技术标准的进程，为从业企业的发展创新指引方向。

在调研中我们了解到虚拟现实、增强现实从业企业对于行业技术标准的出台需求非常迫切。究其原因在于由于行业标准不统一，各个企业的内容编码格式也不尽相同，导致头戴式显示设备很难满足所有内容应用的需求。目前，国际领先的 Oculus VR、HTC 等巨头企业除了头戴式显示设备本身技术领先外，其内容制作团队也很专业，导致即使其生产的头戴式显示设备仅适用于本公司的内容应用，用户也能有丰富的内容体验。而相对于国内大多生产头戴式显示设备的企业的内容开发能力不足的现状，就需要努力让自身生产的头戴式显示设备去适应市场上众多的内容产品，这是非常困难的，同时也增加了头戴式显示设备的成本。未来虚拟现实、增强现实行业的顺利发展，必然需要行业技术标准尽快制定和出台做保障。

虚拟现实、增强现实产业的行业标准的制定方面我国和国际行业标准的进程基本上是同步进行的：国际标准化方面，已经开展相关标准化活动的有国际标准化组织的两个分委会，它们将共同推动增强现实连续统一体概念及参考模型的相关标准，同时也有一些非官方的组织在考虑虚拟现实的标准化问题；国内标准化方面，工信部委托中国电子技术标准化研究院就虚拟现实标准化工作进行了大量研究，对虚拟现实、增强现实产品在功能、性能、互通性等方面的标准化工作进行了梳理，并启动了国家及行业标准征集活动，而 AVS 标准工作组也已启动虚拟现实音视频编解码技术研发，就虚拟现实内容表示、虚拟现实内容生成与制作、虚拟现实内容编码、虚拟现实交互、虚拟现实内容存储、虚拟现实内容分发和虚拟现实显示等关键技术进行探讨。也就是说，我们在这个全新的技术领域标准化方面和国际在同步发展。这既有优势也有劣势：优势是我们发展并未落后，而劣势是缺少在先的可借鉴和学习的对象。

第10章　虚拟现实、增强现实产业专利分析主要结论和建议

在通信领域行业技术标准逐渐国际化的情况下，我们国内虚拟现实、增强现实行业技术标准的制定也一定是要与国际接轨的。比如，华为、中兴作为国内通信领域的龙头企业，已经积极地参与到国际通信标准的制定中，包括华为在5G方面的很多研究成果已经成为国际通信标准的重要组成部分。目前，由于通信技术的互联互通性对技术标准兼容的要求越来越高，已经不能依靠建立一套封闭的通信标准来将国外竞争者阻拦到国境之外，而必须让国际通信领域接受我国的通信标准或者至少我国的通信标准必须是能够与国际接轨的才能成功。因此，在建立国家标准的同时必须考虑到技术发展的趋势和在行业内有话语权的国际领先企业的发展方向，既要保持中国特色，又要保证国际兼容。同时，我国在制定国家标准的同时，也要同时注重构建支持我国国家标准的专利池和联合对专利池中的技术有贡献企业组成专利联盟，共同维护产业内企业的有序竞争和发展。

第二，行业协会和企业联盟充分发挥作用，优化虚拟现实、增强现实产业发展生态圈。

全球的虚拟现实、增强现实产业都处于发展初期，政府参与组织的官方行业协会应加强政策引导，借助国内良好的资本和消费市场，进一步优化产业发展的生态圈。这样在虚拟现实、增强现实这场产业革命中，中国企业还是很有机会成为领跑者的。目前，工信部电子信息司牵头成立的虚拟现实产业联盟属于官方成立的全国性产业联盟，包括HTC和歌尔声学在内的知名企业均加入了该联盟。在我国虚拟现实、增强现实产业相对集中的成都、厦门等地区也有区域性的产业联盟成立，2016年12月由中国电子商会牵头成立了虚拟现实市场促进委员会。希望这些产业联盟和行业协会的成立，能够将有志在虚拟现实、增强现实产业共谋发展的企业联合起来，促进产业的共同繁荣，完善虚拟现实、增强现实产业链和生态圈。目前，有些区域性的产业联盟会经常组织行业内的企业针对不同的技术问题互相介绍经验，或者是进行头脑风暴，大家都力图在这一个崭新的领域发展中取长补短、互利共赢，这样的态势是非常有利于产业发展的。随着虚拟现实、增强现实产业的不断发展，未来必然会面临国外企业的专利诉讼，这些产业联盟和行业协会也要针对面临诉讼的企业给予帮助和支持，共同应对，抱团取暖，为行业的健康发展提供有力的保障。

第三，为高校和科研院所的技术转化提供可能性和便利条件，使产、学、研真正联动起来。

从我们的分析数据中可以看出，我国在虚拟现实、增强现实领域的专利技术很多是掌握在高校和科研院所手中的。当前我国对于科技成果转化，特别是高校和科研院所的科技成果转化提出了一系列的政策和措施，相信未来会有更加宽松和便利的成果转化渠道。在目前的条件下，我们建议手中已有虚拟现实、增强现实技术的高校和对虚拟现实、增强现实领域技术有需求的企业主动寻找对接的机会，也可以借助目前已经成立的横琴国际知识产权交易中心以及其他现有的专利转让和交易平台，寻求进行专利技术的转让。从国家发展层面，可以进一步拓展将技术开发者和技术应用者需求对接的组织和平台，让掌握在高校和科研院所中的虚拟现实、增强现实领域的技术真

正能够运用到技术应用的实践中去。

第四，降低同质化竞争态势，倡导差异化发展，让龙头企业进一步发展壮大。

国内虚拟现实、增强现实产业的产品主要集中在头戴式显示设备上。2016年以来，各家公司纷纷出台最新款的头戴式显示设备，但是整体上质量和技术含量不高，属于中低端头戴式显示设备。这导致在虚拟现实、增强现实这一行业中，同质化竞争明显，差异化竞争不足。同时，从专利申请和技术研发实际情况来看，国内各企业均还未形成较为明显的技术优势，中小企业和初创企业数量较多，缺乏引领行业风向的龙头企业。建议从事虚拟现实、增强现实领域的各家企业能够找准自身优势，尽量与同业企业差异化竞争，同时在优势技术方面加大投入，争取涌现出一批在不同领域各有优势的龙头企业。比如，在头戴显示器领域，在国内大多数企业关注于虚拟现实头戴显示器的市场环境下，各企业可以考虑将增强现实眼镜作为主攻产品的方向。

第五，在国家引导企业向虚拟现实、增强现实产业投资时，也应当提醒企业这一行业在目前的发展阶段机遇与挑战并存。2015年以来，国内企业和投资机构都对向虚拟现实、增强现实产业投资非常感兴趣，很多中小企业也会依托一些前卫的技术概念吸引到大笔热钱投资。但在投资时也应当对虚拟现实、增强现实产业的技术发展现状有一个清醒的认识，那就是这一产业的技术成熟还需要3~5年的孵化期，已上市的产品受制于技术局限均为过渡性产品，而能够在这一产业的发展过程中经过大浪淘沙最后存活下来的企业必然会是那些拥有自主知识产权的关键技术的企业。仅仅依靠概念的炒作吸引到了投资还只是企业迈出的一小步，未来更长远的发展之路还要靠企业扎扎实实在技术上勇于创新、开拓。

第六，提高内容制作水平，技术发展与内容制作需齐头并进。

虚拟现实、增强现实市场的真正蓬勃发展，必然要求有适合其技术应用的内容产品涌现出来。目前虽然国内有一批从事游戏行业的企业都在开发虚拟现实、增强现实领域的游戏产品，但技术的瓶颈导致还没有大型虚拟现实游戏的出现和流行。虽然国内已经涌现出了众多的虚拟现实体验店，其中有一些能够体验的游戏产品，但要想吸引用户购买专业的游戏设备，还需要有众多可选择的游戏产品出现才有可能。内容的制作和开发是虚拟现实、增强现实产业发展不可避免要谈论的话题。而从虚拟现实影视制作和视频直播领域来看，在观众视角可以任意选择的应用场景中，影视作品要如何展现故事情节、视频直播如何吸引观众的眼球都是影视制作领域的新问题。总之，在虚拟现实、增强现实技术已经提供给我们众多的可能性的情况下，内容制作公司也要有能够驾驭先进技术的制作水平才能占领未来广阔的虚拟现实、增强现实产业的市场份额。

通过对虚拟现实、增强现实产业专利的各项数据分析，以及学习借鉴国外领先企业的发展模式，我们针对虚拟现实、增强现实从业企业提出以下主要建议。

第一，紧跟技术和市场趋势，争取技术突破。

从虚拟现实、增强现实的技术发展趋势来看，未来头戴式显示设备分辨率将进一步提高，单眼分辨率将达到1080×1200（像素）左右；视场角将扩大到140°；眼球跟踪技术的精度将进一步提升；音效技术将带给用户更强的现实感和沉浸感；交互控制和手势识别技术将实现为更加舒适和精确的交互设备；头戴式显示设备将更加轻量化、小型化、无线化。这些技术发展趋势都需要从业企业一点一滴地革新积累才能最终实现。

习近平总书记讲过："在引进高新技术上不能抱任何幻想，核心技术尤其是国防科技技术是花钱买不来的。"因此，核心技术还是要依靠国内企业自主创新获得，国外企业想要的是中国的市场和用户，核心技术轻易不会传授给我们。虚拟现实、增强现实属于技术交叉领域，在图像压缩、无线通信、跟踪定位、交互设备、建模渲染等方面都需要大量的基础研究才能有所突破。因此，国内企业还要紧跟技术和市场趋势，争取通过技术创新获取未来行业的垄断地位。

第二，优化专利整体布局，全面提升专利申请质量。

在现代企业竞争过程中，企业只掌握先进的技术是不够的，一定要用适当的专利布局来保护自身的创新成果和市场份额。特别是在海外市场的专利布局上来看，国内企业总体偏保守，还应当加强关键技术在美、日、欧等重点市场地区的专利布局，为日后开拓海外市场打好基础。

从分析数据显示，国内企业专利申请的撰写质量整体上还有很大的提升空间。我们在调研中发现，在虚拟现实、增强现实领域从业的企业中初创企业和中小企业很多，大多数企业中还没有专门负责专利或知识产权的部门或团队，因此整体上在专利申请的布局和专利申请质量的管理方面是比较欠缺的，这也导致企业的专利申请质量得不到很好的保障。国内企业尚需在思想意识上强化对专利申请的重视程度，建议虚拟现实、增强现实领域从业企业在投资研发创新技术的同时，也应当有意识地组建企业专门的专利管理部门或团队，为企业的专利申请布局和专利申请质量管理出谋划策，保驾护航。

第三，学习利用专利信息，在技术进步的道路上少走弯路。

在前面章节的各个技术分支、重点企业、重点产品的专利分析以及附录中，我们列举了大量的重点专利的信息和技术要点，并对其中的一部分进行了深入分析。企业可以在自己所从事的相关技术领域学习和利用这些重点专利，提升自身的研发水平，避免在已有技术的研发上重复投入大量的人力、物力。同时，企业也可以学习这种专利分析的手段，在自身想要深入研究的技术发展方向上，利用检索资源搜集专利信息，特别是失效专利和未向中国提出专利申请的专利信息，对这类信息进行深入加工和学习，从而找准企业研发方向。

我们在进行专利分析过程中，在各个技术分支检索时使用的技术分解的方法等信息都可以为虚拟现实、增强现实行业的各个企业在进行有针对性的研究和专利分析时借鉴和使用。由于篇幅所限，本书没有对虚拟现实、增强现实产业的四个技术分支下属的各个二级、三级和四级技术分支进行更详细的评述和分析，但采用与各个一级分支的分析类似的方法，各企业也可以针对感兴趣的下级技术分支进行分析和研究，并得出对应的结论，以指导企业的研发方向和技术路径选择。

在本书的前面章节也针对各个技术分支筛选了很多重要专利，并将其作为附录提供给读者。通过对这些重要专利的研究和学习，企业也能够了解到前沿的技术和技术发展的趋势，从而进一步选择自身研发过程中主攻的技术方向。同时，在本书的各技术分支的专利分析中，也已经对各个技术分支中企业可以选择技术突破的技术空白点和薄弱点进行了分析，企业也可以从中选择适合企业自身需要的技术突破口进行谋划。

第四，通过并购和投资策略快速增强企业自身实力和市场份额。

通过对虚拟现实、增强现实行业的国际领先企业的专利分析和投资并购信息的分析，我们可以看到，这些企业也会利用并购和投资的手段对自身短板领域进行补强，或者也会购买相关专利技术，弥补自身技术上的盲点，这也为企业未来发展奠定了好的基础。我国虚拟现实、增强现实行业的企业可以更多学习和借鉴这种方式，利用我们的资金优势和市场优势，在需要进入的海外市场进行投资和并购，或者以其他方式与行业内领先企业进行合作。这样可以在短期内快速增强企业实力，也能以这种方式进一步扩大海外市场的份额。

第五，拓展虚拟现实、增强现实技术应用领域，深入挖掘市场潜力。

我国虚拟现实、增强现实技术的应用领域涉及游戏、电影、直播、旅游、购物、医疗、教育、房地产等，而国内虚拟现实、增强现实内容方面投入最大的应当还是游戏领域。虚拟现实、增强现实技术将成为新的信息技术的支撑平台，未来通过关键技术的突破将带来更多的行业应用领域的发展，包括航空航天、国防军事、装备制造、智慧城市、公共安全等战略性行业，也包括社交媒体等大众生活领域，最终必将带来网络和移动终端应用的全新发展。我国互联网行业发展已经处于全球领先的地位，借助这一市场和行业发展前期优势，进一步拓展虚拟现实、增强现实技术应用的领域，必将为未来的市场爆发奠定基础。

第六，携手相关行业协会，强化行业整体实力。

我们很高兴地看到从事虚拟现实、增强现实产业的企业非常积极地参与虚拟现实、增强现实领域行业协会和联盟的活动，该领域已催生出众多的全国性、区域性的行业联盟、协会。目前，各类协会也组织了很多业内的会议等，期望通过多交流促进共同发展。但是，未来随着虚拟现实、增强现实产业竞争的日趋激烈，我国企业也可能面临国际巨头的专利诉讼。在面临困难时，希望企业也能够主动与这些行业协会沟通交流，寻求帮助，共同携手行业协会，在行业标准的制定、国际侵权诉讼中共同解决问题、化解危机，共创辉煌。

附 录

附表 1 建模和绘制技术重点专利

公开号	申请日/优先权日	技术手段	技术功效	被引用频次/次	中国同族专利法律状态	备注
US5495576	1993-01-11	虚拟现实系采用全景输入器,全景输入器包括一个可探测位置的雷达用于同时记录物体各个方向发出的信号,处理器根据输入信号进行处理产生、更新和显示一个虚拟的模型	所提供的基于图像的全景虚拟现实和远程呈现系统和方法更为通用	741	无	
US5563988	1994-08-01	该发明旨在建立一个虚拟环境系统,直接集成用户的运动可视化图像到虚拟环境中,并以计算机方式进行处理促进人机交互	提高全身虚拟现实灵活性,交互集成用户的运动到可视化图像到虚拟环境	422	无	
US5696892	1995-06-07	该发明通过计算机制图系统产生3D动画对象,所述对象包括多个曲面,从虚拟世界的多个视点和方位可以显示和重现。所述方法包括:存储对象由曲面表示的3D数据,以及多个由时序结构表示的3D数据,实时渲染后,进行动画绘制	用于改进虚拟世界中动画图像等的真实性	310	无	

189

续表

公开号	申请日/优先权日	技术手段	技术功效	被引用频次/次	中国同族专利法律状态	备注
US5802220	1997-12-09	人类的面部图像动作评估方法和系统模型，包括从系列图形中获得第一图形和第二图形，并通过定位、计算、成型、合成等一系列处理来评估两个图像同一区域中面部特征的参数变化，通过一系列图像识别非刚性或可变面部特征动作，从而追踪刚性头部动作	提供了一套动作评估系统模型，用以追踪头部的刚性面部特征，刚性面部特征，并使用运动模型在刚性和非刚性时间和空间上描述刚性和非刚性的面部动作	288	无	
US5745126	1996-06-21	该发明涉及从多个现实视频图像来合成不同时间和相同一致的虚拟视频摄像机，以及虚拟视频图像	实现将多个二维动态实图合成为三维模型中的三维连续虚拟现实图像	309	无	
US6157747	1997-08-01	该发明涉及一种矫正和渲染全景镶嵌图的3D旋转方法，通过一组多个部分或完全重叠的图像来构造嵌入图像；通过相机对相同景象在相同或相似位置的不同角度捕获图像，其中为了使一幅图像对准嵌曲图像版本与另一个，采用以下步骤循环执行以递增弯曲图像版本的图像：(a) 确定在这幅嵌入图像和其他图像之间的一个三维的坐标系有关的旋转，用于降低差别错误；(b) 通过一幅弯曲图像和一个差别错误；以及 (c) 旋转产生一个这幅图像的以递增形式弯曲的根据增加旋转计算的图像	通过调整所有帧的旋转和长度缩小图像匹配误差，简单、迅速和稳定的构造高质量图像镶嵌	195	无	

续表

公开号	申请日/优先权日	技术手段	技术功效	被引用频次/次	中国同族专利法律状态	备注
US6181343	1997-12-23	该发明用来为计算机用户提供三维界面来整合沉浸式和非沉浸式方法来实现以及与虚拟现实环境交互；进一步地提供由计算机产生的对象的三维显示，从而所述对象占用计算机用户周边的虚拟现实环境的三维空间，并且计算机用户通过一般的肢体动作操纵和控制虚拟现实环境中的对象	大范围交互行为的合成	414	无	
US6100896	1997-03-24	一种产生虚拟现实环境实行城市规划的系统：参加者通过指定或者改变环境的某些对象或者特性与系统相互作用，环境包括含有相似性的风景的特性的对地区的指定，道路通过地区和在环境内确定焦点或者标志建筑物，特殊内容确定路线，可以在该环境内指定位置识别和确定，除建立一张环境的概念之外，系统产生一套环境沿着一确定的人行道（230）描述参加者的运动的场景，在一张透视图里产生发生地点的合成图像，确定形成物体基于发生地点使用的地区的特性	多用户的位置识别以及环境的差异化构造	253	无	

续表

公开号	申请日/优先权日	技术手段	技术功效	被引用频次/次	中国同族专利法律状态	备注
US7042440	2003-07-21	一种对象建模方法，包括提供给计算机一个对象的物理基础，使用所述数据对象基础替代，提供给计算机所述对象的3D显示，由设计所述替代的人员确定所述构件的位置，从所确定的位置，确定所述对象数据在所述计算机中的变化	简化输入，数据处理更稳定	428	无	
US7701439	2006-07-13	一种手势识别仿真系统，能够根据用户的手势输入所产生图像的不同的三维形状或变带有功能组件传感器无关的物体位置，的手势，将输入对象的手势匹配到三维物理空间相关的与功能组件相关的动作以及通过三维显示系统对该三维图像进行显示	在仿真对象进行三维图形显示时，通过对包括元件的一个功能元件的定义，实现多样的仿真应用	256	无	
US2012306850	2011-06-02	一种增强现实环境中虚拟对象的绘制和显示方法，其中包括本存储绘制图，渲染虚拟对象并注册到绘制图中，显示包含虚拟对象的虚拟图像	在移动设备中显示渲染的虚拟对象，引入了简化形式的概念选择	57	无	

192

续表

公开号	申请日/优先权日	技术手段	技术功效	被引用频次/次	中国同族专利法律状态	备注
US2013083003	2011-09-30	一种用于用三维（3D）虚拟数据来表示以前时间段时的物理场所的方法，所述三维（3D）虚拟数据由个人视听（A/V）装置显示器来显示，包括：基于所述个人A/V装置检测到的所述物理场所数据自动地标识出所述物理场所内；基于所述物理场所中的物体的三维映射自动地标识出处于所述近眼扩增现实显示器的显示器视野中的一个或多个物体；标识出指示选择以前时间段时的用户输入；基于与所述显示器视野中的所述一个或多个物体并且基于与所述显示器视野相关联的用户视角显示与所述以前时间段相关联的三维（3D）虚拟数据；以及基于所述显示器视野的改变更新与所述以前时间段相关联的3D虚拟数据的显示	用三维虚拟数据实现以前时间段的物理场所，提升用户体验	68	CN103186922A（授权）	其中同族专利CN103076875A视撤，CN103294185A视撤
WO2014052974	2013-09-30	利用虚拟视点从光场合成、处理生成图像的系统，包括：基于所捕捉的光场图像数据确定位置数据和深度图为所捕捉的光场图像数据确定虚拟视点，其中虚拟视点包括虚拟视点和虚拟视深度信息；基于所捕捉的光场和虚拟视点所捕捉的光场图像数据和虚拟视点数据包括虚拟图像和虚拟深度图；并基于虚拟深度从虚拟像素位置数据和捕捉的角度生成图像，图像包括基于图像数据的多个像素图选自图像数据的多个像素	通过捕捉光场实现从虚拟视点合成图像	53	未缴费视撤	

附表2 交互技术重点专利

公开号	申请日/优先权日	技术手段	技术功效	被引用频次/次	中国同族专利法律状态	备注
US5581484	1994-06-27	在指尖设置一个可拆卸的压力传感器，来产生一个指示手指相对于某平面的压力的信号。指尖还设置第一和第二加速度传感器，以产生手指在不同方向的第一和第二加速度信号。将信号传到计算机以产生键盘、鼠标等信号	无须考虑手部大小或打字习惯，都可以进行同等输入，无须占用用户的桌面空间，并且可以用于任何尺寸的电脑	254	无	
US5826578	1998-10-27/1994-05-26	对于用户身体运动的测量和视觉呈现方法，其中传感部件如电位计，配置到用户的身体活动的关节，以定量的探测用户的身体活动。传感器产生指示运动的信号，被处理部件接收，并连接到显示器部件用于显示一个指示该运动的图像	无须复杂探测系统。提供近似实时的人体运动观察	109	无	
US4884219	1988-01-15/1987-01-21	该专利提供一个三维显示设备，包括用于生成和显示一个具有空间同等物的虚拟模型图片的计算机，以及使用户通过眼睛的动作向计算机模块提供与该模型的交互数据的模块，该计算机模块基于上述数据修正该显示设备显示的图片	两个眼睛的视线在虚拟模型处的交叉点代表用户注意力的中心，通过用户眼部方向的变化，改变显示器的显示图片内容	69	无	
US6128004	1996-03-29	一种应用于计算机系统、虚拟现实系统等的数据输入手套，在手套上有多个互连电极，可以检测电极间的相互接触关系，所述电极由柔软的电导纤维组成	将身体活动翻译成电信号，传输给数据手套输入设备	55	无	

续表

公开号	申请日/优先权日	技术手段	技术功效	被引用频次/次	中国同族专利法律状态	备注
US6120461	1999-08-09	一种视网膜扫描显示器，一个活跃像素图像传感器。该显示器作为一个眼部照明连续源，该传感器通过微镜头矩阵连接到角膜，以将角膜活动传感器对应到来自角膜的光学反射以将角膜表面映射到一个数据表中	该方法可以从眼角膜获取一个精确的反射点，以产生一个更确定的瞳孔图像，以及从包括视网膜的眼睛内部检测回的图像，构造对于人眼视线实现对于人眼视线的眼跟踪	204	无	
US5740812	1996-01-25	一种脑电波生物反馈的装置，用于戴在用户头上，该装置包括跨戴在用户头皮上的头皮部分，进一步包括至少一个头皮传感器单元，其可分离的连接在所述头皮部分，该头皮传感器包括头皮电极和海绵套件，可以探测用户的脑电波，以检测自己的注意力集中水平，或被他人监测	提供一种能够探测和提供瞬时脑电波生理反馈的装置，可以使用户检测自己的注意力集中水平，或被他人监测	70	无	
US6388247	2001-03-09/1998-02-20	一种探测手指姿势或手指压力的设备，其中手指有一个被光照亮的指尖，包括至少一个光电探测器，来测量手指姿势或压力下光反射的改变。光电探测器提供一个对应于上述改变信号是否对应一个特定的条件	探测人体触摸，例如基于手指人输入的数据手套	11	无	

195

续表

公开号	申请日/优先权日	技术手段	技术功效	被引用频次/次	中国同族专利法律状态	备注
CN1748243	2004-01-21	一种虚拟现实音乐系统，包括：手套组件，具有安装在第一方向上的至少一个信号启动器；至少一个发射器，被安装到手套组件并电连接到至少一个信号启动器，所述至少一个信号产生开关可操作地与至少一个信号启动器配合，在至少一个信号启动器从所述第一方向移动到第二方向时产生信号；所述至少一个发射器和至少一个信号产生开关连接到电源；以及声音产生器，具有至少一个接收器以接收通过至少一个发射器所产生的信号，其电连接到接收器，用于将电信号转换为音调，其电连接到接收器	该系统允许用户以自由形式的方式产生和执行多种品质音乐声音效果的同时逐渐形成改良的协调技术	2	公布后视撤	
US7340077	2003-02-18/2002-02-15	步骤1：在人的身体部位设置多个离散区域，基于一系列给定的时间持续间隔，获取各离散区域的位置信息；步骤2：根据获取的位置信息确定姿势的开始时间和结束时间；步骤3：将所述身体部位形成的动态姿势分类，作为和电子设备交互的输入	使用户可以仅通过人体动作，对电子设备进行操作，无须通过电子设备，即可与电子设备交互	408	无	其中同族专利US20031 56756A1已授权

续表

公开号	申请日/优先权日	技术手段	技术功效	被引用频次/次	中国同族专利法律状态	备注
US6758563	2002-10-28	一种视线跟踪设备，使用蓝色或紫色光源发射光线到眼睛，特别是到视网膜，部分由视网膜吸收。该吸收部分反射，将探测到的反射光线形成包括膜中心的凹陷。可分辨的视网膜中间凹陷的探测信息，映射到预设平面上，由视网膜中间凹陷的位置形成凝视点	当前的视线跟踪方法都是监测眼睛外部，非常有赖于用户个人的眼睛物理条件，因此造成使用的设备的局限。该专利提供的设备更加便携、智能、普适和实时	47	无	其中同族专利US20031562 57 A1已授权
US6578962	2001-04-27	使用具有焦点中心、图像平面和向眼睛发射光线的联合定位光源的摄像头聚焦于用户眼部的图像。该图像投影包括在摄像头摄像平面上的瞳孔和闪光，并由计算机识别。通过上述数据，可以计算凝视向量	实现有效的视线跟踪，无须对特殊用户的眼部参数以及用户的头部位置进行校准	80	无	
US8487938	2009-02-23/2009-01-30	公开了用于将标准姿势库的互补集分组成姿势库的系统，方法和计算机可读介质。姿势可以是互补的，它们在某一上下文中经常被一起使用或它们的参数是相关联的。在用第一值设置了某一姿势的参数的情况下，该姿势的以及姿势包中依赖于该第一值的其他姿势的所有其他参数可用使用第一值确定的它们自己的值来设置	建立标准姿势库，在各标准姿势间建立联系，可以更快地对姿势进行判定，降低对数据资源的收集和处理工作的强度	228	授权	

197

续表

公开号	申请日/优先权日	技术手段	技术功效	被引用频次/次	中国同族专利法律状态	备注
US7747068	2006-01-20	一种眼睛跟踪的方法和系统，该方法使用多个传感器获取眼睛立体图像，在立体图像中获取眼睛内部特征，并确定了上述内部特征相关的视线方向	单个传感器不能捕获到所有的视线角度，并且会增加处理时间以及失误比例	21	无	
CN101571748	2009-06-04	脑机交互系统包括脑电采集和无线传输模块、脑电信号处理模块、增强现实环境模块包括透视式头盔显示器、计算机，脑电交互动态生成模块、增强信息知识库和视频融合模块和两个摄像头分别与计算机相连，脑电交互动态生成模块、增强信息知识库和视频融合模块安装在计算机内	将可穿戴式BCI（脑-机接口）用于增强现实环境，并通过人机交互技术优化性能和效率	1	公布后视撤	
CN202771366	2011-12-19	用于与计算机、机械手等交互作用的装置，由手套、手掌基座、拇指检测驱动机构、食指检测驱动机构、中指检测驱动机构、无名指检测驱动机构和小指检测驱动机构组成。在关节的驱动部件里加入了离合器，当系统有力反馈信号时，驱动电机连接被驱动的关节，并对关节施加力的作用，当系统没有力反馈信号时，驱动电机断开被驱动的关节的连接，减少和降低了关节运动的阻力，使关节的运动更加顺畅	使操作者在使用该数据手套时，五个手指能保持最大程度的灵活，手指各个关节的运动状态都能被精确检测到，使被控制的从手的每个手指关节都能与操作者对应的手指关节协同一致动作，并能将从手在具体的工作环境中的受力情况反馈给操作者，以增强虚拟现实或遥操作的临场感	0	授权后避免重复授权放弃专利权	

198

续表

公开号	申请日/优先权日	技术手段	技术功效	被引用频次/次	中国同族专利法律状态	备注
EP2943855	2014-01-10/2013-01-14	一种探测身体部位相对于某平面的姿势的设备，方法和计算机产品，该设备探测是否身体部位靠近该平面，如果是，该设备确定是否从该身体设备感测到的电子活动是该身体部位和该平面之间的互动指令。如果该身体部位与该平面互动，该装置探测从身体部位感测到的运动是否是姿势的指令	在私人、半私人或公开环境下，使增强现实眼镜对手势的识别具有不同的标准	0	待审	
US5543591A	1996-08-06/1992-06-08	检测一个在触摸传感器板上的敲打姿势的发生；指示所述敲打姿势的出现；发送信号给主机以充分的抵偿所述触摸传感器板上的所述的敲打对象在该敲打姿势中的任何无意识的侧摆	通过触摸板识别拍打、推等简单的触摸操作，该设备同时具备低功率、高分辨率、价格低、反应快，并且能够在手指带来电子噪声时可以稳定操作的特性	715	无	其中同族专利 EP1607852B1 过期、EP1659480A2 被驳回、EP1607852A2 过期、EP1288773A2 过期、EP1288773B1 过期、EP0870223B1 过期、WO9611435A1 过期、EP0870223A1 过期、DE69534404D1 过期、DE69534404T2 过期
US9348452A	2009-04-10/1998-01-26	从触摸屏读取数据，数据涉及在显示触摸屏上的图形用户界面（GUI）元素上的多点能力；触摸屏具有多点方向，方向对象在表示对象在触摸屏对象移动之前对象在放下时指向的方向；根据检测到的方向，将数据分类为表示多个手势模式之一	解决了用户不能在中途改变手势状态，以及不能够同时执行多个手势的问题	0	待审	

199

续表

公开号	申请日/优先权日	技术手段	技术功效	被引用频次/次	中国同族专利法律状态	备注
US5454043A	1995-09-26/1993-07-30	提供符合预定姿势的训练图像对象的视频图像的单元；生成姿势对象的视频图像的单元；根据所述视频图像生成一个3D动态姿势地图的单元，所述动态姿势对象上的点有一个本地时空图片方向，所述3D地图包括绘制对应的出现频率的向量比时空方向的向量；将3D地图转换成绘制3D地图角向的2D图像的单元，包括：比较所述图像的单元和指示匹配所述图像，从而检测姿势的单元	取代了以往通过对输入的运动手势识别行匹配来完成识别的方式，不仅摆脱物理配件的束缚，实施起来也简便易行	623	无	
US6128003A	1997-12-22/1996-12-20	实时地将手所表现的一连串影像进行接收的输入单元，以及将在上述一连串影像中所表现的手，以向量表示，然后处理该向量的处理单元，该处理单元包括：以识别手势向量每幅图中的手的向量处理单元；旋转向量通过计算每一个表示手的区域数重心值的实数值得到，将该手在该区域中通过大量向量被划分成大量向量的颜色的像素的数量对该区域中向量表示手的颜色的像素的总数的比例作为每个手的元素向量，其中的元素向量相应于旋转向量，且分成扇形而独立于像素网格量子化，和通过分析扇形旋转向量的序列来识别手势的识别单元	针对以往技术主要是跟踪手的运动而非手的形状或姿态进行了改进，该申请通过由每个图片中获得的旋转向量来表示手，它解决了通过手表示手时产生的噪声问题，可以用于低级处理电路，使得该项技术能够大范围的应用到现实中	536	无	其中同族专利JPH10214346A 失效、TW393629B 失效、EP0849697A1 失效、EP0849697B1 失效、DE69626208D1 失效

续表

公开号	申请日/优先权日	技术手段	技术功效	被引用频次/次	中国同族专利法律状态	备注
US6788809B2	2000-06-30	一种手势识别方法，包括获取图片数据和确定手的姿势；得到手的图像，得到的图片被分类为某种类型的手孤立出来。例如，确定手势包括执行背景减少，基于手臂方向确定手的姿势	适应极端的光照条件，并且能够广泛地应用于三维图像识别中	440	无	
US7590262B2	2008-04-21/2003-05-29	通过景深数据跟踪识别手势	改善光照条件，提供同一场景的实时深度和彩色图像	296	无	
US8487938B2	2009-02-23/2009-01-30	提供包括多个过滤器的包，每个过滤器包括关于手势的信息，至少一个过滤器与包中的至少一个其他过滤器互朴；接收将第一值赋予第一过滤器的一参数的指示；将所述值赋予所述参数，所述第二值赋予第二过滤器所述参数，以及将第二值使用所述第一值确定的	使得游戏人物可以根据人的实际挥动动作来挥动拍子，可减小存储器的存储周期，提高处理速度	227	授权后保护	
US6151571A	1999-08-31	交谈中讲话者的声音特征被提取出来，基于该声音特征确定其情绪；确定的情绪与生气、过和恐惧中的负面情绪匹配被确定；跟所述负面情绪在匹配，如果过程中被输出到第三方	对输入人的声音信号提取的声音特征非常准确，从而能够正确地确定情绪	226	无	

201

续表

公开号	申请日/优先权日	技术手段	技术功效	被引用频次/次	中国同族专利法律状态	备注
US7222075B2	2002-07-12/1999-08-31	对语音的基频、周期、功率和共振峰进行统计，该语音通过神经网络分类器分类，识别出生气、悲伤、高兴、恐惧和中立中的一种情绪状态	通过统计和神经网络技术从声音中获知情绪	76	无	
US7571101B2	2006-05-25	目标人的口头表达被转换成电子信号以提供一个目标声音，该波形被定量且与已知声音类型特征比较	通过对声音类型进行量化打分，以提示对象的抗压水平	20	无	
US8078470B2	2006-12-20/2005-12-22	为每个词获得参考语调和参考情绪数据库，该词被讲话者重复地说出来，该信号被处理以获得参考音特征；识别该音特征以获得识语调，通过比较该识别语调和参考语调检索参考情绪	通过音调分析说话者的情绪态度，它根据说话者发出的特点词语或每个音调确定情绪	22	无	
US8204747B2	2007-05-21/2006-06-23	从输入人声音中检测与特定感情有关的特征性音色；根据特征性音色来识别输入音韵的种类；根据特征性音色发生容易度的种类，按每个音韵算示出特征性音色发生指标；依据特征性音色发生了特征性音色的音韵中的输入人声音的感情	以音韵为单位来检测感情，感情识别精度高，不受语言、个人及地方差别的影响	5	授权后保护	

附表 3 呈现技术重点专利

公开号	申请日/优先权日	技术手段	技术功效	被引用频次/次	中国同族专利法律状态	备注
US5844824	1997-05-22/ 1995-10-02	全身穿戴的不需要用手操作的计算机系统,并将其用于虚拟现实环境中,该系统具有各种不需要用手操作的驱动装置,其中包括头戴显示器	全身穿戴,不需要用手操作	472	专利权终止	
US6091546	1998-10-29/ 1997-10-30	显示装置安装于眼镜框的一边,音视频装置安装于眼镜框的另一边	轻量化、小型化	332	无	
US6120461	1999-08-09	使用朝向角膜的主动像素图像传感器阵列	固定双眼汇聚点,测量视线方向	202	无	
US8096654	2009-09-04/ 2007-03-07	形状为直接佩戴于人的眼球表面的透明基片,部署于基片上的能量转移天线;部署于基片上的通过能量转移天线供电的显示驱动电路;部署于基片上的通过能量转移天线供电的数据通信电路,该数据通信电路与显示驱动电路进行信号通信;装配在透明基片之上的发光二极管阵列,该发光二极管阵列通过能量转移天线供电并由显示驱动电路控制	轻量化、小型化	51	无	
US20060061544	2005-03-09/ 2004-09-20	使用生物信号来输入键信息	不使用手来选择键信号	51	无	
US20120075168	2011-09-14/ 2011-04-06	使用蓝牙3.0的SOC通信系统	低功率、柔性OLED显示	163	无	

203

续表

公开号	申请日/优先权日	技术手段	技术功效	被引用频次/次	中国同族专利法律状态	备注
US8223088	2011-06-09	基于选择的输入资源接收输入数据,用于显示内容	以多模式输入区域方式显示内容	33	无	
US5148310	1990-08-30	具有全角坐标的平面上的转动轴	提供虚拟现实系统的生物反馈	91	无	
US5745197	1995-10-20	具有显示切片轮廓图像的多层液晶面板	提供运动部件的三维显示	135	无	
US6100862	1998-11-20/1998-04-20	去混叠对所显示的在光学元件之间过渡的像素进行调整,以便像素的颜色值可作为像素与光学元件之间距离的函数来进行调整	在立体三维图像的部分间产生一平滑的过渡	111	授权	
US20040001075	2002-06-28	具有三维体显示输入、输出部件	允许用户交互,消除附加机械装置	37	无	
US20140003762	2013-06-11/2012-06-11	线性波导的二维阵列包括多个2D平面波导组装、列、集合或层,其中每个产生相应深度平面以用于模拟的4D光场	解决现有光导光学元件(LOE)系统仅投射到无穷远聚焦的单个深度平面,其球面波前曲率为零的问题	61	在审	
US8500284	2009-07-09/2008-07-10	该系统包括:光源;图像产生单元,其在与光源接近图像产生时的光交互产生图像;和镜,将光从图像引导至目镜,其中该表面具有通过使曲面弯曲围绕转轴旋转至少180°而形成的旋转固体的形状	每个观看者看到处于完全相同位置的全息图	26	授权	

续表

公开号	申请日/优先权日	技术手段	技术功效	被引用频次/次	中国同族专利法律状态	备注
US8950867	2012-11-23/2011-11-23	选择性透明的投射装置,用于将图像从空间中相对于观察者眼睛的投射位置朝向观察者的眼睛投射,该投射装置能够在没有图像被投射时呈现基本透明的状态;遮挡掩模装置,耦合到投射装置,并且被配置成以与投射装置投射的图像相关的遮挡图案,选择地阻挡从处于一个或多个位置朝向观察者的眼睛相反的一侧的一个或多个位置朝向观察者的眼睛传播的光;以及波带片衍射投射装置,其被装置于投射装置和投射装置的光耦合到观察者的眼睛之间,并且被配置成使来自投射装置的光在其向眼睛传播时穿过具有可选择的几何结构的衍射图	精确调节显示系统	1	在审	
US5130794	1990-03-29	系统包括向摄像机的光敏表面反馈合成光学图像的光学装置	提供全景显示	493	无	
US20060221072	2006-02-13/2005-02-11	将密集3D数据计算并转换至使用计算运动的立体相机作为参考的坐标框架	提高模型保真度	95	无	
US20070182812	2005-05-18	基于全景图像的视听系统,具有位于沿着变焦轴上的点处的中继光学系统	可录制球形视野的全景图像	35	无	
US5734373	1995-12-01/1995-09-27	具有分离图像的接收主机命令的微处理器,以提供力反馈输出信号	提供逼真的力反馈	858	无	
US7740353	2007-12-12/2006-12-14	可调整视觉光学元件,例如眼镜具有远端可调整接器	确保光束达到角膜	39	无	

附表 4 系统集成技术重点专利

公开号	申请日/优先权日	技术手段	技术功效	被引用频次/次	中国同族专利法律状态	备注
US6166744A	1998-09-15/1997-11-26	步骤1：区域扫描；步骤2：虚拟图像生成；步骤3：虚拟掩膜对象生成（关键步骤）包括（1）几何定义，根据数据计算或者直接三维滤波方式；（2）显示构造生成（VRML）；（3）显示属性准备；步骤4：图像合成；步骤5：显示合成图像	支持计算机生成的虚拟图像与现实世界场景简单高效地合成	251	无	
US6559813B1	2000-01-31/1998-07-01	确定真实对象与三位空间上的交叠，生成控制信号，以修改所显示图像，观看透明显示系统的显示对象外的真实对象，显示器主动阻挡透明度（即遮挡所选的真实图像），增强观看体验	提供一种虚拟现实观看系统，具有透明和不透明观看系优点且降低统二者的缺点。增强观看体验	196	无	其中同族专利US20000494976A1已授权
US6064398A	1996-08-02/1993-09-10	摄像机输出和所选图像被处理，生成增强图像	提升导航系统内位置信息的精度	183	无	
US5759044A	1995-07-06/1990-02-22	在用户环境上覆盖显示图像	飞行仿真中多种参数的增强呈现	90	无	

续表

公开号	申请日/优先权日	技术手段	技术功效	被引用频次/次	中国同族专利法律状态	备注
US20120068913A1	2010-09-21	HMD设备的透镜可配备有不透明度滤光器，该不透明度滤光器能够被控制而在每像素的基础上选择性地透过或阻挡光。可以使用控制算法以基于增强现实图像来驱动不透明度滤光器的亮度和/或色彩	期望具有从视图中选择性地除去自然光的能力，从而虚拟彩色影像可以表示全范围的色彩和亮度，同时使得影像看上去更真实在或真实	109	授权	其中同族专利CN102540463A，已授权，JP2013542462A已授权，US8941559B2已授权
US5912720A	1998-02-12	获取人眼实时图像和地标，在实时图像上覆盖先前图像以及血管照相术图像	眼部疾病诊断和治疗	64	无	
US20032102228A1	2003-03-31	相关导航信息作为虚拟成像图形覆盖于显示器上	导航系统内提供增强现实体验	52	无	
US5625765A	1994-11-08	在图像放大情况下，计算机通过相机和姿态得到与场景相关的图像信息	使增强图像更为真实	215	无	
US7002551B2	2002-09-25	增强显示系统总体架构，利用方位、位置及数据在光显示器的正确位置渲染物体图形对象	改善图像合成质量	148	无	其中同族专利US20040051680A1已授权
US7348963B2	2005-08-05	检测用户位置信息，基于该信息改变对应于用户的可视图像	游戏屏幕前的交互增强显示	401	无	其中同族专利US20060139314A1已授权

207

续表

公开号	申请日/优先权日	技术手段	技术功效	被引用频次/次	中国同族专利法律状态	备注
US2009332671A1	2009-06-04	允许用户快速检查并添加增强元素至增强现实环境	将增强现实接口集成到单个手持设备	61	无	
CN101101505A	2006-07-07	捕获真实环境中二维可视编码标志物的视频帧对视频帧捕获模块捕获到真实环境中二维可视编码标志物的视频帧的虚拟图形帧的视频帧进行增强现实处理，得到处理后的虚拟图形帧；虚实合成模块将得到的虚拟图形帧与视频帧捕获模块捕获到的真实环境中二维可视编码标志物的视频帧的合成视频帧进行合成，得到增强现实环境的合成视频帧	支持增强现实技术在计算资源相对有限的手持移动计算设备上的实施，拓展了增强现实技术的应用领域	25	授权	其中同族专利CN100470452C已授权
US7768534B2	2006-12-21	分析位置的不精确程度	提供更好的虚实合成效果	111	无	其中同族专利JP2007717262lA1已授权、US2007146391A1已授权，DE102005061952A1已授权
US2015043784A1	2014-08-12	使用滑动窗反向滤波器模块，得到表示设备状态以及邻近对象位置和方位的信息矩阵	导航系统的增强体验	2	无	其中同族专利US942464 7B2已授权
US2012293548A1	2011-05-20	用户头戴透视式显示器观看显示时间，同时同步接收对象信息	提供实时事件的增强现实信息	0	无	其中同族专利US9330499B2已授权

续表

公开号	申请日/优先权日	技术手段	技术功效	被引用频次/次	中国同族专利法律状态	备注
US8884984B2	2010-10-15	将z缓冲区和色彩缓冲区中的图像以及阿尔法值和不透明度滤光器的控制数据调整为考虑到光源（虚拟或现实）和阴影（虚拟或现实）	增强现实的总体合成	1	授权	其中同族专利CN102419631A已授权，US20120092328A1已授权
US5491510A	1993-12-03	用使来自感兴趣的光衰减或者感兴趣以外所有区域的光衰减的做法标示出感兴趣区域	增强现实显示的实时同步	168	2011-02-23 终止	其中同族专利JPH0832960已授权，EP0665686已撤视，CN1115152A已授权
US7639208B1	2005-05-13	构建光学系统，在透视式头戴显示器中显示虚拟对象的同时遮挡真实物体，显示真实虚拟对象的同时阻挡虚拟对象	实现合理的遮挡效果和不冲突的视觉效果	11	无	
US9122053B2	2012-04-10	基于现实和虚拟对象的三维空间映射来确定的三维遮挡，包括三维音频遮挡	提供对遮挡界面的逼真显示，改进计算效率，可以标识出现实和虚拟其他相对位置	0	授权	

续表

公开号	申请日/优先权日	技术手段	技术功效	被引用频次/次	中国同族专利法律状态	备注
US8950867B2	2012-11-23	关键零部件波带片衍射图装置和控制器的有效组合使得显示配置被精确调节	让3D显示产生真实的深度感觉,并且更具体地产生模拟的表面深度的感觉	1	在审	其中同族专利US20131128230A1已授权
KR20020089648	2001-05-23	当遮挡对象被拍摄时,准确预测光照信息	改善增强现实的呈现效果	1	无	其中同族专利KR100382366B已授权
CN103761763A	2013-12-18	增强现实图像包括布置在相邻的位置以形成虚拟结构化的多个模块化的虚拟结构片段,每个模块化的虚拟结构片段包括预先计算的局部光照效果;输出增强现实图像	使虚拟图像适应于用户的周围环境,解决动态光照的视觉质量低于预先计算的光照效果的视觉质量,及动态光照运行时使用大量资源的问题	0	已授权	无
US20132711625A1	2012-04-12	手机侧接收环境的视频帧序列,生成照明数据,生成环境的估计照明条件,在视频帧上呈现虚拟对象	移动终端上的增强现实呈现	0	无	无

附表5 微软虚拟现实、增强现实领域的重点专利

公开号	申请日/优先权日	技术手段	技术功效	被引用频次/次	中国同族专利法律状态	备注
US6157747	1997-08-01	An incremental rotation of image is determined relative to three-dimensional co-ordinate system, to reduce registration error between overlapping portions of images. The image is rotated in accordance with the incremental rotation	Improves the quality of image mosaics, thereby enabling the construction of mosaics from images taken by hand-held cameras. The sum of registration errors between all matching pairs of images, is minimized by adjusting all frame rotations and lengths. Enables to easily, quickly and reliably construct high quality full view panoramic mosaics from arbitrary collections of images, without need for special photographic equipment. The virtual environment is exploited using standard 3D graphics viewers and hardware without requiring special purpose players	197	无	

续表

公开号	申请日/优先权日	技术手段	技术功效	被引用频次/次	中国同族专利法律状态	备注
US6166744	1998-09-15	System simulates virtual entities (108) not there in reality in electronic computer, combines their images and virtual masking objects (106) into masked virtual images showing entity parts that would be visible if these actually existed in reality. Both sets of images are combined so the virtual ones appear obscured, when appropriate for their simulated virtual location by real world objects (102)	Enables computer generated virtual images to be combined easily and efficiently with images of the real world	245	无	
US6674877	2000-02-03	The digital representations of a human body, are obtained from multiple viewpoints. The disparity maps are generated between the digital representations. The disparity maps are segmented, and the selected parts of the human body are modeled using a predefined three dimensional Gaussian statistical model of the human body	使用不同映射可靠地实时追踪人体	308	无	
US7394459	2004-04-29	Independent claims are also included for the following: (A) a system for enabling interaction between a virtual environment and a physical object (B) a memory medium with stored machine executable instructions for enabling interaction between a virtual environment and a physical object	使交互虚拟环境和物理对象的高效交互更加有趣味性和更真实的体验	78	无	美国、日本同族专利已授权

续表

公开号	申请日/优先权日	技术手段	技术功效	被引用频次/次	中国同族专利法律状态	备注
US2005286757	2004-06-28	基于彩色分割的立体3D重构的方法包括：将每个图像分割成含中的所有像素具有相同视差的假定，计算用于每个图像的每个分割块及其到其他图像中分割块的投影；使用近邻分割块的每个图像的每个分割块的投影，细化用于每个图像中每个分割块的视差概率分布，以便产生细化的DSD；对每个图像中的每个分割块，将对应于细化的DSD中的最大概率值的视差分配给分割块中的每个像素；基于描绘场景的视差，对每个图像，基于相应像素的视差，然后基于其他图像中的相应像素的视差，平滑分配给每一分割块内的相邻像素的视差值，平滑分配每个像素的视差值	明显地模拟遮挡，强化了视差图间的一致性	78	授权	美国、日本、欧洲、韩国、德国同族专利已授权
US2007110298	2005-11-14	从立体照相机接收具有物理前景对象和物理背景的所捕捉场景的实时立体视频信号；以实时方式，对实时立体视频信号执行前景/背景分离算法，以标识从立体视频信号捕捉的表示的物理对象的像素，其中分离的方法基于视差；通过基于虚拟现实中前景对象的像素渲染虚拟现实来产生实时视频序列的实时图像	提供一种计算机可读介质和游戏控制台，能改善游戏系统，能提供用于导入或转换到3D虚拟现实中的实时图像	102	授权	美国、欧洲、韩国同族专利已授权

续表

公开号	申请日/优先权日	技术手段	技术功效	被引用频次/次	中国同族专利法律状态	备注
US7996793	2009-01-30	用于提供对用户（18）作出的姿势的识别的方法，包括：将表示关于姿势的数据应用于第一应用，过滤器包括对应于第一应用；将过滤器应用于数据并从关于姿势的基本信息中确定输出。其中，关于姿势的基本信息具有多个上下文，关于姿势的每个上下文的参数是唯一的	提供姿势的识别的方法，提供姿势库的系统使得用户可通过执行一个或多个姿势来控制诸如游戏控制台、计算机等计算环境上执行的应用	253	授权	美国同族专利已授权
US8487938	2009-01-30	公开了用于将标准姿势的互补集分组成姿势库的系统、方法和计算机可读介质。姿势可以是互补的，在于它们在某一上下文中经常被一起使用或在于它们的参数是相互关联的。在第一值设置了某一姿势的参数的情况下，该姿势的以及姿势包含依赖于该第一值的所有其他参数可用该姿势的它们自己的值来设置	诸如计算机游戏、多媒体应用、办公应用等的许多计算应用使用控制来允许用户操纵游戏角色或应用的其他方面。通常使用，例如，控制器、遥控器、键盘、鼠标等，来输入这样的控制。不幸的是，这些控制可能是难以学习的，由此造成了用户和这些游戏及应用之间的障得。此外，这些控制所用于的实际游戏动作或应用可能与其他动作不同。例如，这些控制所用于挥动游戏角色挥动球棒的游戏控制可能不与挥动球棒的实际动作相对应	223	授权	美国、中国、俄罗斯同族专利已授权，韩国同族专利被驳回

续表

公开号	申请日/优先权日	技术手段	技术功效	被引用频次/次	中国同族专利法律状态	备注
US2010197399	2009-01-30	视觉目标跟踪方法包括用机器可读模型来表示人类目标，该机器可读模型被配置成调整到多个不同姿态以及从源接收人类目标的观察到的深度图像。将观察到的深度图像与该模型进行比较。随后将精制 z 力矢量施加到模型的一个或多个受力位置，以便在该模型的一部分从观察到的深度图像的相应部分移动 Z 一移位到观察到的该部分朝观察到的深度图像的该部分移动的情况下，将该模型的该部分相应部分移动	许多计算机游戏和其他计算机视觉应用用复杂的控制来允许用户利用操纵游戏人物或应用其他地方面。这些控制可能难以学习，从而对许多游戏或其他应用造成了进入市场壁垒。此外，这些控制可能与这些控制所用于的实际游戏动作或其他应用动作非常不同。例如，使得游戏人物挥动棒球拍似于挥动棒球拍的实际运动	32	授权	日本、美国、韩国同族专利已授权
US8564534	2009-10-07	用于跟踪用户的方法（300），包括：接收深度图像（305）；基于深度图像生成体素的网格图像（310）；移除体素的网格中所包括的背景以隔离与人类目标相关联的一个或多个体素（315）；确定被隔离的人类目标的一个或多个肢端的位置或方位（320）；以及基于一个或多个肢端的位置或方位来调整模型。基于一个或多个所确定的肢端的位置或方位将模型包括将一个或多个肢端的位置或方位指派到模型的对应关节	解决控制难以学习，由此造成了用户和这些游戏及应用之间的障碍，可能与其所用于的实际游戏动作或其他应用动作不同的问题	169	授权	美国、日本、中国台湾同族专利已授权

续表

公开号	申请日/优先权日	技术手段	技术功效	被引用频次/次	中国同族专利法律状态	备注
US2011154266	2009-12-17	用于建立共享的演示体验的方法，呈现信息的演示；捕捉物理空间（201）的数据，其中捕捉到的数据表示多个用户（260，261，262，263）的姿势；从捕捉到的数据中识别姿势，其中每一个姿势都适于控制共享演示的一方面，以使得多个用户经由姿势共享对演示的控制，多个用户中的至少一个被指定为主要用户，一次要用户，捕捉到的数据是多个用户中的至少一个、捕捉到的数据是多个捕捉设备（202，203，204，205）捕捉到的物理空间中的数据的合并	一种用于建立共享的体验的方法，能够控制对观众的信息演示	39	授权	日本、美国同族专利已授权
US2011175810	2010-01-15	用于在运动捕捉系统中识别个人参与应用的方法包括：基于跟踪，跟踪视野中的个人的身体（500）；基于跟踪，确定个人在第一时间打算参与应用；响应确定个人打算参与应用，在显示器上的虚拟档案和化身自动地与个人相关联，在应用中将简档和化身自动地与个人相关联，在显示器上的虚拟空间中显示化身，通过移动个人的身体来控制化身，应用时基于对视野中的个人的身体的后续跟踪来更新显示器，允许个人参与应用	处理器实现的方法，跟踪视野中的个人的身体，响应确定个人打算参与应用，在个人通过移动个人的身体来控制化身，参与应用时基于对视野中的个人的身体的后续跟踪来更新显示器，允许个人参与应用。该方法体例如通过极少或没有显式登出体验并离开体验，也可检测诸如旁观者等在运动捕捉系统的视野中的其他人的意图	23	授权	日本、美国、欧洲同族专利已授权

续表

公开号	申请日/优先权日	技术手段	技术功效	被引用频次/次	中国同族专利法律状态	备注
US2011300929	2010-06-03	公开了用于合成从聚焦于单个场景的多个音频和可视源接收到的信息和方法。该系统可以基于视源集合来确定移出场景的数据以使来自多个音频和可视源的数据在相同时间提供同一场景的数据	可以一起协调和吸收来自多个源的音频和/或可视数据，以改进系统的从场景解释的音频和/或可视方面的能力	71	授权	美国同族专利已授权
US2012068913	2010-09-21	公开了用于透视头戴式显示器的不透明度滤光器。一种光学透视头戴式显示器。所述透视透镜将增强现实图像与来自真实世界景象的光结合，同时使用不透明度滤光器选择性阻挡该现实世界场景的部分以便该增强现实图像看上去更清晰。例如，该LCD面板、形状和位置、该LCD面板的每个像素能被选择性地控制为透射的或不透明的。眼睛跟踪可用于调整该增强现实图像后面的该不透明度滤光器的外围区域可被激活以提供外围增强现实图像的表示。在不存在增强现实图像的时刻，提供不透明像素	所标识的图像可基于该增强现实图像框架的移动而移位，同时保持它们彼此间的对准	98	授权	美国、日本同族专利已授权

217

续表

公开号	申请日/优先权日	技术手段	技术功效	被引用频次/次	中国同族专利法律状态	备注
US2012127284	2010-11-18	用户显示装置，增强现实发射器与头戴式显示单元相关联，控制电路响应于传感器来控制增强现实发射器，以响应用户正在看视频显示屏而显示增强现实视频图像，增强现实视频图像与视频显示屏所显示的内容同步。核心方案：用户显示装置，包括：包括透视透镜（1242，1246）的头戴式显示单元（2），增强现实发射器向头戴式显示单元相关联，传感器及控制电路，增强现实发射器向用户的眼睛发射光，光表示增强现实视频图像的取向（1240，1244）；传感器跟踪用户的头部的取向和位置；控制电路响应用户至少一个传感器来控制增强现实发射器，以响应于用户正在看视频显示屏增强显示视频图像，增强现实视频图像与视频显示屏所显示的内容同步。用户显示装置可为头戴式显示设备	用户显示装置，可以为用户提供身临其境的视觉体验	18	授权	美国同族专利已授权
US2012194516	2011-01-31	在由存储存储器设备上的相机位置组成的3D容体中生成真实世界环境的3D模型。该模型从描述相机位置和定向的数据以及具有指示相机离环境中的一个点的距离的深度图像中构建。单独执行线程被分配给容体中的平面中的每一个体素，每一个体素相关联的对应的深度图像位置，确定与相关联的体素和环境中的对应位置处的点之间的距离相关的因子，并且使用该因子来更新相关联的体素的存储的其余平面中的等价体素，从而重复过程以更新存储值	三维环境重构	22	授权	日本、美国同族专利已授权

续表

公开号	申请日/优先权日	技术手段	技术功效	被引用频次/次	中国同族专利法律状态	备注
US8711206	2011-01-31	该方法使用深度图帧跟踪移动深度相机的位置和定向,同时形成移动的3D模型,检测跟踪中的失败,重新计算移动深度相机的位置和重新定向移动深度相机。 核心方案: 实时相机重新定位的方法包括:从正在移动的移动深度相机(302)接收深度图帧(314)的序列,每个深度图帧包括多个图像元素;使用深度图帧跟踪移动深度相机的位置和定向,并使用深度图帧同时形成移动相机正在其中移动的环境的3D模型(326);检测对移动跟踪中的失败;通过由移动深度相机捕捉到当前深度图重新计算移动深度相机的位置和重新定向移动深度相机。 其他独立权利要求的信息;实时相机重新定位系统(332);游戏系统	该方法提高了3D模型的一致性和精确度,计算速度并减少存储器占用量,不会丢失寻求的效果	22	授权	美国、日本、中国台湾同族专利已授权

续表

公开号	申请日/优先权日	技术手段	技术功效	被引用频次/次	中国同族专利法律状态	备注
US2012306850	2011-06-02	Providing an augmented reality (AR) environment on a mobile device includes determining whether a localization map is required; acquiring (633) the localization map which includes image descriptor (s); storing the localization map on the mobile device; determining (634) a first pose associated with the mobile device; determining whether a rendering map is required; acquiring the rendering map; storing the rendering map on the mobile device; rendering the virtual object; and displaying (635) on the mobile device a virtual image associated with the virtual object	The method can support mapping and localization processes for a large number of mobile devices, which are constrained by form factor and battery life limitations	57	无	
US2012206452	2012-04-10	该方法确定空间遮挡关系的遮挡界面;基于细节层次准则来确定遮挡界面模型的细节层次;基于所确定的细节层次遮挡界面模型来生成遮挡界面;基于遮挡界面模型来生成虚拟对象的边界数据的经修改版本。 核心方案: 用于显示现实对象和虚拟对象的遮挡的方法,基于三维空间(3D)位置,在显示设备系统的至少一用户视野的三维(3D)映射中重叠来确定这些对象间存在空间遮挡关系(502)空间遮挡关系的细节(508)遮挡层次来生成准则来确定的细节层次的遮挡界面(510)遮挡界面模型;基于遮挡界面模型来生成虚拟对象的边界数据的经修改版本;根据虚拟对象的边界数据的经修改版本来显示(514)虚拟对象	提供一种用于使头戴式、增强现实对象和虚拟对象系统显示对象遮挡的真遮挡的方法,提供的逼真遮挡界面的逼真显示,对遮挡层次间重叠显示,改进计算效率,可以标识出现实和虚拟对象的其他相对位置	25	实审在审	美国同族专利已授权

附表 6 头戴显示器的重点专利

公开号	申请日/优先权日	技术手段	技术功效	被引用频次/次	中国同族专利法律状态
US5844824	1997-05-22/ 1995-10-02	全身穿戴的不需要用手操作的计算机系统,并将其用于虚拟现实环境中,其中该系统具有各种不需要用手操作的驱动装置,其中包括头戴显示器	轻量化、小型化	472	专利权终止
US5807284	1997-06-25/ 1994-06-16	基于漂移感和漂移补偿方向信号,生成修正方向信号	准确标定、跟踪	203	无
US6522312	1998-03-23/ 1997-09-01	头盔具有远端的红外线发生器	准确标定、跟踪	169	无
US6005611	1998-08-04/ 1994-05-27	广角视频转换成视校正的可视区域	大视场	169	无
US6091546	1998-10-29/ 1997-10-30	显示装置安装于眼镜框的一边,音视频装置安装于眼镜框的另一边	轻量化、小型化	332	无
US6127990	1999-01-21/ 1995-11-28	将由运动产生的感觉输入到跟踪数据	其他减轻晕动的因素	177	无
US6120461	1999-08-09	使用朝向角膜的主动像素图像传感器阵列	准确标定、跟踪	202	无
US6408257	1999-08-31	根据用户指令显示扩展图像作为附加显示	其他减轻晕动的因素	154	无
US6349001	2000-01-11/ 1997-10-30	通过传感器检测显示工具的位置	轻量化、小型化	289	无
US6290357	2000-03-24/ 1999-03-31	包括神经网络的自动解释装置连接到计算机,用于解释视线跟踪信号	大视场、准确标定、跟踪	20	无

续表

公开号	申请日/优先权日	技术手段	技术功效	被引用频次/次	中国同族专利法律状态
US7158096	2000-06-07/1999-06-24	包括支持固定装置，使显示屏和目镜组件沿光路通过显示屏和目镜组件之间的自由空间	轻量化、小型化	122	无
US6384982	2000-09-01/1999-03-17	显示装置安装于眼镜框的一边，音视频装置安装于眼镜框的另一边	轻量化、小型化	213	无
US7312766	2000-09-22	基于摄像机位置数据和头戴显示数据显示的静态对象的不同位置来变换图像	大视场	32	无
US6529331	2001-04-20	几个镜头和显示器都集中在用户的眼睛的旋转中心	准确标定、跟踪	59	无
US7369101	2004-06-08/2003-06-12	跟踪校准屏幕，其中现实参考点发生器产生的现实参考点被投影在校准屏幕上；对准显示器中现实参考点的视图，使虚拟参考点发生器和显示器具有固定的视图；考点和现实参考点之间的点对应；以及确定用于在现实场景中渲染虚拟对象的一个或多个参数	准确标定、跟踪	37	授权
US2006061544	2005-03-09/2004-09-20	使用生物信号来输入键信息	虚实融合	51	无
US7522344	2006-12-08	在不妨碍用户视线的眼睛跟踪路径上，共享显示路径	准确标定、跟踪、轻量化、小型化	60	无

续表

公开号	申请日/优先权日	技术手段	技术功效	被引用频次/次	中国同族专利法律状态
US8096654	2009-09-04/2007-03-07	形状为直接佩戴于人的眼球表面的透明基片；部署于基片上的能量转移天线；部署于基片上的通过量转移天线供电的显示驱动电路；部署于基片上的通过能量转移天线供电的数据通信电路，装配在透明基片之上的发光二极管阵列，该数据通信电路与显示驱动电路进行信号通信；该发光二极管阵列通过能量转移天线供电并由显示驱动电路控制	轻量化、小型化	51	无
US8582209	2010-11-03	隐形眼镜光学系统显示装置	轻量化、小型化	8	无
US8576276	2010-11-18	该增强现实图像与所述视频显示设备的边对齐以提供更大的、增强的观看区域。该增强现实图像可与该视频显示设备的内容在时间上同步	虚实融合	25	授权
US8814691	2011-03-16/2011-01-03	交互式头戴目镜，包括光学组件，用户通过光学组件观看周围环境和所显示的内容，光学组件包括校正用户的周围环境的视野的内容，用于处理用于向用户显示的内容的集成图像源引入到光学组件的集成处理器，用于将内容引入到光学组件的集成图像源	虚实融合	11	视撤
US8223088	2011-06-09	基于选择的输入资源接收输入数据，用于显示内容	虚实融合	33	无

续表

公开号	申请日/优先权日	技术手段	技术功效	被引用频次/次	中国同族专利法律状态
US20130044042	2011-08-18	包括被配置为佩戴在用户头部上的框架。该框架可以包括被配置为支撑在用户鼻子上的梁部以及耦合至该梁部并远离其延伸并被配置为位于用户一侧眉毛上方的眉部。该框架可以进一步包括耦合至眉部并延伸至自由端的臂部。第一臂部能够被定位在用户太阳穴上而使自由端部署在用户耳朵附近	轻量化、小型化，其他减轻晕动的因素	88	在审
US20120075168	2011-09-14/2011-04-06	使用蓝牙3.0的SOC通信系统	轻量化、小型化，高光能利用率	163	无
US8941560	2011-09-21	当可穿戴计算设备确定目标设备在其环境内时，可穿戴计算设备获得与目标设备有关的目标信息。目标设备信息可包括限定用于控制目标设备的要用来提供该虚拟控制界面的信息和对目标设备的限定区域的标识控制界面的限定区域	虚实融合	46	在审
US8179604	2011-09-30	通过检测到的红外辐射测量可穿戴项目的跟踪位置和运动	准确标定、跟踪	55	无
US8467133	2012-04-06/2011-01-03	交互式头戴目镜，包括光学组件，用户通过光学组件观看周围环境和所显示的内容，光学组件包括用于用户的周围环境的视野的校正元件、用于处理用于向用户显示的内容的集成处理器、用于将内容引入到光学组件的集成图像源	高光能利用率	59	视撤

续表

公开号	申请日/优先权日	技术手段	技术功效	被引用频次/次	中国同族专利法律状态
US8427396	2012-08-16	在一个状态下,显示单元位于HMD当前视角区域内;而在另一个状态下,不位于HMD视角区域内	准确标定、跟踪	28	无
US8950867	2012-11-23/2011-11-23	选择性透明的投射装置,用于将图像从空间中相对于观察者眼睛的投射装置位置朝向观察者的眼睛投射;该投射装置能够在没有图像被投射时呈现基本透明的状态;遮挡掩模装置,其耦合到投射装置,并且被配置成以与投射装置投射的图像相关的遮挡图案,选择性地阻挡从处于投射装置一侧的与观察者的眼睛相反的一侧的多个位置朝向观察者的眼睛传播的光,以及波带片衍射图装置,并且被配置使来自投射装置的光在其向眼睛传播时穿过具有可选择的几何结构的衍射图	轻量化、小型化、高光能利用率、虚实融合	1	在审
EP2841991	2013-04-04/2012-04-05	系统包括:物镜;分束器;宽视场成像路径,包含第一阻挡、宽视场成像透镜、宽视场成像传感器;中央回视成像路径,包含第二阻挡、扫描镜、中央回成像透镜、中央回成像传感器	轻量化、小型化、大视场、高分辨率、低时延	0	在审

225

附表7 Oculus VR 虚拟现实、增强现实领域的重点专利

公开号	申请日/优先权日	技术手段	技术功效	被引用频次/次	中国同族专利法律状态	备注
CN105452935 A	2014-05-29	公开了一种用于头戴式显示器的预测跟踪的方法和装置。该方法包括：从监测头戴式显示器的传感器获得一个或多个三维角速度测量值，以及基于一个或多个三维角速度测量值设置预测区间，使得在头戴式显示器基本静止时，预测区间基本为零，并且当头戴式显示器以预定阈值的角速度或大于预定阈值的角速度运动时，预测区间增加至预定延迟区间。该方法进一步包括：预测用于头戴式显示器的三维方位以创建对应于预测区间的时间的预测的方位；以及生成用于在头戴式显示器上呈现对应于预测的方位的渲染图像	提前渲染即将呈现的图像，提高显示系统刷新率	0	实质审查中	
CN105659106 A	2014-10-23	用于产生用于在三维空间中的光学追踪的动态结构光图案的设备，包括激光器阵列，如VCSEL激光器阵列，以按图案透射光至三维空间中；以及布置在单元中的光学元件或多个光学元件。该单元与该激光器阵列的子集对齐，并且每个单元单独地来自该子集激光器或多个激光器的光施加调制，特别是强度调制，以提供动态结构光图案和能区别和能分离控制的部分。公开了产生结构光图案的方法，其中，从激光器阵列提供光，并且从激光器阵列的子集单独地投射光以提供结构光图案的区分部分	利用激光光源实现三维深度映射，克服传统光源深度映射缺陷	0	实质审查中	

续表

公开号	申请日/优先权日	技术手段	技术功效	被引用频次/次	中国同族专利法律状态	备注
WO2016112019A1	2016-01-05	公开了一种用于图案化光线分析中估算边缘数据的方法和系统。该方法包括：获取基于图案比较条纹的结构化光线分析而生成的一个目标对象的原始深度图，确定深度图的其中z轴数值不精确的给出了目标对象的边缘的部位；基于目标对象相关确定深度图的邻近部位，检测该目标对象的几何特征；基于检测到的目标对象的几何特征，估算沿着目标对象边缘的缺失的z轴数值	通过结构化光线投影来实现改进深度图数据	5	无	
WO2016100931A1	2015-12-18	公开了一种利用身体部位手势和姿态来在一个虚拟现实场景中导航的方法、系统和装置。该方法包括：通过近眼显示器在用户的双眼前投影一个的3D场景，从而为用户提供一个虚拟显示视角；识别所述用户的至少一个身体部位作出的至少一个手势或姿态；测量所述检测到的手势或姿态的矢量的至少一个计量；基于该测量出的计量，在虚拟现实环境中应用所述用户的一个运动或动作；基于该用户在虚拟现实环境中的该运动或动作，修改用户的虚拟现实视角	通过测量用户运动动作来改变显示的内容	7	无	

续表

公开号	申请日/优先权日	技术手段	技术功效	被引用频次/次	中国同族专利法律状态	备注
WO2016100933A1	2015-12-18	该发明公开了一种可以连接到近眼显示器、虚拟现实头盔或便携式计算平台的装置,该装置具有处理器。该装置包括:一个照明器,设置成用图案化照射邻近的穿戴着头盔或近眼显示器的用户;一个红外摄像机,设置成获取从位于邻近的用户身上反射回来的所述图案的目标上的数据;处理器,设置成该设备和便携式计算平台或者近眼显示器之间的数据和能量连接,基于该反射光线生成所述目标对象的深度图	该发明涉及用虚拟现实环境的自然接口的装置和方法为虚拟现实环境作为用身体姿势	4	无	
US20160203642A1	2015-01-14	一个虚拟现实头盔,虚拟现实头盔包括:多个标记组,每个标记对应虚拟现实头盔上的一个不同的位置。每个标记组都包括一个或多个具有彼此相对位置的标记。包含在一个标记组中的被动定位装置被设置成反射由光源设备发射的一束或多束光束。一个虚拟现实定位器中的被动定位器反射该虚拟现实头盔动定位器反射的光束的方位。基于该虚拟现实系统确定该虚拟现实头盔的方位,该虚拟现实系统提供给虚拟现实头盔上的位置,并识别内容	该发明涉及虚拟现实系统,尤其涉及虚拟现实头盔上的被动定位器	8	无	

附表8 Magic Leap 虚拟现实、增强现实领域的重点专利

公开号	申请日/优先权日	技术手段	技术功效	被引用频次/次	中国同族专利法律状态	备注
US20140003762A1	2013-06-11	线性波导的二维阵列包括多个 2D 平面波导组件、列、集合或层，其中每个产生相应深度平面以用于模拟 4D 光场。线性波导可具有矩形圆柱形状，并且可被维积为行和列。每个线性波导至少部分地反射，例如，通过至少一个相对的、以沿着波导的平面侧壁的长度来传播光。弯曲微反射器可反射所述波导的一些模式而使其他的通过。所述侧壁或面可反射光的所述弯曲微反射器在限定的径向距离给定的波导处贡献于球面波前，各层在相应径向距离处产生图像平面	用于可穿戴三维显示器中，可产生投射光以模拟或通过景反射的光来产生真实三维物体的四维（4D）光场	61	审查中	其中同族专利US9310559B2已授权
US20130117377A1	2012-10-29	一种用于使得两个或更多的用户能够在包括虚拟世界数据虚拟世界内进行交互的系统，包括计算机网络，所述计算机网络包括一个或多个计算设备，所述一个或多个计算设备包括：存储器、处理电路和至少部分地存储在所述存储器中并由所述电路处理执行以包括所述虚拟世界数据的至少一部分的软件；其中所述虚拟世界数据的至少一部分来源于第一用户本地的第一用户虚拟世界，以及其中所述计算机网络可操作地用于向第二用户呈现的用户设备传输所述虚拟世界的至少一部分，使得所述第二用户体验来自所述第一用户可以从所述第二用户的位置虚拟世界的方面被高效地传送给所述第二用户	用于通过各种视觉、触觉、和听觉构件来感知虚拟和增强现实环境并于所述环境进行交互的系统	22	已授权	其中同族专利US9215293B2已授权

229

续表

公开号	申请日/优先权日	技术手段	技术功效	被引用频次/次	中国同族专利法律状态	备注
US20130128230A1	2012-11-23	一种系统可以包括：选择性透明的投射装置，用于将图像从位置朝向观察者眼睛投射，该投射装置位置没有图像被投射时呈观基本透明的状态，能够与投射装置的投射的图像相关的遮挡图案，遮挡掩模装置，其耦合到投射装置，并且被配置成以与投射装置投射的图像相关的与观察者的眼睛相反置的光；以反波带片衍射投射装置，选择性地阻挡从处于多个位置朝向眼睛传播的光；以反波带片衍射投射装置，其被配置成使来自投射装置的光在其向眼睛传播时穿过具有可选择的几何结构的衍射图	用于呈现装置，结合了人眼/人脑对图像处理的复杂过程，从而更精确地调节显示点，减少成像的不稳定现象，减轻眼睛疲劳和头晕，佩戴更舒适	1	审查中	其中同族专利US8950867B2已授权，US20151243 17A1视撤
US20140306866A1	2014-03-11/2013-03-11	用户显示设备，外壳框架可安装于用户头部。第一对摄像机耦合至外壳框架以追踪用户的眼睛的运动，并且基于被追踪的眼睛运动估计焦点的深度。投影模块具有光生成机制，以基于估计的焦点的深度生成和修改显示对象在焦点出现的投影光线，以使得显示对象被通信地耦合至透镜设于外壳框架，处理器模块传达与显示图像相关的投影模块以向投影模块传达与显示图像相关的数据	提供显示设备，有助于虚拟现实和/或增强现实交互	6	审查中	

续表

公开号	申请日/优先权日	技术手段	技术功效	被引用频次/次	中国同族专利法律状态	备注
WO2015184412A1	2015-05-29/2014-05-30	一种虚拟现实和增强现实的呈现系统，包括：一个空间光调制器，可操作的与一图像源耦合，用于投影与一个或多个图像数据相关的光线的聚焦，如将图像数据的第一帧聚焦在第一深度平面上，将图像数据的第二帧聚焦在第二深度平面上，其中第一深度平面与第二深度平面之间的距离是固定的	用于虚拟现实、增强现实领域中提升分发虚拟内容的速度、虚拟内容的质量、减轻用户眼睛疲劳	0	无	
WO2013049861A1	2012-10-01/2011-09-29	一种人机交互系统，具有输入设备，用于检测像具有笔功能的特殊数位与接收面板功能的其他数位之间的摩擦	用于在走动、行驶或钓鱼等活动中实现人机交互功能	0	无	其中同族专利US20130082922A1被驳回
US20150235453A1	2015-05-06/2013-03-15	一种用户显示设备，其包括可安装在所述使用者的头部上的外壳框架，可安装在所述外壳框架的透镜和耦合到所述外壳框架的投影子系统，以至少部分地基于所述用户头部运动的检测和所述用户头部运动的预测中的至少一个来确定在所述用户的视场中显示对象出现的位置，并基于已确定的所述显示对象出现的位置将所述显示对象投影到所述用户	减轻佩戴的眩晕感	0	审查中	其中同族专利US20152341841A1已授权，US20142674201A1已授权

图 索 引

图 1-1-1 虚拟现实和增强现实的概念示意图 (1)

图 1-1-2 按发展阶段划分的虚拟现实技术发展历程 (2)

图 1-1-3 按事件标定虚拟现实技术发展历程 (彩图 1)

图 1-1-4 虚拟现实、增强现实产业链示意图 (5)

图 1-3-1 虚拟现实、增强现实产业专利分析的技术分解图 (彩图 2)

图 2-1-1 虚拟现实、增强现实全球专利申请按年份分布趋势 (12)

图 2-1-2 虚拟现实、增强现实主要技术原创国家/地区历年专利申请量趋势 (14)

图 2-1-3 虚拟现实、增强现实领域目标专利国家/地区专利申请量分布 (15)

图 2-1-4 虚拟现实、增强现实领域主要目标国家/地区历年专利申请量趋势 (16)

图 2-1-5 虚拟现实、增强现实领域主要技术原创国/地区全球专利分布 (17)

图 2-1-6 虚拟现实、增强现实领域全球申请人专利申请量排名 (18)

图 2-1-7 虚拟现实、增强现实领域全球主要申请人专利申请技术构成 (19)

图 2-2-1 虚拟现实、增强现实领域中国国内/国外申请人专利申请量趋势 (20)

图 2-2-2 虚拟现实、增强现实领域中国国内/国外申请人数量对比 (22)

图 2-2-3 虚拟现实、增强现实领域国外申请人来源国在中国专利申请排名 (22)

图 2-2-4 虚拟现实、增强现实领域中国国内申请人分布的省区市专利申请量对比 (23)

图 2-2-5 虚拟现实、增强现实领域中国主要申请人排名 (24)

图 2-2-6 虚拟现实、增强现实领域中国国内主要申请人排名 (25)

图 2-2-7 虚拟现实、增强现实领域中国国内申请人类型结构 (25)

图 2-2-8 虚拟现实、增强现实领域中国国外申请人申请量排名 (27)

图 2-2-9 虚拟现实、增强现实领域中国国内/国外发明专利申请专利度－特征值对比 (28)

图 3-2-1 建模和绘制技术全球专利申请的发展趋势 (32)

图 3-2-2 建模和绘制技术的技术生命周期图 (33)

图 3-2-3 建模和绘制技术的全球专利申请技术原创国家和地区分布 (34)

图 3-2-4 建模和绘制技术全球目标市场专利申请量分布 (34)

图 3-2-5 建模和绘制技术的主要目标国年份申请量趋势分布 (35)

图 3-2-6 建模和绘制技术的主要目标国年份增长趋势分布 (35)

图 3-2-7 建模和绘制技术全球主要申请人的申请概况 (36)

图 3-3-1 建模和绘制技术中国专利申请的发展趋势 (37)

图 3-3-2 建模和绘制技术申请人专利申请占比趋势 (38)

图 3-3-3 建模和绘制技术中国各省市专利申请量地域排名 (38)

图 3-3-4　建模和绘制技术在华主要国家的专利申请占比　(39)
图 3-3-5　建模和绘制技术国外在华专利申请的趋势　(39)
图 3-3-6　建模和绘制技术中国专利申请主要申请人排名　(40)
图 3-3-7　建模和绘制技术国内主要申请人申请量排名　(41)
图 3-4-1　建模和绘制技术领域不同发展阶段的重点专利　(彩图3)
图 3-4-2　重点专利 US5495576A 的附图　(43)
图 3-4-3　重点专利 US5696892A 的附图　(44)
图 3-4-4　重点专利 US5745126A 的附图　(46)
图 3-4-5　重点专利 US2013083003A 的附图　(48)
图 4-1-1　交互技术全球专利申请量的变化趋势　(53)
图 4-1-2　交互技术全球排名前15位的申请人的申请量排序情况　(54)
图 4-1-3　交互技术全球技术原创国/地区分布　(55)
图 4-1-4　交互技术主要原创国——美国的申请量变化趋势　(55)
图 4-1-5　交互技术中国在全球范围专利申请量的变化趋势　(56)
图 4-1-6　交互技术全球目标市场国/地区分布情况　(56)
图 4-1-7　交互技术全球专利申请的各技术分支分布情况　(57)
图 4-2-1　交互技术中国专利申请量的变化趋势　(57)
图 4-2-2　交互技术中国专利申请人的排名情况　(58)
图 4-2-3　交互技术中国专利申请的专利类型情况　(59)
图 4-2-4　交互技术中国专利申请的同族专利存在情况　(59)
图 4-2-5　交互技术中国专利申请的PCT申请情况　(59)
图 4-2-6　交互技术中国专利申请的来源国情况　(59)

图 4-2-7　交互技术中国专利申请的国内申请人的省区市分布情况　(60)
图 4-2-8　交互技术中国专利申请的各技术分支分布情况　(60)
图 4-3-1　交互技术的体感识别技术分支的技术路线图　(彩图4)
图 4-3-2　交互技术的其他技术分支的技术路线图　(彩图5)
图 4-4-1　专利 US7340077 的摘要附图　(64)
图 4-4-2　专利 US6758563 的摘要附图　(66)
图 4-4-3　专利 US5740812 的摘要附图　(68)
图 4-4-4　专利 US5454043A 的摘要附图　(70)
图 4-4-5　专利 US6128003A 的摘要附图　(72)
图 4-4-6　专利 US5543591A 的摘要附图　(74)
图 5-1-1　呈现技术在全球范围内历年申请量趋势　(78)
图 5-1-2　呈现技术全球专利主要申请人排名情况　(79)
图 5-1-3　呈现技术在全球范围内技术原创国或地区申请量分布情况　(79)
图 5-1-4　呈现技术在全球目标市场国或地区申请量分布情况　(80)
图 5-1-5　呈现技术的发展路线图　(彩图6)
图 5-2-1　呈现技术中国国内的历年专利申请量趋势　(82)
图 5-2-2　呈现技术国外来华申请的国家或地区分布情况　(82)
图 5-2-3　呈现技术中国国内申请的区域分布情况　(83)
图 5-2-4　呈现技术中国专利主要申请人的排名情况　(83)
图 5-2-5　呈现技术各技术分支在中国范围内的申请量以及所占比重　(84)
图 5-3-1　专利 US5844824 的摘要附图　(85)
图 5-3-2　专利 US8500284 的摘要附图　(88)
图 6-2-1　系统集成技术全球专利申请量年度分布情况　(92)
图 6-2-2　系统集成技术主要目标国或地区申

233

图6-2-3 系统集成技术部分来源国或地区申请量的年度变化情况 （93）
图6-2-4 系统集成技术主要来源国或地区以及主要目标国或地区的关联关系 （94）
图6-2-5 系统集成技术的全球主要申请人 （95）
图6-3-1 系统集成技术中国申请的年度变化情况 （95）
图6-3-2 系统集成技术国内申请人类型分布情况 （96）
图6-3-3 系统集成技术国内申请的主要申请人 （96）
图6-3-4 系统集成技术国外来华主要申请人 （97）
图6-3-5 系统集成技术中国国内申请人区域分布情况 （97）
图6-3-6 系统集成技术国外来华申请人区域分布情况 （98）
图6-4-1 虚实融合技术专利申请的技术路线图 （彩图7）
图6-4-2 重点专利US6166744A的附图 （104）
图6-4-3 重点专利US5625765A的附图 （107）
图6-4-4 重点专利US8884984B2的附图 （108）
图6-4-5 重点专利US2009322671A1的附图（一） （110）
图6-4-6 重点专利US2009322671A1的附图（二） （110）
图6-4-7 重点专利US8941559B2的附图（一） （111）
图6-4-8 重点专利US8941559B2的附图（二） （112）
图6-4-9 重点专利US5491510A的附图（一） （113）
图6-4-10 重点专利US5491510A的附图（二） （114）
图6-4-11 重点专利US7639208B1的附图 （115）
图6-4-12 重点专利WO2013077895A1的附图（一） （116）
图6-4-13 重点专利WO2013077895A1的附图（二） （117）
图7-2-1 微软在虚拟现实、增强现实技术领域全球专利申请量趋势 （121）
图7-2-2 微软在虚拟现实、增强现实技术领域全球专利申请主要目标国/地区分布 （122）
图7-2-3 微软在虚拟现实、增强现实技术领域中国专利申请量趋势 （122）
图7-2-4 微软在虚拟现实、增强现实技术领域全球专利申请技术主题分布 （123）
图7-2-5 微软在虚拟现实、增强现实技术领域中国专利申请技术主题分布 （123）
图7-2-6 微软建模和绘制技术全球专利申请量趋势 （124）
图7-2-7 微软交互技术全球专利申请量趋势 （124）
图7-2-8 微软呈现技术全球专利申请量趋势 （125）
图7-2-9 微软系统集成技术全球专利申请量趋势 （125）
图7-3-1 微软虚拟现实、增强现实技术的技术路线图 （彩图8）
图7-3-2 US7996793中文同族专利的附图 （128）
图7-3-3 US2012194516中文同族专利的附图 （130）
图7-3-4 US2012068913中文同族专利的附图 （131）
图8-1-1 头戴显示器技术在全球范围申请量趋势 （137）
图8-1-2 头戴显示器技术全球专利主要申请人的排名情况 （138）
图8-1-3 头戴显示器技术全球范围内技术原创国申请量分布情况 （139）

图 索 引

图 8-1-4 头戴显示器技术生命周期图（140）

图 8-2-1 头戴显示器技术中国专利申请量趋势（141）

图 8-2-2 头戴显示器技术中国专利主要申请人的排名情况（142）

图 8-3-1 头戴显示器光学系统相关参数示意图（143）

图 8-3-2 头戴显示器技术全球范围内重点功效分布情况（143）

图 8-3-3 头戴显示器技术中国范围内重点功效分布情况（144）

图 8-3-4 头戴显示器技术重点功效全球范围及中国范围的申请量比对（145）

图 8-3-5 头戴显示器技术中国专利主要申请人在重点功效方面的专利布局（146）

图 8-5-1 US8096654 的摘要附图（149）

图 8-5-2 谷歌引用 US8096654 的系列专利的部分摘要附图（151~152）

图 8-5-3 US7369101 的摘要附图（154）

图 8-5-4 US20130044042 的摘要附图（155）

图 9-2-1 CN105452935A 的说明书主要附图（163）

图 9-2-2 CN105659106A 的说明书主要附图（165）

图 9-2-3 WO2016112019A1 的说明书主要附图（166）

图 9-2-4 WO2016100931A1 的说明书主要附图（167）

图 9-2-5 WO2016100933A1 的说明书主要附图（168）

图 9-2-6 US20160203642A1 的说明书主要附图（169）

图 9-3-1 Magic Leap 宣传视频图（一）（172）

图 9-3-2 Magic Leap 宣传视频图（二）（172）

图 9-3-3 US20140003762A1 的附图（174）

图 9-3-4 US20130117377A1 的附图（176）

图 9-3-5 US20130128230A1 的附图（178）

表 索 引

表 1-4-1 虚拟现实、增强现实产业专利分析检索结果（11）

表 2-1-1 虚拟现实、增强现实领域技术原创国家/地区申请量构成比例（13）

表 2-2-1 虚拟现实、增强现实领域中国国内/国外发明、实用新型专利申请法律状态（21）

表 4-1 交互技术的技术分解情况（52）

表 5-1 虚拟现实呈现技术分解表（77~78）

表 5-1-1 呈现技术在全球范围的技术主题分布情况（80~81）

表 5-2-1 呈现技术在中国范围的技术主题分布情况（84）

表 5-3-1 呈现技术范围内引用 US5844824 专利列表（87）

表 6-4-1 虚实融合技术的重点专利（100~102）

表 6-4-2 同步技术的重点专利（103）

表 7-3-1 微软在虚拟现实、增强现实技术领域的重点专利（127）

表 7-3-2 Hololens 产品的硬件配置（132~133）

表 7-3-3 Hololens 产品的主要相关专利（134~135）

表 8-1-1 头戴显示器技术在全球范围内的申请量和申请人数量（139~140）

表 8-3-1 头戴显示器技术中国专利主要申请人在重点功效方面的专利布局（145~146）

表 8-4-1 头戴显示器技术低时延功效的全球专利主要申请人历年申请量（147）

表 8-5-1 引用 US8096654 的公司在各年份的引用数量（150）

表 9-3-1 Magic Leap 全球融资事件（172）

表 9-3-2 Magic Leap 专利申请技术分组与申请量关系（173）

表 9-3-3 Magic Leap 的重点专利（173）

附表 1 建模和绘制技术重点专利（189~193）

附表 2 交互技术重点专利（194~202）

附表 3 呈现技术重点专利（203~205）

附表 4 系统集成技术重点专利（206~210）

附表 5 微软虚拟现实、增强现实领域的重点专利（211~220）

附表 6 头戴显示器的重点专利（221~225）

附表 7 Oculus VR 虚拟现实、增强现实领域的重点专利（226~228）

附表 8 Magic Leap 虚拟现实、增强现实领域的重点专利（229~231）